"十二五"国家重点图书出版规划项目

海河流域水循环演变机理与水资源高效利用丛书

变化环境下海河流域地下水响应及调控模式研究

汪 林 董增川 唐克旺 陆垂裕 等著

科学出版社

北京

内 容 简 介

本书系统介绍了海河流域水资源开发利用现状、南水北调工程通水后海河流域供水格局的变化；研究了海河流域地下水对变化环境的响应规律和平原区地下水补排过程与动态变化规律；提出了海河流域地下水功能区划、供水格局变化后的地下水开采调控模式及变化环境下地下水的适应性管理战略。

本书可供水文、水资源及水环境等相关领域的科研人员，水文水资源、环境保护与生态建设等领域的管理工作者和相关专业的大专院校师生参考。

图书在版编目(CIP)数据

变化环境下海河流域地下水响应及调控模式研究/汪林等著.—北京：科学出版社，2013

（海河流域水循环演变机理与水资源高效利用丛书）

"十二五"国家重点图书出版规划项目

ISBN 978-7-03-038033-3

Ⅰ.①变… Ⅱ.①汪… Ⅲ.海河–流域–地下水资源–研究 Ⅳ.TV211.1

中国版本图书馆 CIP 数据核字（2013）第 136052 号

责任编辑：李 敏 张 震 张 菊／责任校对：张小霞
责任印制：钱玉芬／封面设计：王 浩

科 学 出 版 社 出版
北京东黄城根北街 16 号
邮政编码：100717
http://www.sciencep.com

中国科学院印刷厂 印刷
科学出版社发行 各地新华书店经销

*

2013 年 8 月第 一 版　开本：787×1092　1/16
2013 年 8 月第一次印刷　印张：13 1/2　插页：2
字数：500 000

定价：98.00 元
（如有印装质量问题，我社负责调换）

总　　序

　　流域水循环是水资源形成、演化的客观基础，也是水环境与生态系统演化的主导驱动因子。水资源问题不论其表现形式如何，都可以归结为流域水循环分项过程或其伴生过程演变导致的失衡问题；为解决水资源问题开展的各类水事活动，本质上均是针对流域"自然-社会"二元水循环分项或其伴生过程实施的基于目标导向的人工调控行为。现代环境下，受人类活动和气候变化的综合作用与影响，流域水循环朝着更加剧烈和复杂的方向演变，致使许多国家和地区面临着更加突出的水短缺、水污染和生态退化问题。揭示变化环境下的流域水循环演变机理并发现演变规律，寻找以水资源高效利用为核心的水循环多维均衡调控路径，是解决复杂水资源问题的科学基础，也是当前水文、水资源领域重大的前沿基础科学命题。

　　受人口规模、经济社会发展压力和水资源本底条件的影响，中国是世界上水循环演变最剧烈、水资源问题最突出的国家之一，其中又以海河流域最为严重和典型。海河流域人均径流性水资源居全国十大一级流域之末，流域内人口稠密、生产发达，经济社会需水模数居全国前列，流域水资源衰减问题十分突出，不同行业用水竞争激烈，环境容量与排污量矛盾尖锐，水资源短缺、水环境污染和水生态退化问题极其严重。为建立人类活动干扰下的流域水循环演化基础认知模式，揭示流域水循环及其伴生过程演变机理与规律，从而为流域治水和生态环境保护实践提供基础科技支撑，2006年科学技术部批准设立了国家重点基础研究发展计划（973计划）项目"海河流域水循环演变机理与水资源高效利用"（编号：2006CB403400）。项目下设8个课题，力图建立起人类活动密集缺水区流域二元水循环演化的基础理论，认知流域水循环及其伴生的水化学、水生态过程演化的机理，构建流域水循环及其伴生过程的综合模型系统，揭示流域水资源、水生态与水环境演变的客观规律，继而在科学评价流域资源利用效率的基础上，提出城市和农业水资源高效利用与流域水循环整体调控的标准与模式，为强人类活动严重缺水流域的水循环演变认知与调控奠定科学基础，增强中国缺水地区水安全保障的基础科学支撑能力。

　　通过5年的联合攻关，项目取得了6方面的主要成果：一是揭示了强人类活动影响下的流域水循环与水资源演变机理；二是辨析了与水循环伴生的流域水化学与生态过程演化的原理和驱动机制；三是创新形成了流域"自然–社会"二元水循环及其伴生过程的综合模拟与预测技术；四是发现了变化环境下的海河流域水资源与生态环境演化规律；五是明晰了海河流域多尺度城市与农业高效用水的机理与路径；六是构建了海河流域水循环多维临界整体调控理论、阈值与模式。项目在 2010 年顺利通过科学技术部的验收，且在同批验收的资源环境领域 973 计划项目中位居前列。目前该项目的部分成果已获得了多项省部级科技进步一等奖。总体来看，在项目实施过程中和项目完成后的近一年时间内，许多成果已经在国家和地方重大治水实践中得到了很好的应用，为流域水资源管理与生态环境治理提供了基础支撑，所蕴藏的生态环境和经济社会效益开始逐步显露；同时项目的实施在促进中国水循环模拟与调控基础研究的发展以及提升中国水科学研究的国际地位等方面也发挥了重要的作用和积极的影响。

  本项目部分研究成果已通过科技论文的形式进行了一定程度的传播，为将项目研究成果进行全面、系统和集中展示，项目专家组决定以各个课题为单元，将取得的主要成果集结成为丛书，陆续出版，以更好地实现研究成果和科学知识的社会共享，同时也期望能够得到来自各方的指正和交流。

  最后特别要说的是，本项目从设立到实施，得到了科学技术部、水利部等有关部门以及众多不同领域专家的悉心关怀和大力支持，项目所取得的每一点进展、每一项成果与之都是密不可分的，借此机会向给予我们诸多帮助的部门和专家表达最诚挚的感谢。

  是为序。

海河 973 计划项目首席科学家
流域水循环模拟与调控国家重点实验室主任
中国工程院院士

2011 年 10 月 10 日

前 言

海河流域是我国经济社会发展的重点地区,人口占全国的10%以上,是全国重要的粮食主产区,环渤海经济带、首都经济圈等重要经济增长区都位于该流域。海河流域水资源短缺问题,已成为当地经济社会发展的重要瓶颈。根据全国水资源综合规划成果,海河流域水资源总量仅占全国总量的1.3%,人均水资源占有量为269m^3,仅为全国人均水资源占有量的12.9%,单位面积水资源量仅相当于全国平均值的38.7%。水资源的严重短缺不仅影响到当地的长远发展,也是诱发地下水超采、河道断流、水污染、湿地退化等一系列生态与环境问题的重要根源。正是在这种背景下,国家提出并实施了南水北调工程,力图在大力节水的基础上,通过外调水,缓解当地水资源的紧张态势,遏制生态与环境的退化趋势,促进经济社会的健康发展。

地下水是海河流域水资源的重要组成部分,是当地的重要供水水源,也是维系良好生态环境的要素。海河流域地下水资源量235亿 m^3,占流域水资源总量的63.5%。2010年,海河流域总用水量中,有64.1%来自地下水,可见,地下水对于海河流域的重要性是十分明显的。但是自20世纪70年代以来,海河平原区地下水持续超采,污染严重,生态与环境恶化趋势加剧,严重影响了经济社会的可持续发展。地下水的问题已经成为海河流域生态环境的首要问题,是关系到流域经济社会健康发展的重要制约因素。

为了研究海河流域水资源及地下水的循环演化规律,国家曾在"六五"及"七五"期间,在科技攻关项目中,立项研究海河流域水资源问题,取得了一系列创新性成果,包括"四水转化"等水资源循环模型。近年来,随着全球气候的变化以及流域内经济社会的发展,流域水循环已经发生了显著的变化,地下水的补给、径流、排泄规律也在发生显著的变化。未来20年,随着国家南水北调工程的实施以及地下水超采治理工作的陆续展开,海河流域地下水所处的外部环境将继续发生改变。科学合理地利用地下水、有效保护地下水,需要科学认知地下水系统对外部环境的变化响应规律。为此,国家设立了973计划项目"海河流域水循环演变机理与水资源高效利用"(编号:2006CB403400),水利部设立了水利部公益性行业科研专项"供水格局变化下海河流域地下水响应研究"(编号:201001018)。本书在上述两方面研究成果基础上编撰而成。书中引用的水资源及开发利用、地下水功能区划、地下水超采等数据来自全国水资源综合规划、海河流域水资源综合规划、海河地下水利用与保护规划、南水北调（东、中线）受水区地下水压采总体方案等研究成果。

本书在以下 4 个方面取得突破：①从自然因素、流域复杂下垫面、人类活动影响 3 个方面系统地动态评价海河流域地下水循环转化，研究地质、土壤、植被、土地利用、气候、人类活动等多圈层边界水环境综合模拟预测技术，突破了传统的静态研究方法，在水循环模拟分析技术方法方面有所创新。②针对求解复杂水资源大系统优化与控制中出现的计算、搜索时间过长以及易于早熟收敛的问题，提出基于协同进化思想的多目标粒子群优化算法，生成非劣解集（调控方案集），采用投影寻踪算法和混合蛙跳算法优化投影方向，在优化技术方面有所创新。③采用先进理念，通过水循环模拟模型、地下水数值模拟模型和地下水开发利用多目标模型技术方法的综合集成，研究探索高强度人类活动对海河平原区地下水补排条件变化的影响，分析了南水北调工程通水后压采与地下水位关系，提出了供水格局变化后海河流域地下水响应定量成果和开采调控模式，在技术成果应用方面有所创新。④基于功能区理论及耗水控制，研究提出了变化环境下地下水适应性管理的战略对策。

全书共 7 章，分别是海河流域概况及水资源开发利用现状、南水北调工程通水后海河流域供水格局变化、海河流域地下水与环境的响应模拟、平原区地下水补排变化与动态模拟研究、海河流域地下水功能区划、供水格局变化后的地下水开采调控模式研究、变化环境下地下水适应性管理战略。第 1 章由汪林、唐克旺、柳华武撰写，第 2 章由汪林、贾玲撰写，第 3 章由陆垂裕、徐凯撰写，第 4 章由于磊、薛丽娟、李巍撰写，第 5 章由陈民、唐克旺、唐蕴撰写，第 6 章由董增川、张晓晔、王聪聪撰写，第 7 章由唐克旺、汪林撰写。全书由汪林、唐克旺统稿。

在项目研究和本书写作过程中，得到了科学技术部、水利部、海河水利委员会等有关单位的大力支持和帮助，在此表示衷心感谢。

受时间和作者水平所限，书中必定存在不足之处，恳请读者批评指正。

作　者

2013 年 3 月

目 录

总序
前言

第1章　海河流域概况及水资源开发利用现状 ·· 1
 1.1　海河流域概况 ·· 1
  1.1.1　自然地理条件 ·· 1
  1.1.2　经济社会 ·· 3
  1.1.3　水资源分区 ·· 5
 1.2　水资源及其特点 ·· 6
  1.2.1　降水量 ·· 6
  1.2.2　地表水资源量 ·· 8
  1.2.3　地下水资源量 ·· 9
  1.2.4　水资源总量 ·· 10
 1.3　水资源开发利用概况 ·· 11
  1.3.1　水资源配置工程现状 ·· 11
  1.3.2　供水量 ·· 13
  1.3.3　用水量及耗水量 ·· 16
 1.4　平原区地下水动态 ·· 18
  1.4.1　地下水开采、超采现状 ·· 19
  1.4.2　浅层地下水动态 ·· 20
  1.4.3　深层地下水动态 ·· 22
  1.4.4　超采区地下水埋深 ·· 23
 1.5　地下水水质及其变化 ·· 25
  1.5.1　浅层地下水水质 ·· 26
  1.5.2　深层承压水水质 ·· 27
  1.5.3　地下水集中式供水水源地水质 ·· 27
  1.5.4　地下水污染状况 ·· 27
  1.5.5　地下水质变化趋势 ·· 28

第2章　南水北调工程通水后海河流域供水格局变化 ································· 30
 2.1　南水北调工程对受水区水循环的影响作用 ·· 30
 2.2　影响供水格局变化的主要因素及可供水量上限 ······································ 31
  2.2.1　"三生"需水量变化 ·· 31

  2.2.2 引江水量 ······ 32
  2.2.3 地下水压采量 ······ 32
  2.2.4 再生水及非常规水源利用量 ······ 33
  2.2.5 可供水量上限 ······ 34
 2.3 水资源合理配置方案 ······ 34
 2.4 供水格局变化特征 ······ 37
  2.4.1 1956～2000 年水文系列（长系列） ······ 37
  2.4.2 1980～2005 年水文系列（短系列） ······ 42
 2.5 小结 ······ 47

第3章 海河流域地下水与环境的响应模拟 ······ 49
 3.1 水文地质条件及其概化 ······ 49
  3.1.1 含水层结构 ······ 51
  3.1.2 地下水补排条件变化 ······ 52
  3.1.3 地下水流场演化 ······ 52
 3.2 水资源转化动态模拟模型（MODCYCLE） ······ 54
  3.2.1 MODCYCLE 模型的总体设计 ······ 55
  3.2.2 主要空间数据及其处理 ······ 60
  3.2.3 平原区水文地质数据 ······ 66
  3.2.4 其他空间数据 ······ 70
  3.2.5 模型率定与验证 ······ 70
 3.3 近十年海河平原区地下水系统演变规律 ······ 72
  3.3.1 主要水循环驱动因素 ······ 72
  3.3.2 海河流域水循环通量分析 ······ 81
  3.3.3 平原区地下水补排特征 ······ 85
  3.3.4 平原区地表水、地下水转化关系 ······ 89
 3.4 供水格局变化后海河平原区地下水补排条件变化 ······ 96
  3.4.1 模拟情景设置 ······ 96
  3.4.2 供水格局变化下海河平原水平衡分析 ······ 100
  3.4.3 供水格局变化下海河平原地下水循环响应 ······ 100
 3.5 海河平原区地表水向地下水转化的空间分布和强度 ······ 101
 3.6 小结 ······ 103

第4章 平原区地下水补排变化与动态模拟研究 ······ 105
 4.1 水文地质概念模型 ······ 105
  4.1.1 模型范围和边界条件 ······ 105
  4.1.2 含水层结构特征 ······ 106
 4.2 平原区地下水数值模型 ······ 107
  4.2.1 数学模型 ······ 107

  4.2.2　模型结构 …………………………………………………………… 108
  4.2.3　模型的识别与验证 …………………………………………………… 110
 4.3　地下水补给、开采与水位响应关系 ……………………………………………… 113
  4.3.1　开采量、地下水位与补给量互动关系 ……………………………… 114
  4.3.2　补给量和开采量相关特征 …………………………………………… 115
 4.4　供水格局变化后海河平原区地下水响应分析 …………………………………… 116
  4.4.1　1956～2000 年系列 …………………………………………………… 117
  4.4.2　1980～2005 年系列 …………………………………………………… 119
 4.5　小结 ……………………………………………………………………………… 120

第5章　海河流域地下水功能区划 ……………………………………………………… 122
 5.1　地下水功能区划研究现状 ……………………………………………………… 122
  5.1.1　国外相关研究情况 …………………………………………………… 122
  5.1.2　国内地下水功能区划 ………………………………………………… 125
 5.2　海河地下水功能区划体系 ……………………………………………………… 131
  5.2.1　一级功能区 …………………………………………………………… 131
  5.2.2　二级功能区 …………………………………………………………… 131
  5.2.3　基本要求和原则 ……………………………………………………… 132
 5.3　区划标准 ………………………………………………………………………… 133
  5.3.1　开发区 ………………………………………………………………… 133
  5.3.2　保护区 ………………………………………………………………… 133
  5.3.3　保留区 ………………………………………………………………… 134
 5.4　区划成果 ………………………………………………………………………… 135
  5.4.1　一级功能区 …………………………………………………………… 135
  5.4.2　二级功能区 …………………………………………………………… 135
 5.5　功能区保护目标 ………………………………………………………………… 137
  5.5.1　基本原则 ……………………………………………………………… 137
  5.5.2　目标体系 ……………………………………………………………… 138
  5.5.3　分区保护目标 ………………………………………………………… 138
 5.6　功能区现状达标情况 …………………………………………………………… 139
 5.7　变化条件下的地下水功能调整 ………………………………………………… 140

第6章　供水格局变化后的地下水开采调控模式研究 ………………………………… 141
 6.1　南水北调工程通水后地下水需求变化 ………………………………………… 141
  6.1.1　经济社会发展预测 …………………………………………………… 141
  6.1.2　国民经济需水预测 …………………………………………………… 142
  6.1.3　地下水需求变化分析 ………………………………………………… 142
 6.2　海河平原区地下水开发利用多目标模型 ……………………………………… 151
  6.2.1　多目标优化模型的建立 ……………………………………………… 151

  6.2.2 基于协同进化的粒子群优化算法 ················ 152
  6.2.3 优化配置结果及分析 ················ 153
 6.3 地下水开采调控方案优选评价 ················ 162
  6.3.1 指标体系的构建 ················ 162
  6.3.2 评价方法 ················ 163
  6.3.3 评价结果 ················ 164
 6.4 供水格局变化后地下水开采调控模式 ················ 167
  6.4.1 调控原则 ················ 167
  6.4.2 分区调控模式 ················ 167
  6.4.3 分阶段调控模式 ················ 168
 6.5 南水北调工程达效后地下水调控模拟修复效果 ················ 178
  6.5.1 1956~2000 年系列 ················ 178
  6.5.2 1980~2005 年系列 ················ 182
 6.6 小结 ················ 187

第7章 变化环境下地下水适应性管理战略 ················ 188
 7.1 依法管理和保护战略 ················ 188
  7.1.1 颁布《南水北调供用水管理条例》 ················ 188
  7.1.2 出台《海河流域地下水管理办法》 ················ 188
  7.1.3 出台《南水北调受水区地下水压采管理办法》 ················ 188
 7.2 最严格的地下水管理和保护战略 ················ 189
  7.2.1 严格实行地下水开采总量控制 ················ 189
  7.2.2 编制年度计划，落实地下水压采目标 ················ 190
  7.2.3 严格开采管理，实行源头控制 ················ 192
  7.2.4 实行基于地下水脆弱性的分区保护 ················ 192
 7.3 严格监控及公众参与战略 ················ 194
  7.3.1 完善地下水监测网络 ················ 195
  7.3.2 完善计量体系 ················ 195
  7.3.3 建立海河平原地下水管理信息系统 ················ 196
  7.3.4 严格地下水压采工作监督考核制度 ················ 196
  7.3.5 强化地面监控，积极鼓励社会公众的参与 ················ 196
 7.4 产业调整与耗水控制战略 ················ 197
  7.4.1 ET 控制 ················ 197
  7.4.2 调整经济布局，优化产业结构 ················ 199
  7.4.3 建立有利于节水的价格机制 ················ 199
  7.4.4 建立财政激励和补偿机制 ················ 200

参考文献 ················ 201

第1章 海河流域概况及水资源开发利用现状

1.1 海河流域概况

1.1.1 自然地理条件

海河流域位于东经112°~120°，北纬35°~43°，东临渤海，西倚太行，南界黄河，北接内蒙古高原（图1-1），包括北京市和天津市全部、河北省绝大部分、山西省东部、河南省和山东省北部、内蒙古自治区和辽宁省一小部分，是我国政治、经济和文化的中心区域（图1-2）。流域总面积32万km²，占全国陆地总面积的3.3%。其中，山地丘陵区面积18.9万km²，占59%；平原区面积13.1万km²，占41%；总的地势是西北高东南低，呈现高原、山地及平原三种地貌类型。西部为山西高原和太行山区，北部为内蒙古高原和燕山山区，东部和东南部为广阔平原；山地和平原近乎直接相交，丘陵过渡段甚短（图1-3）。

1.1.1.1 河流水系

海河流域包括海河、滦河和徒骇马颊河三大水系、七大河系、十条骨干河流。

海河水系是主要水系，由北部的蓟运河、潮白河、北运河、永定河和南部的大清河、子牙河、漳卫南运河、黑龙港水系和海河干流组成，分别发源于内蒙古高原、黄土高原、燕山、太行山，流域面积23.25万km²。历史上各河曾汇集到天津入海，后来开辟和扩建了漳卫新河、潮白新河、独流减河、子牙新河、永定新河等人工河道，使各河系单独入海，改变了集中入海的局面。

滦河水系包括滦河及冀东沿海诸河，流域面积5.45万km²。滦河发源于坝上高原，于河北省乐亭县入渤海，是流域内水量相对丰沛的河流；冀东沿海诸河发源于燕山南麓，由洋河、陡河等32条单独入海的河流组成，面积约1万km²。

徒骇马颊河水系，为单独入海的平原河道，位于漳卫南运河以南、黄河以北，处于海河流域的最南部，由徒骇河、马颊河、德惠新河及滨海小河等组成，流域面积3.30万km²。

海河流域的各河系分为两种类型：一种是发源于太行山、燕山背风坡，源远流长，山区汇水面积大，水流集中，泥沙相对较多的河流；另一种是发源于太行山、燕山迎风坡，支流分散，源短流急，洪峰高、历时短、突发性强的河流。历史上洪水多经过洼淀滞蓄后下泄。两种类型河流呈相间分布，清浊分明。

1.1.1.2 土壤与植被

海河流域土壤划分为内蒙古高原栗钙土绵土区、华北山地棕壤褐土区和海河平原黄垆

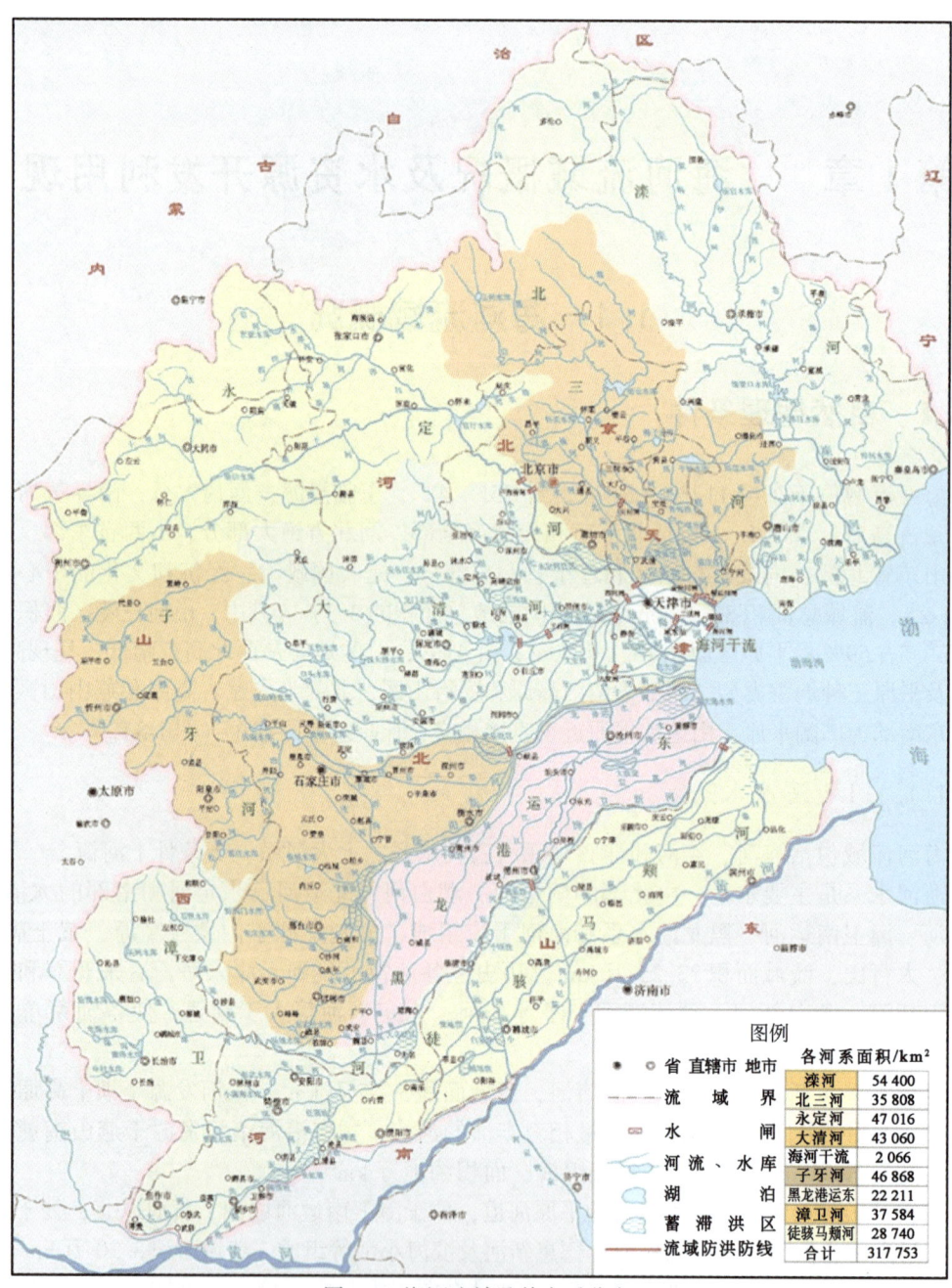

图1-1 海河流域及其水系分布

资料来源：http://www.hwcc.gov.cn/pub2011/hwcc/wwgj/liuyuzdgc/sxt-d.jpg

土潮土盐土区三个区。根据全国土壤采用的以土类、土种为基本单元的七级分类系统，流域内土壤包括8个土纲、12个亚纲、22个土类，以潮土、褐土类面积为最大，其中潮土面积为10.28万 km^2，占流域面积的32.34%；褐土面积为9.99万 km^2，占流域面积的31.44%；其次为棕壤、栗褐土、粗骨土、黄绵土、栗钙土等类。

图1-2 海河流域行政区划图

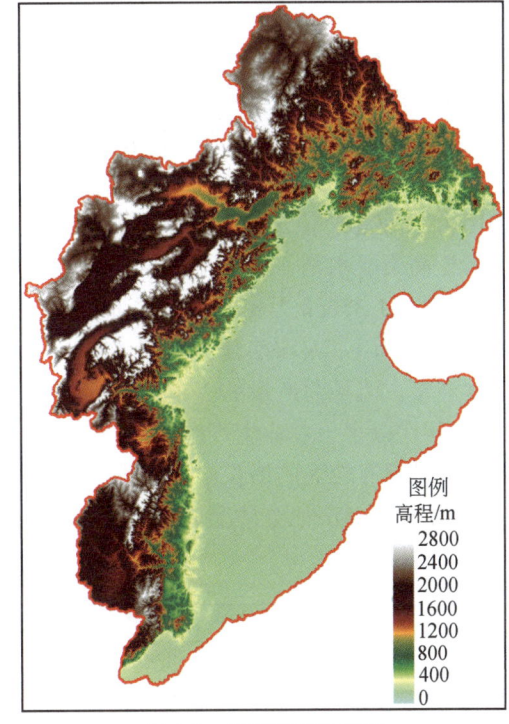
图1-3 海河流域地形图

海河流域植被区系划分为内蒙古高原温带草原区、华北山地暖温带落叶阔叶林区、平原暖温带落叶阔叶林栽培作物区三个区。海河流域天然植被大都遭到人为砍伐破坏，植被覆盖度不高。天然次生林主要分布在海拔 1000m 以上的山地。燕山、太行山迎风坡由于存在年降水量 600mm 以上的弧形多雨带，植被生长良好，形成了一道绿色屏障；背风坡降水量只有 400mm 左右，植被稀疏，生态脆弱。

1.1.2 经济社会

海河流域是全国政治、文化中心和经济发达地区，绝大部分属于环渤海经济区，具有地理区位十分优越、自然资源非常丰富、工业基础和科技实力雄厚、骨干城市群实力较强等五大优势，是我国重要的工业基地和高新技术产业基地，在国家经济发展中占有重要地位。2010年全流域总人口 14 579.9 万人，约占全国总人口的 10%，人口密度 455.6 人/km²；流域内有直辖市北京、天津，以及石家庄、唐山、秦皇岛等 26 座大中城市，城镇人口 7823 万人，城镇化率 53.7%。

海河流域陆、海、空交通便利，是沟通东北、西北、华北经济和进入国际市场的重要枢纽。区域内拥有丰富的煤炭、矿产、油气、海洋等自然资源，是我国矿产资源种类较为齐全的地区。

海河流域是我国重要的工业基地和高新技术产业基地。2010 年地区生产总值达 5.58 万亿元，人均 GDP 3.83 万元，工业增加值 2.36 万亿元，第一、二、三产业比重分别为 10%、

49%、41%。工业门类众多，技术水平较高，主要行业有冶金、电力、化工、机械、电子、煤炭等，形成了以京津唐和京广、京沪铁路沿线城市为中心的工业生产布局。20世纪90年代以来，以电子信息、生物技术、新能源、新材料为代表的高新技术产业发展迅速，在流域经济中比重逐年增加，形成了北京中关村、天津开发区等高新技术产业基地。

海河流域土地、光热资源丰富，适于农作物生长，是我国三大粮食生产基地之一。2010年农业总产值2655亿元，耕地面积16 111.7万亩[①]。主要粮食作物有小麦、大麦、玉米、高粱、水稻、豆类等，经济作物以棉花、油料、麻类、烟叶为主。2010年农田有效灌溉面积11 356.3万亩，占耕地面积的70.5%，实际灌溉面积10 343.1万亩，粮食总产量5437.8万t，人均粮食占有量373kg。河北山前平原、鲁北、豫北地区是主要产粮区，粮食产量占流域总产量的3/4。沿海地区具有发展渔业生产和滩涂养殖的有利条件。20世纪90年代以来，农业生产结构发生变化，油料、果品、水产品、肉、禽蛋、鲜奶等林牧渔业产品都有较大的增长幅度，大中城市周边农业转向为城市服务的高附加值农业。海河流域2010年经济社会情况见表1-1。

表1-1 海河流域2010年经济社会发展指标

行政区	人口/万人 总人口	人口/万人 城镇人口	GDP /亿元	人均GDP /元	工业增加值 /亿元	粮食产量 /万t	耕地面积 /万亩	农田有效灌溉面积/万亩
北京	1 961.2	1 685.9	14 113.6	71 965	2 764.0	115.7	348.0	317.1
天津	1 299.3	1 033.6	9 224.5	70 996	4 410.9	159.7	665.2	516.9
河北	7 110.4	3 123.1	20 736.6	29 164	9 774.3	2 943.5	8 941.0	6 688.4
山西	1 234.7	581.8	3 198.5	25 906	1 663.8	355.0	2 228.5	684.1
河南	1 268.2	626.5	3 753.6	29 598	2 213.0	634.3	1 162.3	906.4
山东	1 587.2	724.1	4 526.0	28 516	2 659.8	1 202.3	2 455.4	2 117.1
内蒙古	96.1	45.9	217.0	22 574	130.6	20.1	285.3	110.7
辽宁	22.9	2.3	22.9	10 009	3.6	7.2	26.0	15.6
流域合计	14 580	7 823.2	55 792.4	38 265	23 620.0	5 437.8	16 111.7	11 356.3

经济结构也发生着深刻的变化。第一产业（农业）所占比重不断下降，第三产业比重不断上升。经济增长方式从扩大生产规模、增加原材料消耗为主的外延型，逐步转变到依靠科技进步、提高管理水平和资源使用效率为主的内涵型，传统产业逐步向高新技术产业过渡，农业生产率不断提高，实现了在经济社会发展的同时，流域水资源消耗量没有明显增加。20世纪80年代至21世纪10年代流域经济发展指标见表1-2。

表1-2 海河流域1980~2010年GDP、工业总产值及工业增加值统计

年份	GDP /亿元	人均GDP /元	工业产值 /亿元	工业增加值 /亿元	年均增长率 统计时段	年均增长率 GDP/%	年均增长率 工业产值/%	年均增长率 工业增加值/%
1980	1 592	1 638	1 205	481	—	—	—	—
1985	2 650	2 545	2 023	789	1980~1985年	10.7	10.9	10.4

[①] 1亩≈0.0667hm^2。

续表

年份	GDP /亿元	人均 GDP /元	工业产值 /亿元	工业增加值 /亿元	年均增长率		
					统计时段	GDP/%	工业产值/%	工业增加值/%
1990	3 821	3 323	3 379	1 194	1985～1990 年	7.6	10.8	8.6
1995	7 052	5 870	8 277	2 585	1990～1995 年	13.0	19.6	16.7
2000	11 633	9 202	16 683	4 771	1995～2000 年	10.5	15.0	13.0
2010	36 991	25 371	—	15 066	2000～2010 年	12.3	—	12.2

注：表中数据为 2000 年可比价。其中 2000 年之前数据来源于水资源综合规划，2010 年数据以统计年鉴为依据计算得出。

1.1.3 水资源分区

根据《海河流域水资源综合规划》成果，海河流域划分为滦河及冀东沿海诸河、海河北系、海河南系和徒骇马颊河 4 个二级区和 15 个三级区。再与行政区划相结合，形成 35 个省套三级区和 80 个地市套三级区，如图 1-4 所示。

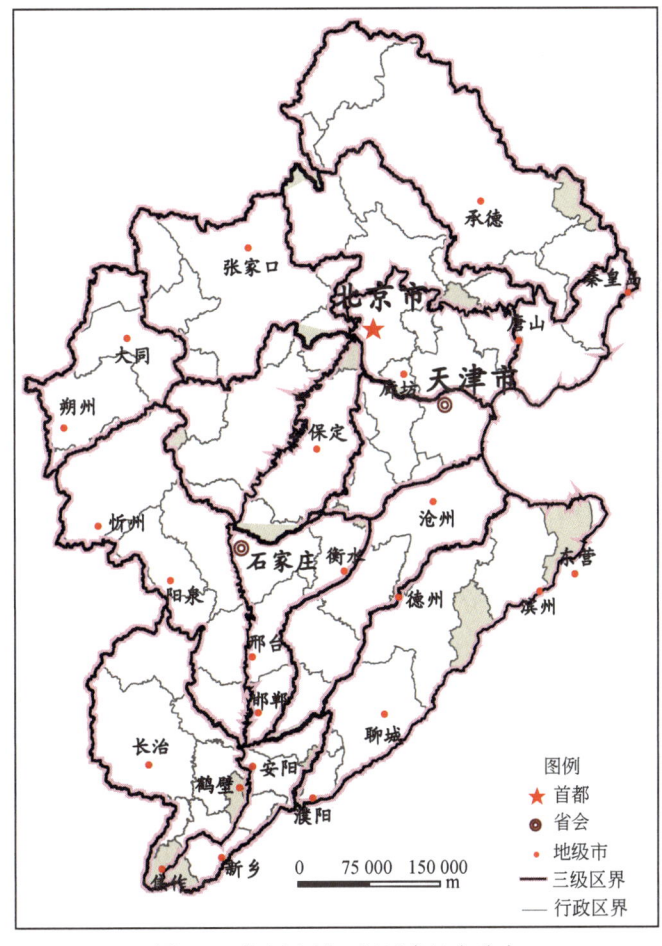

图 1-4　海河流域三级区套地市分布

本次评价海河流域计算面积 320 041km²，其中平原区 149 581km²（含华北平原区 131 036km²，山间盆地区 18 545km²）占47%，山丘区 170 460km²（含一般山丘区135 206 km²，岩溶山丘区 35 254km²）占53%。平原区是本次重点研究区。流域二级区和省级行政区计算面积见表1-3。

表1-3　海河流域水资源二级区和省级行政区计算面积　　　（单位：km²）

分区		平原区面积			山丘区面积			流域合计
		华北平原区	山间盆地区	小计	一般山丘区	岩溶山丘区	小计	
二级区	滦河及冀东沿海诸河	7 410	0	7 410	43 274	3 846	47 120	54 530
	海河北系	16 617	14 625	31 242	43 966	8 218	52 184	83 426
	海河南系	73 997	3 920	77 917	47 966	23 190	71 156	149 073
	徒骇马颊河	33 012	0	33 012	0	0	0	33 012
	流域合计	131 036	18 545	149 581	135 206	35 254	170 460	320 041
行政区	北京	6 400	496	6 896	7 142	2 762	9 904	16 800
	天津	11 193	0	11 193	727	0	727	11 920
	河北	73 207	7 010	80 217	75 169	16 238	91 407	171 624
	山西	0	11 039	11 039	35 779	12 315	48 094	59 133
	河南	9 294	0	9 294	2 461	3 581	6 042	15 336
	山东	30 942	0	30 942	0	0	0	30 942
	内蒙古	0	0	0	12 576	0	12 576	12 576
	辽宁	0	0	0	1 710	0	1 710	1 710

1.2　水资源及其特点

海河流域属于温带半湿润半干旱大陆性季风气候区，冬季盛行北风和西北风，夏季多东南风，春季干旱多风沙。降雨时空分布呈明显的地带性、季节性和年际差异。夏季暴雨集中，冬春雨雪稀少，具有春旱、夏洪、秋涝、晚秋又旱的特点。降雨年际变化大，存在连续丰枯的变化规律。流域年平均气温 1.5~14℃，年平均相对湿度50%~70%，年水面蒸发量850~1300mm。年内四季分明，日照充足，适宜多种植物生长。

1.2.1　降水量

受气候、地形等因素的影响，海河流域年降水量分布存在明显的地带性差异，总的趋势是由多雨的太行山、燕山迎风区分别向西北和东南两侧减少。根据《海河流域水资源综合规划》成果，海河流域多年平均降水量535.5mm，其中山区523mm，平原552mm，年降水量的变差系数（Cv）值0.16~0.48，最大降水量为1964年的800mm，最小为1965年的357mm，是我国降水量年际变化幅度较大的地区。

海河流域降水量的年内分布很不均匀。全年降水量主要集中在汛期（6～9月），约占全年降水量的80%。汛期降水量又主要集中在七八月，其降水量约占全年降水量的60%。有些年份，全年降水量甚至集中在1～2次大暴雨中。

海河流域经常出现季节性干旱。降水量最少的4个月（11～2月或12～3月），降水量仅占全年降水量的3%～10%，春旱最为严重。经常发生季节性连续干旱，春、夏两季连旱和春、夏、秋三季连旱的出现概率都比较高。2001～2010年海河流域分区年降水量统计见表1-4。

表1-4　2001～2010年海河流域分区年降水量统计表　（降水量单位：mm）

	分区	计算面积/km²	2001年	2002年	2003年	2004年	2005年	2006年	2007年	2008年	2009年	2010年	多年平均
二级区	滦河及冀东沿海诸河	54 530	478.1	372.6	532.2	505.6	504.1	424.7	460.5	552.7	398.1	604.6	548.7
	海河北系	83 426	380.7	373.9	470.9	491.7	418.6	400.2	434.6	524.1	390.7	494.9	491.2
	海河南系	149 073	414.3	445.1	623.6	549	495.3	459.4	508.9	561.2	538.2	495.2	549.1
	徒骇马颊河	33 012	413.3	307.9	758.1	660.7	594	461.1	530.9	473.2	671.9	687.5	563.8
	海河流域	320 041	416.4	400.4	582.1	538.2	487	438.2	483.5	541	489.8	533.6	535.5
行政区	北京	16 800	456.1	413	453	539	468	448	499	637.5	448.7	524	598.5
	天津	11 920	465.7	362.1	586	608.7	517.1	468.1	512.4	640.7	604.3	470.4	574.9
	河北	171 624	430	392.1	562.6	532.7	479.5	433.1	472.9	570	481.3	530.4	542.7
	山西	59 133	376.5	485.1	572	489.8	447.7	440	514.5	468.5	438.4	467.8	489.2
	河南	15 336	484.6	424.7	815.1	650.3	693.7	523.8	525.3	597.4	579.2	650.2	609.7
	山东	30 942	416.3	305.6	751.8	665.4	578.5	467.1	533.9	465.6	679.5	686	564.5
	内蒙古	12 576	206.2	320.3	373.6	339.2	275.4	289.2	256.3	384.9	234.8	423.4	369.7
	辽宁	1 710	649.7	450.9	495.3	417	599.4	394.2	513.5	522.2	348.5	677.2	566.1

各二级区降水分布不均，2001～2010年徒骇马颊河系降水最多，海河北系降水最少，与1956～2000年平均降水量相比偏小（图1-5）。

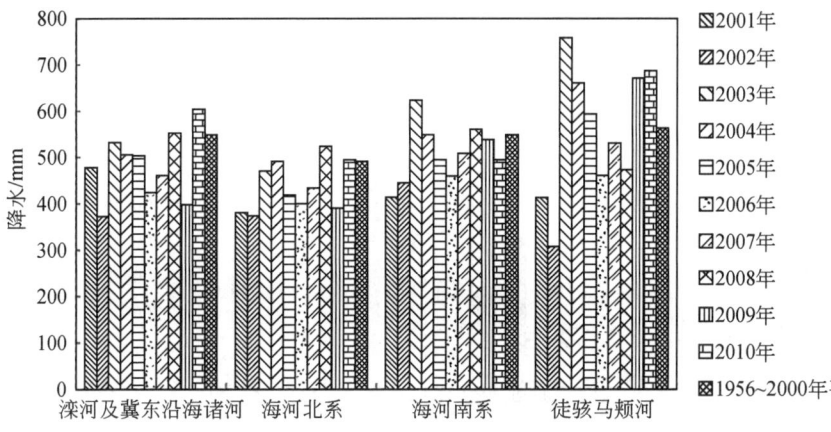

图1-5　海河流域二级区2001～2010年降水量

1.2.2 地表水资源量

根据《海河流域水资源综合规划》成果，海河流域 1956~2000 年平均年径流量为 216.1 亿 m^3，其中，山丘区（含山间盆地）164 亿 m^3，占 76%，华北平原区 52 亿 m^3，占 24%，最大为 1956 年的 491 亿 m^3，最小为 1999 年的 83.8 亿 m^3。

在径流的年内分配上，山丘区年径流的 45%~75%、平原区的 85% 以上集中在汛期（6~9 月），枯季河川径流所占比重较小。2001~2010 年海河流域地表水资源量（表 1-5）明显小于多年平均地表水资源量。

表 1-5　2001~2010 年海河流域分区地表水资源量统计表　　（单位：亿 m^3）

分区		2001年	2002年	2003年	2004年	2005年	2006年	2007年	2008年	2009年	2010年	1956~2000年平均
二级区	滦河及冀东沿海诸河	26.4	13.1	19.0	22.0	33.1	16.1	18.6	26.8	19.1	28.3	53.1
	海河北系	24.4	16.8	21.4	26.3	23.7	22.6	22.2	35.5	25.4	23.1	50.2
	海河南系	35.1	32.4	63.5	69.7	52.3	51.5	53.0	60.6	51.1	51.7	98.7
	徒骇马颊河	3.8	1.0	27.0	20.0	12.9	5.9	8.0	4.1	21.5	45.9	14.0
	流域总计	89.7	63.2	130.8	137.9	121.9	96.2	101.8	126.9	117.2	149.0	216.1
行政区	北京	7.8	5.3	6.1	8.2	7.6	6.7	7.6	12.8	6.8	7.2	17.7
	天津	3.5	1.9	6.2	9.8	7.1	6.6	7.5	13.6	10.6	5.6	10.7
	河北	45.8	28.7	43.8	59.4	54.0	40.4	38.0	60.4	46.9	54.3	115.9
	山西	18.4	18.6	32.3	25.0	23.3	23.0	27.7	22.8	20.6	23.1	35.9
	河南	7.8	5.4	13.2	13.0	15.0	11.1	10.6	10.5	7.8	44.2	13.5
	山东	3.2	0.5	25.7	19.2	11.1	5.5	7.4	3.1	21.0	11.5	16.4
	内蒙古	1.8	2.4	2.7	2.7	2.2	2.2	2.0	2.7	2.7	1.6	4.0
	辽宁	1.4	0.7	0.9	0.9	1.5	0.7	0.9	0.9	0.7	1.5	2.1

与多年平均地表水资源量相比，除 2003 年、2004 年、2009 年和 2010 年徒骇马颊河偏多外，其余二级区均偏少（图 1-6）。除山东省 2003 年、2004 年和 2009 年及天津市 2008 年、河南省 2005 年外，其余省市均偏少。

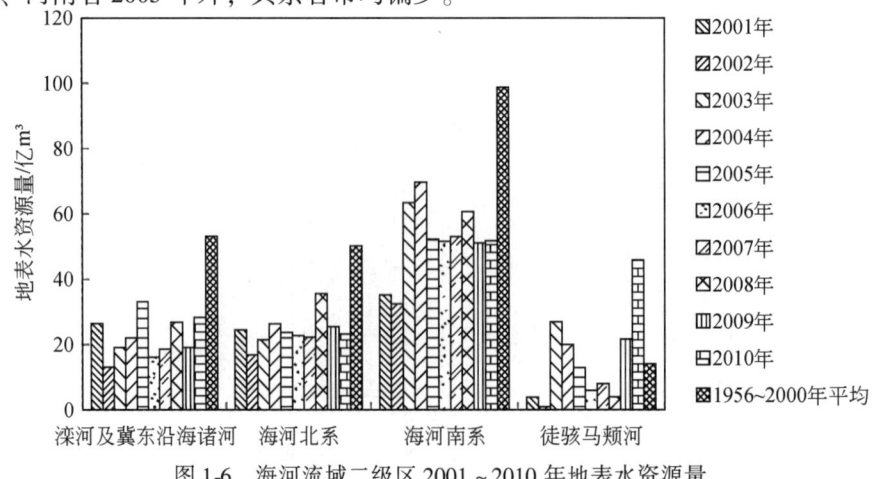

图 1-6　海河流域二级区 2001~2010 年地表水资源量

1.2.3 地下水资源量

根据《海河流域水资源综合规划》成果,将山丘区地下水资源量与平原区矿化度 M≤2g/L 的地下水资源量相加,扣除重复量求得全流域的地下水资源量为 234.93 亿 m^3,如扣除引黄入渗补给量,本流域地下水资源量为 225.13 亿 m^3。

2001~2010 年,2004 年、2009 年和 2008 年地下水资源量相对较多,2002 年、2006 年较少,如表 1-6、图 1-7 所示。

表1-6 2001~2010 年海河流域分区地下水资源量统计表   (单位:亿 m^3)

	分区	2001年	2002年	2003年	2004年	2005年	2006年	2007年	2008年	2009年	2010年
二级区	滦河及冀东沿海诸河	25.7	19.0	29.3	32.0	30.0	26.2	26.9	30.6	25.0	30.0
	海河北系	15.4	36.3	49.5	48.1	46.1	44.5	46.7	57.1	46.1	49.4
	海河南系	127.1	78.1	130.7	124.6	106.0	93.0	108.4	127.7	123.1	102.5
	徒骇马颊河	6.5	12.9	47.3	33.3	33.4	25.5	30.0	26.7	42.0	41.5
	流域总计	174.7	146.3	256.7	238.0	215.5	189.1	211.9	242.1	236.2	223.5
行政区	北京	15.7	14.7	18.6	16.5	18.5	18.2	18.7	24.9	17.8	18.9
	天津	2.4	2.1	4.8	5.2	4.5	4.4	4.8	5.9	9.5	4.5
	河北	89.6	72.5	130.4	126.6	105.3	90.7	104.1	132.0	119.9	107.2
	山西	27.5	25.9	31.5	31.6	30.6	29.3	35.1	32.0	29.2	30.6
	河南	19.3	17.4	24.6	30.3	23.7	19.9	19.0	20.3	17.9	21.2
	山东	17.9	10.9	43.7	24.8	29.9	23.7	27.4	24.1	39.1	38.6
	内蒙古	1.7	2.3	2.5	2.6	2.6	2.6	2.5	2.6	2.6	1.8
	辽宁	0.5	0.5	0.6	0.5	0.6	0.4	0.4	0.2	0.2	0.7

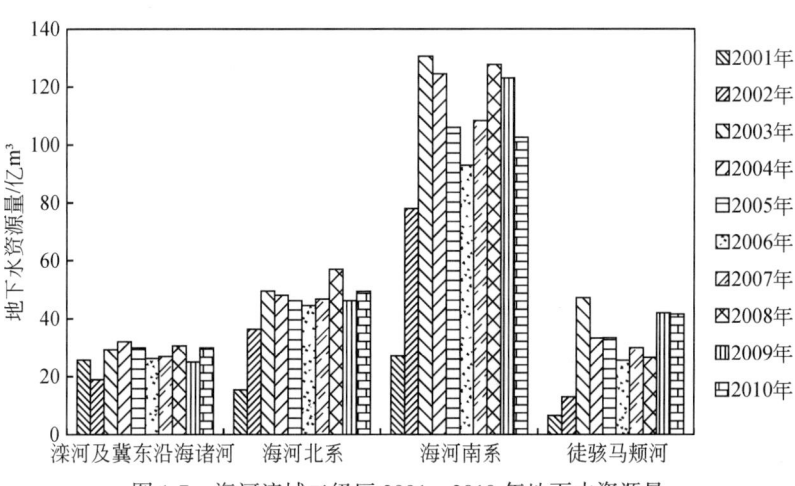

图 1-7 海河流域二级区 2001~2010 年地下水资源量

1.2.4 水资源总量

根据《海河流域水资源综合规划》成果，海河流域 1956~2000 年多年平均水资源总量为 370.3 亿 m³；最大为 1964 年的 734 亿 m³，最小为 1999 年的 189 亿 m³。

2001~2010 年水资源总量与多年平均相比均偏少，其中 2002 年最小，偏少 57%，2003 年最大，偏少 14%（表 1-7、图 1-8）。

表 1-7 2001~2010 年海河流域水资源总量与多年平均水资源总量比较

（单位：亿 m³）

	分区	2001年	2002年	2003年	2004年	2005年	2006年	2007年	2008年	2009年	2010年	多年平均
二级区	滦河及冀东沿海诸河	36.9	24.2	36.3	41.2	46.6	30.9	33.4	42.4	30.7	43.4	63.2
	海河北系	51.6	41.7	54.4	61.8	56.6	54.0	57.0	77.3	58.2	59.1	89.3
	海河南系	94.0	85.2	161.7	149.8	124.6	111.6	127.3	151.2	140.1	123.4	178.5
	徒骇马颊河	17.6	7.1	67.8	47.0	39.7	23.2	30.3	23.7	56.1	80.4	39.3
	流域总计	200.1	158.1	320.2	299.8	267.5	219.8	247.9	294.5	285.2	306.3	370.3
行政区	北京	19.2	16.1	18.4	21.4	23.2	22.1	23.8	34.2	21.8	23.1	37.3
	天津	5.7	3.7	10.6	14.3	10.6	10.1	11.3	18.3	15.2	9.2	15.7
	河北	106.0	82.2	145.3	148.7	127.7	103.0	116.2	155.3	138.0	131.2	197.2
	山西	29.7	30.2	46.3	38.1	35.5	34.4	40.6	35.7	31.9	36.1	48.6
	河南	21.0	17.9	32.0	29.4	31.0	25.0	24.1	26.0	22.0	26.4	27.6
	山东	15.4	5.1	63.4	43.6	35.0	21.6	28.2	20.7	53.5	76.4	37.1
	内蒙古	1.8	2.4	3.4	3.5	3.0	3.0	2.8	3.5	2.0	2.4	4.7
	辽宁	1.4	0.7	0.9	0.9	1.5	0.7	0.9	0.9	0.7	1.5	2.1

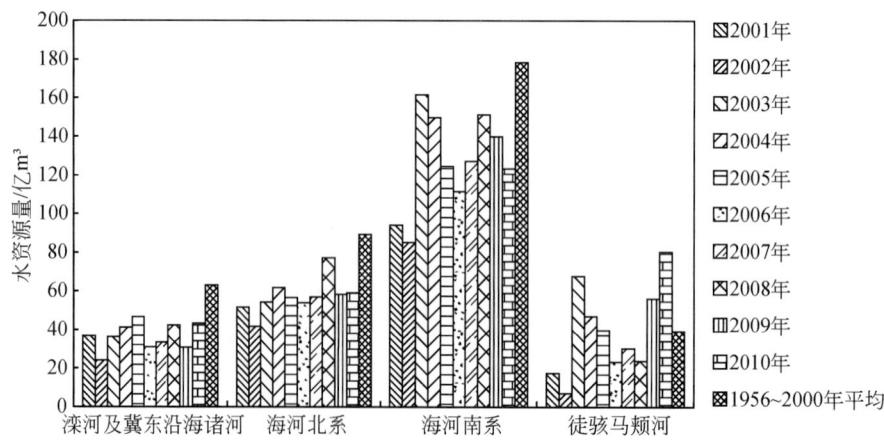

图 1-8 海河流域二级区 2001~2010 年水资源总量

1.3 水资源开发利用概况

1.3.1 水资源配置工程现状

经过 60 年的开发建设，海河流域已初步建成了由当地地表水、地下水、引黄水和非常规水源相结合的供水工程体系，现状总供水能力达到 488 亿 m^3，有力地支撑了流域经济社会的持续发展。

1.3.1.1 地表水工程

当地地表水工程以 36 座大型水库和 17 处主要引水工程为骨干，以中小型水库及其他引水工程为补充，以渠道为供水网络，形成了以京津石等大中城市和太行山、燕山山前平原粮食主产区为主要供水目标的城乡供水系统，年供水能力达到 139 亿 m^3。主要有以密云水库、官厅水库和京密引水渠、永定河引水渠为骨干的北京供水系统，以潘家口水库、大黑汀水库和引滦入津、引滦入唐渠道为骨干的天津、唐山和滦下灌区供水系统，以桃林口水库和引青济秦渠道为骨干的秦皇岛供水系统，以岗南水库、黄壁庄水库和引岗入石渠道、石津干渠为骨干的石家庄市和石津灌区供水系统等。现有大型引水工程基本情况见表 1-8。

表 1-8 海河流域现有主要当地大型地表水引水工程基本情况

序号	引水工程	总干渠起始	长度/km	渠首流量/(m^3/s)	建成年份
1	引青济秦	桃林口水库—秦皇岛市西环路	79.9	8	1991
2	引滦入津	引滦分水枢纽闸—天津市宜兴埠泵站	234.0	60	1983
3	引滦入唐	引滦分水枢纽闸—陡河水库	52.0	80	1984
4	滦下灌区总干渠	滦河滦县岩山—滦南西callback区总分水闸	64.5	117	1956
5	京密引水渠	密云水库调节池—玉渊潭永定河	110.0	70	1966
6	永定河引水渠	三家店拦河闸—西城区南护城河	25.4	60	1957
7	保定市西大洋水库引水	西大洋水库—保定市第一水厂	64.8	3.4	2000
8	王快西大洋水库连通	王快水库—西大洋水库	50.0	—	2011
9	引王济大工程	王快水库下游卧羊沟—大浪淀水库	287.0	—	2004
10	石津灌区总干渠	黄壁庄水库引水洞—深州大田庄	134.2	114	1953
11	石市引岗黄水二期	岗南水库—石家庄市区（管道）	40.0	4.63	2000
12	大跃峰灌区总干渠	涉县邰庄清漳河左岸—武安流村北	83.6	30	1979
13	小跃峰灌区总干渠	磁县海螺山漳河干流左岸—东武仕水库	75.0	25	1969
14	红旗渠灌区总干渠	平顺浊漳河侯壁—漳河卫河分水岭	70.6	25	1965
15	跃进渠灌区总干渠	安阳浊古城村—安阳李珍村西分水闸	35.6	15	1972
16	民有渠	岳城水库—馆陶刘齐固	103.4	100	1960
17	漳南灌区总干渠	岳城水库—六五建设渠	28.6	70	1966

1.3.1.2 地下水源工程

根据水利普查资料，海河流域拥有各类水井136万眼，其中井深小于120m的浅井122万眼，井深大于120m的深井14万眼，年供水能力达到245亿 m^3。地下水是多数大中城市的主要供水水源，也是其他城市的重要辅助和应急水源。以地下水为主要水源的城市有北京、石家庄、保定、廊坊、邢台、衡水、大同、安阳、新乡、焦作等。地下水是平原农村生活和灌溉的主要水源，在浅层地下水为咸水区的中东部平原，农村生活和基本灌溉主要依靠深层承压水。

1.3.1.3 引黄工程

主要引黄工程21处，包括引黄入晋北干线等4处以城市供水为主和人民胜利渠等17处以灌溉为主的引水工程。引黄水是鲁北、豫北平原及河北沧州、衡水等地灌溉和城市主要供水水源，以引黄水为主要供水水源的城市有德州、聊城、滨州、沧州、大同、朔州等，作为辅助供水水源的城市有新乡、衡水等。引黄水还是天津城市及白洋淀等湿地的主要应急供水水源。海河流域8处主要引黄工程基本情况见表1-9（其他13处引黄工程是河南省武嘉、大功、南小堤灌区，山东省邢家渡、簸箕李、小开河、陶城铺、郭口、彭楼、李家岸、白龙湾、韩墩、王庄灌区）。

表1-9 海河流域现有主要引黄工程基本情况

序号	引黄工程	总干渠起始	长度/km	渠首流量/（m^3/s）	建成年份
1	引黄入晋北干线	下土寨分水闸—大同赵家小村水库	164.0	22	2010
2	位山引黄入冀	山东位山引黄闸—沧州大浪淀水库	362.2	80	1994
3	引黄济津潘庄线路	山东潘庄总干渠首—天津九宣闸	390.0	100	2010
4	引黄入邯	河南濮清南总干渠首—邯郸东部7县	198.0	100	2010
5	人民胜利渠总干渠	河南黄河北岸武陟—新乡饮马河口	52.7	55	1952
6	渠村灌区总干渠	河南濮阳渠村引黄闸—濮阳清丰南乐	188.0	—	1956
7	位山灌区总干渠	山东东阿位山—临清、高唐、茌平	279.0	240	1958
8	潘庄灌区总干渠	山东齐河潘庄闸—二级沉沙池	70.5	100	1972

1.3.1.4 非常规水工程

非常规水工程包括再生水、海水、微咸水、矿坑水和城市雨水5类。2010年，海河流域已建成城市集中污水处理厂390座，设计总处理能力1710万 m^3/d（按每年330个工作日计，年处理污水能力达到56.4亿 m^3）（表1-10）。海水淡化工程集中在天津、河北、山东沿海地区。微咸水利用工程主要在河北沧州等咸水区，以苦咸水淡化站为主。矿坑水利用主要在山西、河北山区煤矿开采区。城市雨水利用主要在大中城市的新建居民小区，如北京。

表1-10 海河流域2010年城市污水处理厂建设情况

行政区	污水处理厂个数	处理能力/（万 m³/d）	平均处理量/（万 m³/d）	平均处理率/%
北京	60	376	316	84
天津	33	220	143	65
河北	199	750	536	71
山西	35	95	62	66
河南	28	151	108	71
山东	34	116	92	79
内蒙古	1	2	1.2	60
合计	390	1710	1258	74

1.3.1.5 存在的主要问题

海河流域现状水资源配置工程体系存在的问题是：①外调水工程建设滞后。南水北调工程建设进度较《南水北调工程总体规划》有所滞后，而且供水范围没有包括严重缺水的河北平原中南部地区农业和生态用水。②山区水库建设欠账。由于平原城乡供水高度依赖山区径流，一些山区供水水库长期不能建设，当地经济社会发展受到一定影响。③河系之间的连通性不够。海河流域河流之间、河系之间的现有沟通工程的主要目的是防洪调度，水资源配置能力不高。一些地区汛期降水和小洪水还没有得到充分利用。

1.3.2 供水量

1.3.2.1 总供水量

海河流域2010年总供水量为369.86亿 m³，其中当地地表水供水量122.51亿 m³，占总供水量的33.1%；引黄水量45.89亿 m³，占12.4%；地下水供水量236.98亿 m³，占64.1%（其中浅层淡水198.8亿 m³，深层承压水38.2亿 m³）；其他水源供水量10.37亿 m³，占2.8%。水资源二级分区及相关省市供水量列于表1-11。

在地表水供水量中，蓄、引、提及跨流域调水工程所占比例分别为15.0%、30.1%、17.3%和37.6%。

在地下水源供水量中，浅层水、深层水、微咸水供水量所占比例分别为74.0%、24.9%和1.1%。

其他水源供水量包括经污水处理回用量、集雨工程供水量和海水淡化量，共计10.37亿 m³。其中污水处理回用量9.89亿 m³，主要集中在大中城市；海水淡化水量0.26亿 m³，主要集中于沿海地区。

表 1-11　海河流域 2010 年实际供水量　　　　（单位：亿 m³）

分区		地表水供水量	其中：调水量		地下水源供水量		其他水源供水量	总供水量	海水直接利用量
			跨一级流域	跨二级流域	小计	其中深层水			
二级区	滦河及冀东沿海诸河	11.87	0.00	0.00	23.75	4.30	0.25	35.87	4.86
	海河北系	23.34	0.26	1.29	49.89	3.87	7.52	80.75	3.83
	海河南系	42.75	5.99	4.49	140.99	26.95	1.73	185.47	11.57
	徒骇马颊河	44.55	39.64	0.00	22.35	3.07	0.87	67.77	1.58
	合计	122.51	45.89	5.78	236.98	38.19	10.37	369.86	21.84
行政区	北京	7.20	0.00	0.00	21.16	0.00	6.80	35.16	0.00
	天津	16.17	2.28	5.78	5.87	2.85	0.39	22.42	15.40
	河北	35.93	1.70	0.00	153.95	32.26	1.63	191.50	4.86
	山西	8.73	0.00	0.00	12.06	0.00	0.69	21.48	0.00
	河南	12.18	5.01	0.00	24.40	0.52	0.27	36.85	0.00
	山东	41.61	36.91	0.00	17.44	2.56	0.61	59.65	1.58
	内蒙古	0.66	0.00	0.00	1.84	0.00	0.00	2.50	0.00
	辽宁	0.03	0.00	0.00	0.26	0.00	0.00	0.29	0.00

1.3.2.2　20 世纪 80 年代以来的供水趋势

近 20 年来，海河流域年总供水量为 344 亿~402 亿 m³。1980 年全流域为干旱年，由于上一年为丰水年，大中型水库蓄水较多，全流域总供水量达到了 396.5 亿 m³；1985 年总供水量降为 344.1 亿 m³，此后呈稳定增长趋势。至 2000 年达到 402.3 亿 m³，此后下降，2010 年为 369.9 亿 m³。

地下水一直是海河流域的主要供水水源，其供水量及供水比重均呈稳定增长趋势。浅层地下水开采量由 1980 年的 175.2 亿 m³ 增加到 2000 年的 223.2 亿 m³，2010 年回落至 175.3 亿 m³；深层承压水开采量 1980 年为 29.7 亿 m³，1985 年引滦入津工程通水后天津深层水开采有所减少，全流域为 27.0 亿 m³，此后稳定增长至 2000 年的 37.6 亿 m³，2010 年达到 59.0 亿 m³。地下水供水量所占比重也由 1980 年的 52%，上升至 2000 年的 65%、2010 年的 64%。

1980 年以来，年引黄水量为 33.4 亿~46.1 亿 m³。引黄水量最少的年份为 1985 年，最大的年份为 2010 年。引黄水量变化受黄河来水和当地需求的共同影响。1980 年以来各水平年供水量成果见表 1-12。

表 1-12　海河流域不同水平年分类型供水量　　　　（单位：亿 m³）

行政区	水平年年份	地表水供水量 当地地表水	地表水供水量 引黄水量	地表水供水量 小计	地下水供水量 浅层淡水	地下水供水量 深层承压水	地下水供水量 微咸水	地下水供水量 小计	其他水源供水量	总供水量
北京	1980	24.93	0.00	24.93	22.83	0.00	0.00	22.83	0.00	47.76
北京	1985	12.24	0.00	12.24	25.97	0.00	0.00	25.97	0.00	38.21
北京	1990	13.19	0.00	13.19	23.34	0.00	0.00	23.34	0.00	36.54
北京	1995	12.43	0.00	12.43	27.09	0.00	0.00	27.09	0.06	39.58
北京	2000	13.35	0.00	13.35	27.08	0.00	0.00	27.08	0.04	40.47
北京	2010	7.17	0.00	7.17	20.00	1.19	0.00	21.19	6.80	35.16
天津	1980	13.48	0.00	13.48	2.90	4.90	0.00	7.80	0.00	21.28
天津	1985	12.14	0.00	12.14	3.01	2.34	0.00	5.34	0.00	17.49
天津	1990	14.48	0.00	14.48	3.13	4.04	0.00	7.17	0.00	21.65
天津	1995	15.34	0.00	15.34	3.45	3.48	0.00	6.93	0.00	22.27
天津	2000	13.48	0.94	14.42	3.50	4.72	0.00	8.22	0.02	22.66
天津	2010	13.88	2.28	16.16	3.02	2.85	0.00	5.87	0.39	22.42
河北	1980	82.68	0.00	82.68	115.34	20.78	0.22	136.34	0.00	219.02
河北	1985	53.17	0.00	53.17	109.76	19.87	2.50	132.13	0.00	185.30
河北	1990	56.43	0.00	56.43	108.30	21.72	2.54	132.56	0.00	188.99
河北	1995	56.78	2.81	59.59	114.54	25.40	2.65	142.59	2.32	204.50
河北	2000	46.81	0.76	47.57	133.80	27.20	2.06	163.05	2.08	212.70
河北	2010	34.19	1.90	36.09	107.14	44.01	2.41	153.56	1.60	191.25
山西	1980	10.99	0.00	10.99	6.82	0.00	0.00	6.82	0.00	17.81
山西	1985	11.12	0.00	11.12	9.41	0.00	0.00	9.41	0.00	20.53
山西	1990	11.63	0.00	11.63	10.85	0.00	0.00	10.85	0.00	22.48
山西	1995	11.65	0.00	11.65	11.86	0.00	0.00	11.86	0.00	23.51
山西	2000	11.49	0.00	11.49	11.94	0.00	0.00	11.94	0.17	23.61
山西	2010	8.75	0.00	8.75	5.74	6.67	0.00	12.41	0.67	21.83
河南	1980	14.27	4.98	19.25	15.61	3.49	0.00	19.11	0.00	38.36
河南	1985	11.54	2.88	14.42	16.81	4.06	0.00	20.87	0.00	35.29
河南	1990	10.33	4.03	14.36	20.74	4.65	0.00	25.40	0.00	39.76
河南	1995	7.29	4.12	11.40	23.72	4.73	0.00	28.45	0.00	39.86
河南	2000	7.55	3.80	11.35	25.17	3.39	0.00	28.56	0.00	39.91
河南	2010	7.17	5.01	12.18	23.11	1.29	0.00	24.40	0.27	36.85

续表

行政区	水平年年份	地表水供水量 当地地表水	地表水供水量 引黄水量	地表水供水量 小计	地下水供水量 浅层淡水	地下水供水量 深层承压水	地下水供水量 微咸水	地下水供水量 小计	其他水源供水量	总供水量
山东	1980	2.45	37.33	39.78	10.99	0.49	0.00	11.48	0.00	51.26
山东	1985	3.29	30.49	33.78	11.90	0.70	0.00	12.60	0.00	46.38
山东	1990	5.22	29.90	35.13	20.89	1.57	0.57	23.03	0.00	58.16
山东	1995	7.14	37.88	45.01	16.59	1.91	0.42	18.92	0.00	63.93
山东	2000	6.01	31.85	37.86	20.14	2.32	0.66	23.12	0.00	60.98
山东	2010	4.71	36.91	41.62	14.66	2.56	0.22	17.44	0.58	59.64
内蒙古	1980	0.26	0.00	0.26	0.60	0.00	0.00	0.60	0.00	0.86
内蒙古	1985	0.23	0.00	0.23	0.48	0.00	0.00	0.48	0.00	0.71
内蒙古	1990	0.24	0.00	0.24	0.72	0.00	0.00	0.72	0.00	0.96
内蒙古	1995	0.29	0.00	0.29	1.02	0.00	0.00	1.02	0.00	1.30
内蒙古	2000	0.38	0.00	0.38	1.34	0.02	0.00	1.36	0.01	1.74
内蒙古	2010	0.66	0.00	0.66	1.40	0.43	0.00	1.83	0.00	2.49
辽宁	1980	0.01	0.00	0.01	0.12	0.00	0.00	0.12	0.00	0.13
辽宁	1985	0.01	0.00	0.01	0.14	0.00	0.00	0.14	0.00	0.15
辽宁	1990	0.02	0.00	0.02	0.16	0.00	0.00	0.16	0.00	0.17
辽宁	1995	0.01	0.00	0.01	0.20	0.00	0.00	0.20	0.00	0.21
辽宁	2000	0.01	0.00	0.01	0.25	0.00	0.00	0.25	0.00	0.25
辽宁	2010	0.03	0.00	0.03	0.26	0.00	0.00	0.26	0.00	0.29
流域合计	1980	149.06	42.32	191.38	175.22	29.66	0.22	205.10	0.00	396.48
流域合计	1985	103.73	33.37	137.11	177.48	26.96	2.50	206.95	0.00	344.05
流域合计	1990	111.55	33.93	145.48	188.14	31.99	3.10	223.23	0.01	368.72
流域合计	1995	110.92	44.80	155.73	198.47	35.52	3.07	237.07	2.38	395.18
流域合计	2000	99.07	37.35	136.42	223.22	37.64	2.72	263.58	2.32	402.32
流域合计	2010	76.56	46.10	122.66	175.33	59.00	2.63	236.96	10.31	369.93

注：2010年数值引自2010年《海河流域水资源公报》（附件）。

1.3.3　用水量及耗水量

2001～2010年全流域年总用水量为368亿～400亿 m³，用水量最多为2002年，用水量最少为2004年（表1-13、图1-9）。

表1-13　2001～2010年海河流域用水量统计表　　（单位：亿 m³）

类别	2001年	2002年	2003年	2004年	2005年	2006年	2007年	2008年	2009年	2010年
合计	395.9	399.8	377.1	368.0	379.8	392.7	384.5	373.4	370.0	369.9
城镇生活	31.9	28.0	29.2	28.8	31.6	32.0	31.8	32.7	34.1	39.8
工业	62.3	61.8	59.7	56.6	56.7	56.8	52.1	51.3	49.2	51.0
农村生活	23.3	23.2	24.3	23.7	23.9	24.6	24.5	24.4	23.8	21.3
农田灌溉	258.0	267.2	242.9	237.3	244.1	255.4	249.6	237.6	234.4	230.1
林牧渔	20.0	19.3	19.1	18.8	19.6	19.3	19.8	18.2	18.9	18.0
生态环境	0.3	0.3	1.9	2.8	3.9	4.6	6.7	9.2	9.7	9.7

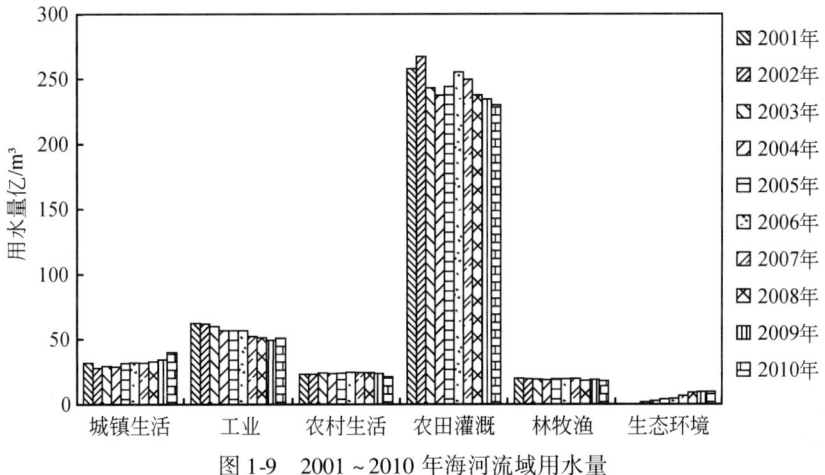

图1-9　2001～2010年海河流域用水量

2001～2010年全流域年总耗水量在251亿～278亿 m³之间变化，耗水率为67%～77%；耗水量最多为2002年，耗水量最少为2003年（表1-14、图1-10）。

表1-14　2001～2010年海河流域耗水量统计表　　（单位：亿 m³）

类别	2001年	2002年	2003年	2004年	2005年	2006年	2007年	2008年	2009年	2010年
总耗水量	269.4	278.9	251.7	253.8	266.3	270.5	269.4	259.8	256.8	256.8
工业	26.9	28.1	24.6	26.2	27.8	27.2	25.4	25.4	23.4	26.2
城镇生活*	6.0	5.8	10.3	10.3	11.5	10.9	10.6	10.5	10.5	11.5
农村生活**	23.1	22.4	12.0	18.8	18.9	19.3	19.6	19.0	19.0	18.6
农田灌溉	197.5	206.1	182.9	180.8	188.4	193.5	191.8	182.3	180.9	176.6
林牧渔	15.3	16.0	21.4	15.6	16.7	15.9	16.7	15.4	15.2	15.2
城镇环境	0.5	0.5	0.5	1.9	2.6	2.9	3.8	4.5	4.8	6.0
农村生态	0.0	0.0	0.0	0.2	0.5	0.9	1.6	2.7	2.9	2.7

＊含城镇建筑业和服务业耗水量；＊＊含牲畜耗水量。

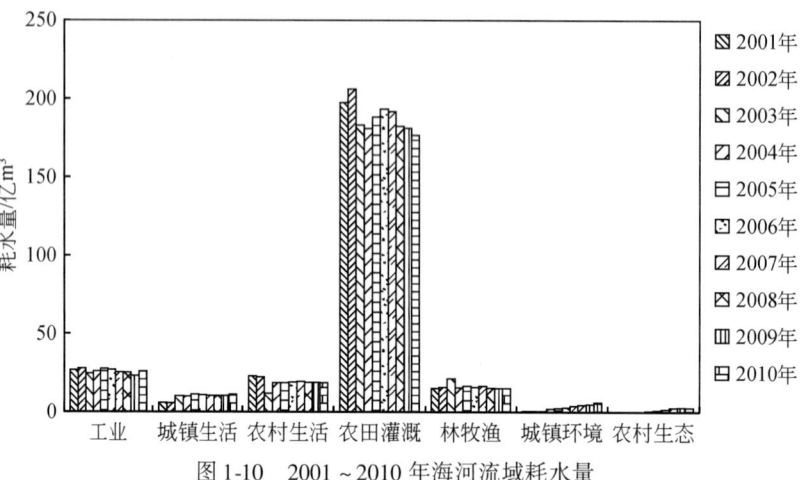

图 1-10 2001~2010 年海河流域耗水量

根据 1995 年、2000 年、2010 年用水消耗率估算，3 个水平年流域平均水资源消耗率分别为 69.2%、70.2% 和 69.4%（表 1-15）。

表 1-15 海河流域 1995 年、2000 年、2010 年分项耗水量及耗水率

年份	二级区	工业 耗水量/亿 m³	工业 耗水率/%	城镇生活 耗水量/亿 m³	城镇生活 耗水率/%	农村生活 耗水量/亿 m³	农村生活 耗水率/%	农田灌溉 耗水量/亿 m³	农田灌溉 耗水率/%	合计 耗水量/亿 m³	合计 耗水率/%
1995	滦河及冀东沿海诸河	2.47	36.7	0.85	41.8	1.82	97.5	18.69	67.0	23.83	63.2
	海河北系	5.83	37.9	3.53	32.9	3.41	97.2	39.75	76.1	52.52	64.3
	海河南系	12.92	38.4	4.08	39.5	10.69	99.7	109.93	78.2	137.62	71.0
	徒骇马颊河	2.54	37.6	0.5	37.2	2.86	88.2	42.6	79.6	48.50	73.4
	流域合计	23.76	38	8.96	36.7	18.78	97.1	210.97	76.9	262.47	69.2
2000	滦河及冀东沿海诸河	2.57	37.7	0.95	36.3	2.05	97.3	19.11	73.6	24.68	66.8
	海河北系	6.27	40.8	4.64	36.0	3.45	96.8	38.78	80.1	53.14	67.5
	海河南系	14.37	37.5	5.54	36.4	11.12	96.8	113.86	80.3	144.89	70.8
	徒骇马颊河	3.5	39.1	0.54	32.3	2.91	88.0	39.15	80.5	46.10	74.0
	流域合计	26.71	38.5	11.68	36.0	19.53	95.4	210.9	79.6	268.82	70.2
2010	滦河及冀东沿海诸河	4.65	62.9	1.33	48.1	1.54	61.67	16.39	77.9	23.91	72.4
	海河北系	5.61	49.8	4.4	30.4	4.91	85.44	31.52	81.6	46.44	68.0
	海河南系	13.16	49.6	4.82	31.7	9.09	78.37	95.01	78.2	122.08	70.8
	徒骇马颊河	2.77	42.4	0.92	35.7	3.1	75.47	33.62	69.4	40.41	65.8
	流域合计	26.19	50.6	11.47	32.7	18.64	77.83	176.55	76.9	232.85	69.4

1.4 平原区地下水动态

我国是一个地下水开发利用历史悠久的国家。早在几千年前的尧舜时代，就有"日出

而作，日入而息，凿井而饮，耕田而食"的记载。20世纪70年代之前，我国地下水开发利用以小规模、分散式开发为主。1972~2000年，随着我国经济社会的快速发展，掀起了大规模打井高潮，开始大规模地开发利用地下水，地下水开采量以4.3%的年均增长率逐年增加。

据统计，1972年全国地下水开采量约200亿 m³，到2010年，地下水开采量增加了4.5倍。1972年以来全国地下水开采量变化情况见图1-11。

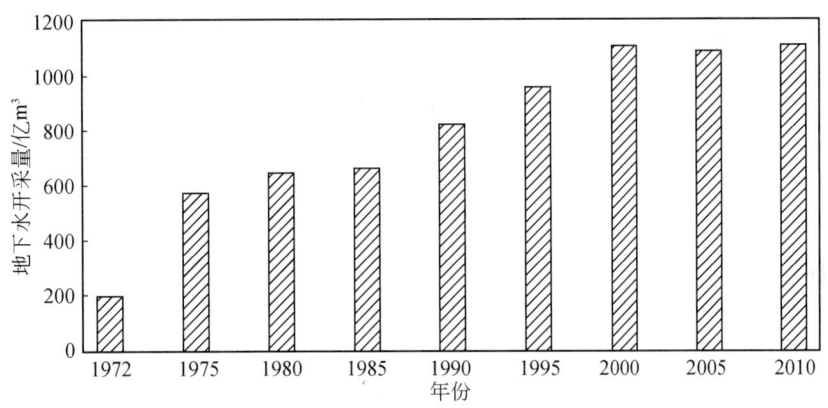

图1-11 1972年以来全国地下水开采量变化

海河流域地下水动态的第一影响因素是人工开采，其次是降水补给和地表水的渗漏。海河地下水开采量也和全国一样，20世纪70年代以来持续增加，导致地下水水位持续性下降。

1.4.1 地下水开采、超采现状

海河流域地下水可开采量为浅层地下水可开采量与深层承压水可开采量之和，由于深层承压水补给困难，故地下水可开采量即为浅层地下水可开采量，采用1980~2000年平均总补给量乘以可开采系数计算得到。考虑地下水开采的技术经济可行性，可开采系数山前平原取0.9~1.0，中东部平原取0.65~0.9。平原区矿化度小于2g/L淡水区可开采量135.4亿 m³，山间盆地可开采量16.6亿 m³。山丘区地下水可利用量根据1980~2000年平均开采量、泉水实测流量等综合确定，为32.5亿 m³。故1980~2000年海河流域年均地下水可开采量为184.5亿 m³。

根据海河平原区11.3万 km² 地下水监测资料统计，2004~2010年海河平原区浅层地下水年开采量为144亿~178亿 m³，深层地下水年开采量为48亿~59亿 m³。若海河平原区平均年可开采量按135.3亿 m³ 计，则浅层地下水年超采量为9亿~43亿 m³；平原区深、浅层地下水年超采总量为60亿~102亿 m³（表1-16）。

表 1-16 2004～2010 年海河平原区地下水开采统计表

年份	监测面积/万 km²	可开采量/亿 m³	浅层/亿 m³ 开采量	浅层/亿 m³ 超采量	深层开采量/亿 m³	超采总量/亿 m³
2004	11.3	135.3	155.80	20.50	51.16	71.66
2005	11.3	135.3	159.12	23.82	48.75	72.57
2006	11.3	135.3	157.37	22.07	48.06	70.13
2007	11.3	135.3	152.89	17.59	51.85	69.44
2008	11.3	135.3	144.65	9.35	50.19	59.54
2010	11.3	135.3	177.96	42.66	59.00	101.66

1.4.2 浅层地下水动态

海河平原区浅层地下水开发主要经历了 20 世纪 50 年代至 60 年代中期、60 年代中期至 1980 年和 1980 年至今三个阶段。

60 年代中期以前，平原区浅层地下水开发是在局部地区进行，采水设施和设备一般是人工井（砖石井）、辘轳、水桶等，供给对象主要是人畜饮用、菜田和极少量的农田灌溉。浅层地下水埋深一般只有 2～4m，因地下水埋深浅加上排水不畅，造成大量土壤盐碱化，平原东部和滨海地区盐碱地面积最高时达到 3410 万亩。

60 年代中期以后，海河流域相继在 1965 年、1972 年发生了旱灾，水资源供需矛盾日趋紧张，水危机已显端倪，机井建设在海河平原区形成高潮，由 1969 年的 20 万眼增加到 1979 年的 60 余万眼。平原区浅层地下水的年开采量达到 140 亿 m³。总体上看，浅层地下水开采量依然小于总补给量，但以城市为中心的地下水位降落漏斗已开始形成。

1980 年以后，海河流域进入枯水期，地表水资源严重不足，地下水开采量增加，2000 年时浅层地下水超采量已达 39 亿 m³，区域地下水水位降落漏斗急剧扩大，并出现严重的环境地质问题。至 2010 年，平原区已形成了 10 个大的浅层地下水位降落漏斗，漏斗总面积 3.02 万 m³。

经过对海河平原 50 年代末以来地下水典型观测井实际水位观测系列分析发现，1980 年以前和以后相比较，无论是水位的高低，还是水位的变化速度，都有十分明显的差别。以石家庄以北的新乐站为典型，对山前平原浅层地下水水位变化进行分析。新乐站 1957 年浅层地下水水位为 65.6m，1980 年为 65.4m，之后开始下降。虽然在 1988 年、1989 年、1995 年、1996 年等几个丰水年时水位有所回升，但到 2000 年已降至 55.3m，下降了约 10m，如图 1-12 所示。

海河平原区地下水埋深空间分布大致呈南北相对较浅，中部较深的特征。1980～2000 年，山前和中部平原浅层地下水水位下降剧烈，平均下降 5m，唐山、保定、石家庄、邢台、邯郸等城市地下水位下降了 20～35m，安阳、鹤壁、新乡、焦作、濮阳等城市下降了 10～15m。东部滨海平原浅层地下水多为咸水或微咸水，开采量小，水位变化幅度相对较小，但也有明显下降，1980 年埋深一般为 2～3m，到 2000 年多数地区已达到 4～5m。

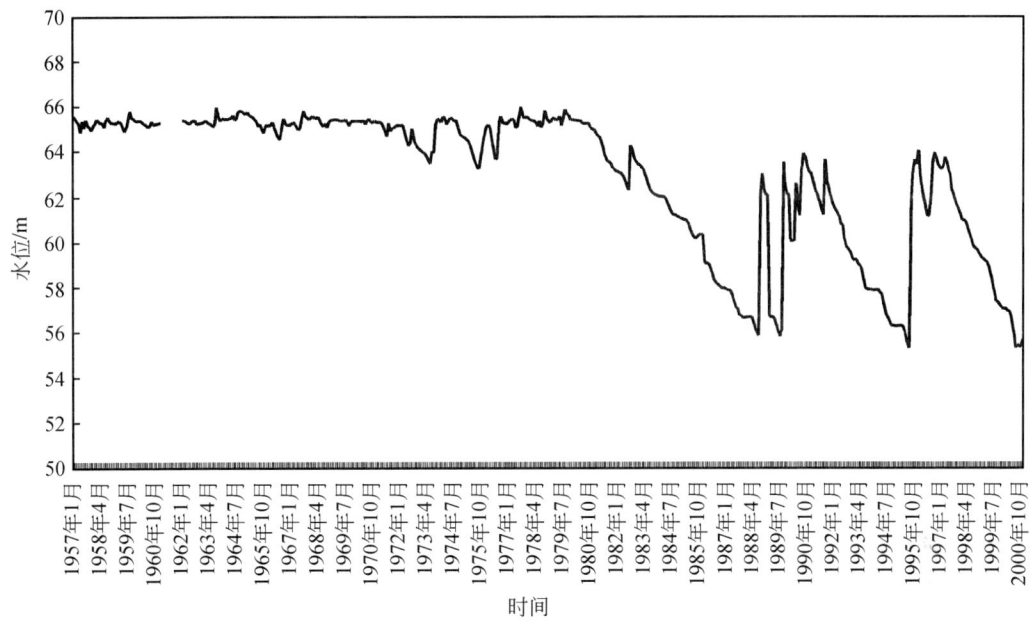

图 1-12　新乐站浅层地下水水位过程（1957～2000 年）

2010 年滦河平原及冀东沿海诸河浅层地下水平均埋深为 8.0m，北四河平原浅层地下水平均埋深为 12.6m，大清河淀西平原浅层地下水平均埋深为 23.7m，大清河淀东平原浅层地下水平均埋深为 9.2m，子牙河平原浅层地下水平均埋深为 27.3m，漳卫河平原浅层地下水平均埋深为 14.1m，黑龙港及运东平原浅层地下水平均埋深为 11.1m，徒骇马颊河浅层地下水平均埋深为 5.4m。

2010 年海河流域山前平原浅层地下水代表站地下水埋深如图 1-13 所示，由图可见，

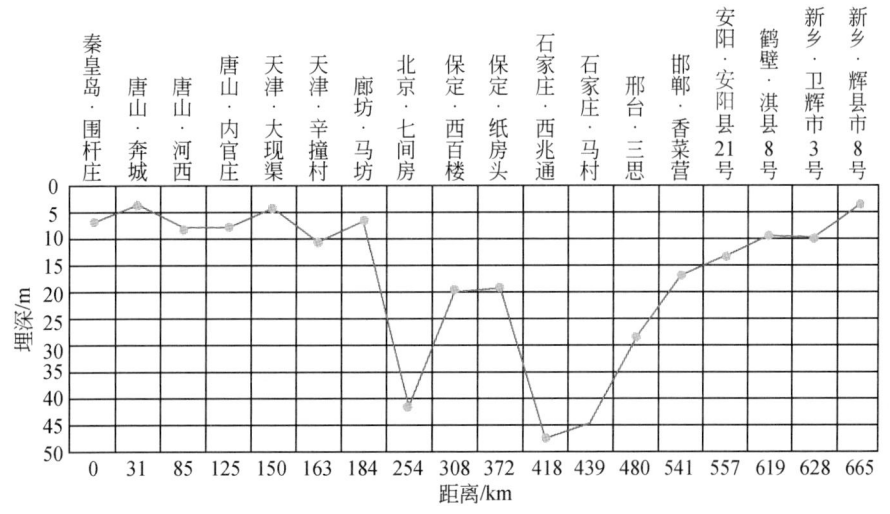

图 1-13　2010 年年末海河流域山前平原浅层地下水代表站埋深图

各区域地下水埋深有显著差异,其中石家庄西兆通代表站的地下水埋深已达到 47m 以上。

由于地下水的持续严重超采,海河平原区浅层地下水超采区面积达 6 万 km²,形成了唐山、北京顺义—通州、北京房山、保定、石家庄、邢台、高邑、邯郸、肃宁、安阳—鹤壁—濮阳、莘县—夏津等 11 个较大的地下水漏斗,面积达 1.82 万 km²。

河北省山前平原区地下水水位在持续下降,形成了大范围的地下水降落漏斗区,局部地区含水层已被疏干。2010 年河北省平原区有浅层地下水降落漏斗 11 个,总面积 3133 km²,其中,形成最早、发展最快、影响较大的是石家庄地下水降落漏斗,现状漏斗中心地下水埋深已超过 50m。据不完全统计,河北省太行山前平原区含水层疏干面积已达 2100 km²,河北省山前平原浅层地下水埋深变化情况如图 1-14 所示。

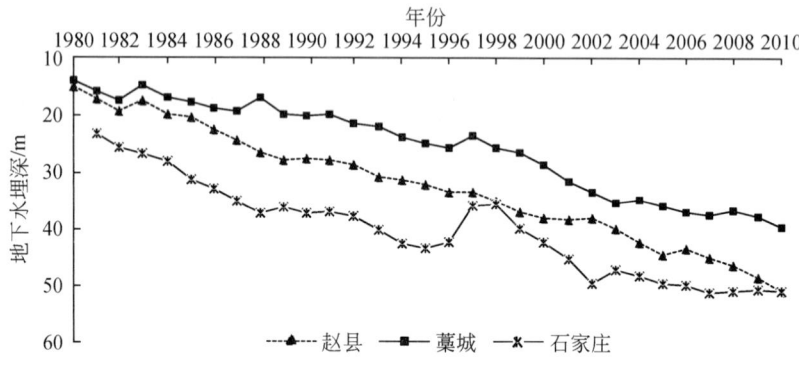

图 1-14 河北省山前平原浅层地下水埋深变化

1.4.3 深层地下水动态

海河平原大规模开采深层承压水始于 20 世纪 60 年代末,主要在滨海平原及黑龙港中下游地区,由于缺乏浅层淡水,只能依靠大量超采深层承压水来满足生产生活用水需要。1980 年开采量达到 28.8 亿 m³,2000 年深层机井数量达 14 万眼,开采量增加到 37.6 亿 m³。

天津市自 20 世纪 70 年代大规模开采深层承压水以来,开采量不断增加,由于南部地区深层承压水长期处于超采状态,造成承压水头持续大幅度下降,形成了市区及西青、汉沽、津南大港和静海等几个地下水位降落漏斗,且市区及滨海地区有连成一片的趋势。近年来,由于市区和塘沽已将引滦水作替代水源,深层承压水开采强度减小,各组含水层水头有所回升,但无外来替代水源的汉沽、大港和静海等地,水头仍在持续下降。至 2008 年天津市主要有两个较大的承压含水组漏斗,第二承压含水层漏斗中心在汉沽杨家泊镇,2008 年末漏斗中心埋深 87.83m,漏斗面积 3142km²;第三承压含水组漏斗中心在西青区中北镇,2008 年末漏斗中心埋深 97.13m,漏斗面积 6709km²。

河北省中东部平原区影响较大、形成时间较长的深层承压水降落漏斗主要有冀枣衡漏斗和沧州漏斗，并向多中心的复合型漏斗演变。冀枣衡漏斗形成于60年代末，未开采时（1958年）水位埋深只有1.92m。开采初期（1968年）漏斗中心水位埋深2.96m。随着大规模开采，地下水漏斗逐渐形成，且由原来衡水市东淀阳一个漏斗中心，演变为衡水市东淀阳和邢台市南宫琉璃庙两个中心，并向邢台市的南宫、新河、威县、广宗和巨鹿一带延伸。2003年年底，-35m等水头线封闭面积3348km²。目前，仍在继续向南扩展。沧州漏斗形成于1967年，未开采时（1958年）水位埋深只有0.88m。70年代后大规模开发深层地下水，导致水位持续下降，漏斗面积逐年扩大。1985年沧州漏斗中心埋深75.7m，1990年达到82.1m。到1995年，青县和黄骅两漏斗与沧州漏斗连接，2000年达到94m，到2006年年底，-55m等水头线封闭面积1663km²，漏斗中心埋深95.62m，比1980年同期下降26.88m，近几年，由于深层承压水开采强度减小，中心地区的承压水头有所回升。沧州、衡水、南宫承压含水层水头变化情况如图1-15所示。

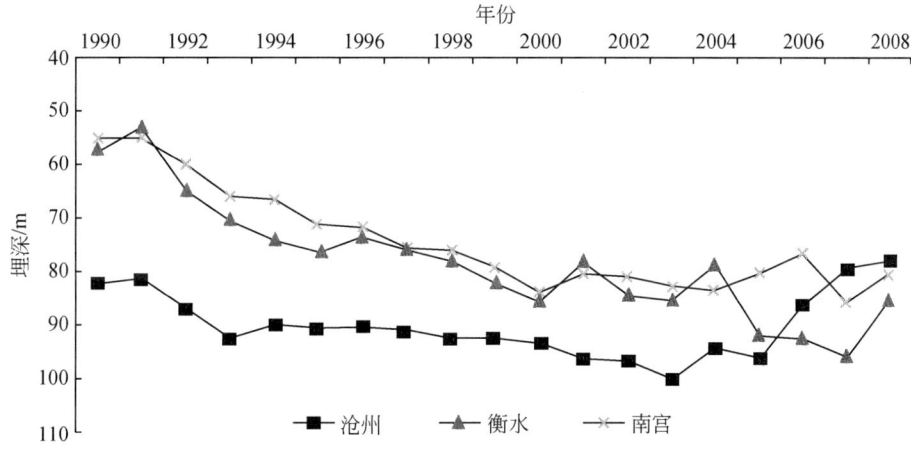

图1-15　沧州、衡水、南宫承压含水层水头变化情况

2010年海河平原区深层承压水超采面积达5.6万km²，严重超采区在河北沧州和衡水，天津塘沽和汉沽、山东德州等地，形成了唐山、天津、廊坊、冀枣衡、邢台巨新、沧州、德州7个较大的深层水漏斗，面积达2.44万km²。其中冀枣衡、沧州、德州、邢台巨新等漏斗已形成了巨大的复合漏斗群，地下水埋深50m等值封闭面积已超过2万km²。

1.4.4　超采区地下水埋深

2009年海河流域13个超采区中，4个超采区中心水位上升，4个基本稳定，5个下降，其中上升幅度最大的是沧州深层超采区，中心水位上升1.82m，下降幅度最大的是北京市顺义区浅层地下水中型严重超采区，中心水位下降2.23m（表1-17）。

表 1-17 海河流域地下水超采区基本情况表

超采区名称	行政区名称	水资源三级区	超采区类型* 分级	超采区类型* 程度	超采区面积 /km²
北京市浅层地下水大型严重超采区	规划市区、昌平、顺义、通州、房山、门头沟	北四河平原、大清河淀西平原	大型	严重	1 730
北京市顺义区浅层地下水中型严重超采区	顺义	北四河平原	中型	严重	202
北京市大兴区浅层地下水中型严重超采区	大兴	北四河平原	中型	严重	356
北京市南部浅层地下水大型一般超采区	通州、规划市区、大兴、房山	北四河平原、大清河淀西平原	大型	一般	2 196
北京市北部浅层地下水大型一般超采区	昌平、顺义、怀柔、密云	北四河平原	大型	一般	1 017
天津深层地下水超采区	天津市	大清河淀东平原	大型	严重	8 948
河北省太行山前超采区	保定、石家庄、邢台	大清河淀西平原、子牙河平原	大型	严重	21 610
邢台深层地下水超采区	邢台	黑龙港及运东平原	大型	严重	5 495
衡水深层地下水超采区	衡水	黑龙港及运东平原	大型	严重	8 815
沧州深层地下水超采区	沧州	黑龙港及运东平原	大型	严重	14 056
安阳—鹤壁—濮阳超采区	安阳、鹤壁、濮阳	漳卫河平原	大型	一般	7 012
莘县—夏津超采区	聊城、德州	徒骇马颊河	大型	一般	3 958
宁津超采区	德州	徒骇马颊河	大型	一般	1 549

*根据《地下水超采区评价导则》(SL 286—2003) 确定。

北京市浅层地下水大型严重超采区最大埋深 51.14m，比上年同期上升 0.11m；北部浅层地下水大型一般超采区最大埋深 42.68m，比上年同期下降 1.06m；南部浅层地下水大型一般超采区最大埋深 29.83m，比上年同期下降 0.3m；顺义区浅层地下水中型严重超采区最大埋深 39.36m，比上年同期下降 2.23m；大兴区浅层地下水中型严重超采区最大埋深 23.13m，比上年同期下降 1.08m。

天津市超采区漏斗中心位于津南区辛庄镇张满庄村，最大埋深 100.84m，较 2008 年漏斗中心西青区中北镇 100.87m，上升了 0.03m。深层地下水超采区 2009 年超采量 10 817.87 万 m³，比上年减少超采量 2585.73 万 m³。2009 年超采系数 0.5，比上年减少 0.12。

河北省太行山前超采区最大埋深 50.64m，比上年同期上升 0.33m；邢台深层地下水超采区最大埋深 63.82m，比上年同期下降 1.92m；衡水深层地下水超采区最大埋深 75.58m，比上年同期上升 1.2m；沧州深层超采区最大埋深 80.4m，比上年同期上升 1.82m。

河南省安阳—鹤壁—濮阳超采区最大埋深 24.39m，比上年同期上升 0.12m。

山东省莘县—夏津超采区最大埋深 22.6m，比上年同期下降 1.63m；宁津超采区最大埋深 16.0m；比上年同期上升 0.65m（表 1-18）。

表 1-18　海河流域地下水超采区水位埋深情况　　　　　　　　（单位：m）

超采区名称	代表井水位埋深 2009 年年末	与初始值比较	最大埋深 2009 年年末
北京市浅层地下水大型严重超采区	21.38	-19.92	51.14
北京市顺义区浅层地下水中型严重超采区	16.48	-16.45	39.36
北京市大兴区浅层地下水中型严重超采区	23.13	-20.40	23.13
北京市南部浅层地下水大型一般超采区	17.97	-16.49	29.83
北京市北部浅层地下水大型一般超采区	42.54	-29.03	42.68
天津市深层地下水超采区	47.01	10.85	100.84
河北省太行山前超采区	50.64	—	50.64
邢台深层地下水超采区	63.82	—	63.82
衡水深层地下水超采区	75.58	—	75.58
沧州深层地下水超采区	80.4	—	80.40
安阳—鹤壁—濮阳超采区	24.39	—	24.39
莘县—夏津超采区	22.6	—	22.60
宁津超采区	11.63	—	16.00

1.5　地下水水质及其变化

依据《地下水质量标准》（GB/T 14848—93），地下水水质标准划分为以下 5 类。

Ⅰ类：主要反映地下水化学组分的天然低背景含量，适用饮用和工农业供水等各种用途。

Ⅱ类：主要反映地下水化学组分的天然背景含量，适用饮用和工农业供水等各种用途。

Ⅲ类：以人体健康基准为依据。主要适用于集中式生活饮用水水源及工农业用水。

Ⅳ类：以农业和工业用水要求为依据。除适用于农业和部分工业用水外，适当处理后可作生活饮用水。

Ⅴ类：不宜饮用，工农业用水需根据其使用目的进行专门评价。

地下水水质评价采用多项组分综合评价方法。在单项组分评价的基础上，按照最差项目确定水质综合类别，按分类指标划分为 5 类。地下水水质评价选用 17 项评价指标：pH、矿化度、总硬度、高锰酸盐指数、氨氮、硝酸盐、亚硝酸盐、挥发酚、镉、铬、总大肠菌群、硫酸盐、砷、铁、锰、氟、氯化物。

1.5.1 浅层地下水水质

1.5.1.1 矿化度

山丘区浅层地下水矿化度小于2g/L，为全淡水区。平原区浅层地下水矿化度总体分布趋势是从山前平原向滨海平原逐渐增大，其中矿化度不大于2g/L的淡水区面积为11.4万km²，占76.0%；矿化度大于2g/L的咸水区面积为3.58万km²，主要分布在天津南部、河北黑龙港运东和山东北部，见表1-19。

表1-19 海河平原区浅层地下水矿化度分区面积　　　　　　（单位：km²）

分区		淡水			咸水				合计
		M≤1g/L	1<M≤2g/L	小计	2<M≤3g/L	3<M≤5g/L	M>5g/L	小计	
二级区	滦河及冀东沿海诸河	4 737	366	5 103	422	313	1 572	2 307	7 410
	海河北系	25 052	2 333	27 385	1 360	1 504	992	3 856	31 242
	海河南系	36 938	21 302	58 240	10 042	5 474	4 161	19 677	77 917
	徒骇马颊河	10 238	12 771	23 009	3 503	2 442	4 058	10 003	33 012
	全流域	76 965	36 772	113 737	15 327	9 734	10 783	35 844	149 581
行政区	北京	6 896	0	6 896	0	0	0	0	6 896
	天津	2 117	1 818	3 935	867	3 444	2 947	7 258	11 193
	河北	40 503	21 571	62 074	10 812	3 553	3 778	18 143	80 217
	山西	10 515	340	10 855	124	60	0	184	11 039
	河南	8 663	375	9 038	21	235	0	256	9 294
	山东	8 271	12 668	20 939	3 503	2 442	4 058	10 003	30 942

1.5.1.2 监测井水质类别评价

在调查的928眼监测井中，监测水质为Ⅱ类的有17眼，占1.8%；Ⅲ类的有199眼，占21.5%；Ⅳ类的有237眼，占25.5%；Ⅴ类的有474眼，占51.1%；劣Ⅴ类的有1眼，占0.1%。

1.5.1.3 综合评价

水质评价标准采用《地下水质量标准》（GB/T 14848—93），评价方法为单指标评价法。评价指标包括pH、总硬度、氨氮、挥发酚、高锰酸盐指数、氰化物、氯化物、氟化物、硝酸盐、亚硝酸盐、铁、汞、锰、砷、铅、铬、镉和总大肠菌群等。

海河流域浅层地下水质量整体情况为：山丘区优于平原区，山前及山间平原优于滨海地区和盆地中部。

水质评价参评面积30.5万km²，占流域总面积95.1%；未评价面积1.59万km²，主要分布在山丘区，由于缺乏水质资料，暂未评价。在参评面积中，Ⅰ～Ⅲ类水分布面积

10.2万km²，占总面积的31.7%。超Ⅲ类的水质项目主要有氨氮、矿化度、总硬度、硝酸盐氮、亚硝酸盐氮、高锰酸盐指数、铁、锰等。

1.5.2 深层承压水水质

天津市深层承压水水质类别为Ⅲ～Ⅴ类，其中Ⅲ类水分布面积863km²，占全市总面积的7.7%；Ⅳ类水分布面积7794km²，占全市总面积的69.6%；Ⅴ类水分布面积2536km²，占全市总面积的22.7%。

河北省深层承压水水质类别为Ⅲ类，山东省为Ⅲ～Ⅴ类。

由于地下水含水介质化学组成的影响，地下水含有一些非常规离子（相对于八大离子而言），如铁、锰、氟甚至砷等。这些化学组成影响到地下水的水质状况，而这些指标的超标主要是由于天然地球化学作用的结果，这些化学特征是天然背景水文地球化学决定的。海河区浅层地下水锰超标较多，超标率达40%；海河区深层承压水氟超标较多，超标率达41.18%（表1-20）。

表1-20 海河地下水中铁锰氟单井超标率 （单位:%）

地下水类型	氟化物	铁	锰
浅层地下水	14.88	12.25	40.04
深层承压水	41.18	0.00	7.56

1.5.3 地下水集中式供水水源地水质

评价表明，在日供水量不小于0.5万m³的地下水集中式供水水源地中，有70%以上水源地的水质优于Ⅲ类。水源地污染项目一般为亚硝酸盐氮、氨氮、总硬度及总大肠菌群等。

1.5.4 地下水污染状况

随着经济社会的发展，工业及生活废污水排放量、农药和化肥施用量的不断增加，以及海（咸）水入侵的加剧，对地下水造成污染，使本来就紧张的水资源更加短缺。

海河平原区受人类活动影响的地下水污染面积6.24万km²，占平原区面积的41.7%。其中轻污染面积3.45万km²，占平原区面积的23.0%，主要分布在乐亭、唐海、汉沽、任丘、献县、东光、威县和宣化等地区；重污染面积2.79万km²，占平原区面积的18.6%，主要分布在宝坻、静海、大港、黄骅、衡水、冀州和山间盆地的大同市市区、蔚县、阳原等地区。地下水污染物主要有氨氮、挥发酚、高锰酸盐指数、硝酸盐氮和亚硝酸盐氮等指标。

造成地下水污染有以下3个主要原因：一是地表污水入渗，城镇与工业的废污水排入河道或坑、塘、湖泊，造成地表水体的污染，然后通过垂直与侧向渗透污染地下水，如卫河、漳卫新河等；二是农田灌溉及污水灌溉入渗，农业所施的农药和化肥中的一部分随降水入渗到地下水，污水灌溉则通过包气带渗入到地下水，使地下水受到污染，如卫河两岸引水灌溉等；三是垃圾废弃物，部分工业废弃物和城市垃圾未采取无害化方法，导致对地下水的污染。地下水污染面积和分布见表1-21。

表1-21 海河平原区地下水污染面积

分区		评价面积/km²	未污染区		轻度污染区		重度污染区	
			面积/km²	比例/%	面积/km²	比例/%	面积/km²	比例/%
二级区	滦河及冀东沿海诸河	7 410	4 573	61.7	2 140	28.9	697	9.4
	海河北系	31 242	20 487	65.6	3 456	11.1	7 299	23.4
	海河南系	77 917	39 596	50.8	20 662	26.5	17 659	22.7
	徒骇马颊河	33 012	22 538	68.3	8 238	25.0	2 236	6.8
	全流域	149 581	87 193	58.3	34 496	23.1	27 892	18.6
行政区	北京	6 896	6 604	95.8	237	3.4	54	0.8
	天津	11 193	1 431	12.8	1 446	12.9	8 316	74.3
	河北	80 217	40 894	51.0	22 649	28.2	16 674	20.8
	山西	11 039	10 664	96.6	43	0.4	333	3.0
	河南	9 294	5 712	61.5	2 819	30.3	763	8.2
	山东	30 942	21 888	70.7	7 302	23.6	1 752	5.7

1.5.5 地下水质变化趋势

地下水水质的变化趋势以监测项目的年际变化率来衡量，当年际变化率大于2%时为恶化，当年际变化率小于-2%时为好转，当年际变化率为-2%~2%时稳定。分析项目有硝酸盐、亚硝酸盐、氨氮、高锰酸盐指数、铁、锰、矿化度、总硬度、挥发酚、pH和氯化物等。

总体看来，海河平原区浅层地下水的pH、矿化度、总硬度趋于稳定，氨氮、硝酸盐、亚硝酸盐、高锰酸盐指数等指标污染趋于加重。例如，河北廊坊地区一监测井中地下水硝酸盐氮的浓度1991~1999年持续上升（图1-16）。

石家庄市浅层地下水化学环境在过去的几十年中发生了显著的变化，其中宏量组分的变化尤为突出。根据1959年《石家庄供水水文地质勘察报告》资料，当时地下水的矿化度小于340.00mg/L，总硬度一般为214~361.5mg/L，NO_3^-为2.35mg/L，pH为7.5~7.8，氨离子和亚硝酸根未检出。地下水化学类型主要为HCO_3-Ca·Mg型，只在西部的南铜冶、永壁一带出现$HCO_3·Cl^-$-Ca型水，地下水化学成分基本保持天然成分。但是到1976年，地下水的平均矿化度上升到589mg/L，总硬度平均值上升为385mg/L，NO_3^-上升为16mg/L。而到了2000年，地下水的平均矿化度上升到828mg/L，总硬度平均值上升为502mg/

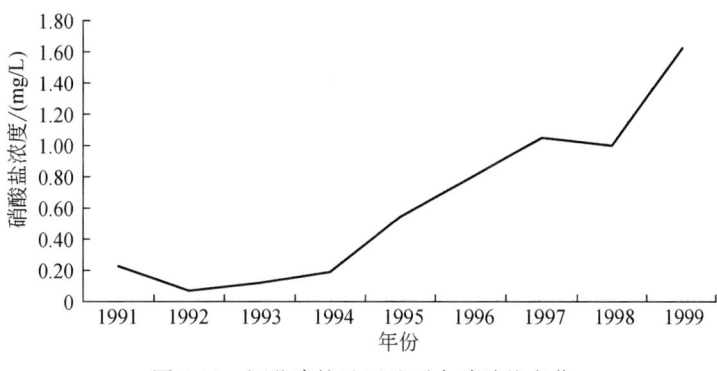

图 1-16 河北廊坊地区地下水硝酸盐变化

L，NO_3^-上升为 30mg/L。根据河北省环境监测总站多年地下水质监测资料，石家庄市地下水的主要常量组分含量和指标均表现为在波动中不断上升的趋势。从分布上看，组分含量和指标升高幅度较大的点主要位于市区及南部地区。

石家庄市浅层地下水水质的演化与人类活动直接相关。其浅层地下水矿化度和硬度总体都在升高，同时地下水类型也发生了较大的变化。石家庄市因超量开采地下水造成水位下降的情况在国内是非常典型的。由于地下水长期超量开采，自 1965 年起，漏斗中心水位以每年 1m 的速度下降。经粗略计算，在市区范围内，浅层含水层（Ⅰ和Ⅱ含水组）厚度已由开采初期的 50m 减小到目前的 30m，第Ⅰ含水组已经基本疏干。因此，地下水对污染物的稀释能力明显下降，抗拒污染的能力大为减弱，导致污染组分含量上升。另一方面，过度地开采地下水导致包气带厚度增加，从而改变了氧化还原条件，促使某些介质发生氧化。当大气降水垂直入渗补给地下水时，由于淋滤作用把氧化产物带入到地下水中，从而使地下水中某些组分（如硫酸根）增加，不同程度地影响了地下水水质。因此，过度开采地下水同样也会导致地下水化学场的重新分布，使局部范围内地下水水质发生变化。

第 2 章 南水北调工程通水后海河流域供水格局变化

2.1 南水北调工程对受水区水循环的影响作用

根据《南水北调工程总体规划》，2020 年前完成南水北调中线一期和东线一、二期工程，海河流域将获得引江水量 79.2 亿 m³（中线 62.4 亿 m³，东线 16.8 亿 m³），约占海河流域现状供水量 370 亿 m³ 的 21.4%，2020 年需水量 495 亿 m³ 的 16.0%；可满足受水区城市 2020 年前新增用水需求，并新增再生水约 14 亿 m³，其直接和间接供水作用对受水区城市供水和生态环境改善都会有显著作用。

按照《南水北调工程总体规划》确定的调水分配原则，引江水量主要供给受水区城镇，城镇使用外调水后可以减少对当地水资源的利用，置换出的当地水量主要返还给农业，有条件时也返还给生态，如减少地下水开采量、增加地表径流量。一期工程调水对受水区水量配置和水循环有三方面的影响：一是满足城镇新增用水需求；二是通过置换当地水源改善受水区地下水的超采状况；三是通过直接和间接供水，增加当地生态和地表水量（图 2-1）。

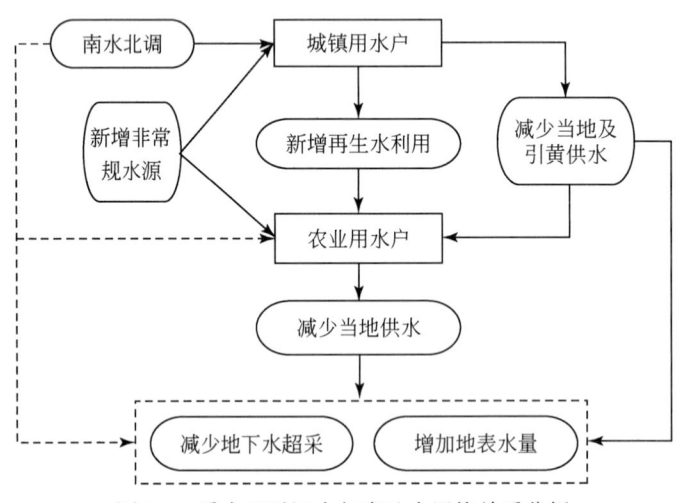

图 2-1 受水区引江水与当地水置换关系分析

2.2 影响供水格局变化的主要因素及可供水量上限

南水北调一期工程通水后 2020 年、2030 年供水格局的变化主要取决于四方面因素："三生"新增需水量及其分布、引江水量及其分配、地下水压采量（方案）、再生水和非常规水源利用量及其空间分布变化。

2.2.1 "三生"需水量变化

根据《海河流域水资源综合规划》成果，在采取强化节水措施条件下，2020 年、2030 年海河流域经济社会需水量预计将达到 494.66 亿 m³ 和 514.78 亿 m³，与基准年相比将分别新增需水量约 36.21 亿 m³ 和 56.33 亿 m³，与 2010 年实际用水相比增加约 124.81 亿 m³ 和 144.93 亿 m³。第一、第二、第三产业用水比例由 2010 年的 80%、17%、3% 改变为 2030 年的 71%、22%、7%（表 2-1）。

表 2-1 海河流域需水预测 （单位：亿 m³）

类别	水平年	城镇生活	工业*	第三产业	建筑业	城镇环境	合计
城镇	2010 年	26.07	50.97	11.16	2.57	7.81	98.58
	基准年	22.46	60.39	12.47	2.75	6.34	104.41
	2020 年	37.97	87.84	24.78	2.29	10.09	162.97
	2030 年	48.13	94.3	29.24	2.75	12.65	187.07

类别	水平年	农村居民生活	灌溉				林牧渔业				牲畜	农村生态	合计
			水田	水浇地	菜田	小计	林果地	草场	鱼塘	小计			
农村	2010	14.86	-	-	-	230.08	-	-	-	18.00	6.48	1.86	271.28
	基准年	17.34	25.25	216.8	65.35	307.4	16.48	0.48	4.51	21.47	7.83	0	354.04
	2020	16.07	13.75	182.23	83.78	279.76	15.04	0.3	8.42	23.76	8.64	3.46	331.69
	2030	15.47	13.26	169.77	89.68	272.71	16.76	0.34	9.14	26.24	9.83	3.46	327.71

类别	水平年	需(用)水量合计	按三产统计			
			第一产业**	第二产业***	第三产业	小计
总需水量（按三产统计）	2010 年	369.85	254.56	53.54	11.16	319.26
	基准年	458.45	336.70	63.14	12.47	412.31
	2020 年	494.66	312.16	90.13	24.78	427.07
	2030 年	514.78	308.78	97.05	29.24	435.07

*考虑到电力工业普遍采用空冷技术，节水水平提高，需水预测不再将其作为高耗水行业单列；**包括灌溉、林牧渔和牲畜需水量；***包括工业和建筑业需水量。

2.2.2 引江水量

长江水分配水量（表2-2）根据《南水北调工程总体规划》确定。2020年以前完成南水北调中线一期和东线一、二期工程，2030年前完成中线二期、东线三期工程。2020年分配给海河流域的长江水量79.2亿m³，其中中线62.4亿m³，东线16.8亿m³；2030年分配给海河流域的长江水量117.5亿m³，其中中线86.2亿m³，东线31.3亿m³（均按总干渠分水口计）。长江水可供水量按2020年多年平均不超过79.2亿m³、2030年不超过117.5亿m³控制。

表2-2　海河流域长江水分配水量　　　　　　　　　　　（单位：亿m³）

行政区	2020年			2030年		
	中线一期	东线二期	小计	中线二期	东线三期	小计
北京	10.5	0	10.5	14.9	0	14.9
天津	8.6	5.0	13.6	8.6	10.0	18.6
河北	30.4	7.0	37.4	42.3	10.0	52.3
河南	12.9	0	12.9	20.4	0	20.4
山东	0	4.8	4.8	0	11.3	11.3
合计	62.4	16.8	79.2	86.2	31.3	117.5
过黄河	71.4	20.8	92.2	98.2	37.7	135.9

2.2.3 地下水压采量

地下水可供水量以矿化度小于2g/L的浅层地下水可开采量为控制上限。考虑到补给困难，深层承压水不计为可供水量。

海河流域1980~2000年多年平均地下水可开采量184.51亿m³，其中海河平原多年平均地下水可开采量135.43亿m³。鉴于海河流域地下水严重超采的现实，以省套三级区为单元控制，海河流域地下水可供水量不应超过184.51亿m³（表2-3）。

表2-3　海河流域地下水（矿化度小于2g/L）可开采量　　（单位：亿m³）

二级区	山丘区	海河平原	山间盆地	合计
滦河及冀东沿海诸河	5.64	9.21	0	14.85
海河北系	5.93	28.15	12.40	46.48
海河南系	20.91	71.81	4.21	96.93
徒骇马颊河	0	26.26	0	26.26
流域合计	32.48	135.43	16.61	184.51

根据《地下水压采总体方案》，受水区在2015年和2020年两个水平年将分别实现地下水压采量26.87亿m³和58.97亿m³（表2-4），约为现状不合理开采量的26%和57%。

在受水区各省级行政区中，至 2020 年山东省需全部压减地下水不合理开采量，实现地下水采补平衡；江苏、北京、天津等省（直辖市）的地下水不合理开采量均将不足 1 亿 m³，地下水环境恶化趋势将得到有效遏制；但河北省和河南省仍将存在约 36.4 亿 m³ 和约 5.3 亿 m³ 的超采量，分别约占其现状不合理开采量的 56.8% 和 31.4%。

表 2-4　受水区地下水规划压采量

调水线路	行政区	南水北调净增来水量/亿 m³	现状不合理开采量/亿 m³	压采量/亿 m³ 2015 年	压采量/亿 m³ 2020 年	压采量/不合理开采量 2015 年	压采量/不合理开采量 2020 年
中线	北京	10.5	5.85	2.53	5.03	0.43	0.86
中线	天津	8.6	3.94	0.38	3.05	0.10	0.77
中线	河北	30.4	63.99	13.62	27.62	0.21	0.43
中线	河南	35.8	16.69	5.01	11.44	0.30	0.69
中线	小计	85.3	90.47	21.54	47.14	0.24	0.52
东线	山东	13.53	6.45	2.47	6.47	0.38	1.00
东线	江苏	19.25	5.96	2.86	5.36	0.43	0.90
东线	小计	32.78	12.41	5.33	11.83	0.43	0.95
合计		118.08	102.88	26.87	58.97	0.26	0.57

注：引自《地下水压采总体方案》（报批稿），2010 年 9 月。其中，南水北调净增来水量为分水口门毛水量。

在总体上，东、中线工程通水后，2020 年受水区地下水超采状况将得到缓解，城市地下水超采状况得到扭转，但尚无法从根本上解决受水区全部地下水超采问题。

农业用水是受水区地下水开采的大户，浅层地下水超采区大部分开采量、深层承压水超采区一半以上的开采量都用于农业。但受替代水源及农业用水水价的制约，农村地区地下水超采控制的任务将十分艰巨，一期工程通水后仍需要强化农业节水和保障农业基本用水。

2.2.4　再生水及非常规水源利用量

再生水及非常规水源包括再生水、微咸水和海水淡化（包括海水直接利用量折合成淡水）三类。根据各省（直辖市、自治区）和有关行业部门规划，并考虑技术、经济可行性等制约因素，海河流域其他水源供水量将从 2010 年的 12.8 亿 m³ 增加到 2020 年的 35.1 亿 m³ 和 2030 年的 41.1 亿 m³（表 2-5）。

表 2-5　海河流域再生水及非常规水源供水量预测　　　（单位：亿 m³）

行政区	2010 年 再生	2010 年 微咸	2010 年 海水	2010 年 合计	2020 年 再生	2020 年 微咸	2020 年 海水	2020 年 合计	2030 年 再生	2030 年 微咸	2030 年 海水	2030 年 合计
北京	6.80	0	0	6.80	5.2	0.0	0.0	5.2	5.9	0.0	0.0	5.9
天津	0.17	0	0.22	0.39	4.8	0.8	1.3	6.9	5.4	0.8	1.4	7.7
河北	1.54	2.41	0.05	3.99	7.6	4.3	1.8	13.8	9.0	5.1	2.1	16.2

续表

行政区	2010年				2020年				2030年			
	再生	微咸	海水	合计	再生	微咸	海水	合计	再生	微咸	海水	合计
山西	0.67	0	0	0.67	2.5	0.0	0.0	2.5	3.3	0.0	0.0	3.3
河南	0.27	0	0	0.27	2.1	0.0	0.0	2.1	2.4	0.0	0.0	2.4
山东	0.44	0.22	0	0.66	1.4	2.7	0.3	4.4	2.2	2.7	0.3	5.2
内蒙古	0	0	0	0	0.3	0.0	0.0	0.3	0.4	0.0	0.0	0.4
辽宁	0	0	0	0	0.0	0.0	0.0	0.0	0.0	0.0	0.0	0.0
流域合计	9.89	2.63	0.26	12.78	23.9	7.8	3.4	35.1	28.6	8.6	3.8	41.1

注：①海水利用量包括淡化和直接利用折合淡水量；②不包括集雨工程。

2.2.5 可供水量上限

海河流域 2020 年各类水源的可供水量上限为：当地地表水 123.6 亿 m³，地下水 184.4 亿 m³，黄河水 51.2 亿 m³，长江水 79.2 m³，再生水及非常规水源 35.1 亿 m³，总计 473.5 亿 m³。

海河流域 2030 年各类水源的可供水量上限为：当地地表水 123.6 亿 m³，地下水 184.4 亿 m³，黄河水 51.2 亿 m³，长江水 117.5 亿 m³，再生水及非常规水源 41.1 亿 m³，总计 517.8 亿 m³（表 2-6）。

表 2-6 海河流域各类水源可供水量上限 （单位：亿 m³）

水平年	地表水可利用量	地下水可开采量	外调水分配水量				再生水及非常规水源				
			黄河水	中线长江水	东线长江水	小计	再生水	微咸水	雨水利用	海水淡化	小计
2010	122.66	177.96*	46.10	0	0	46.10	9.89	2.63	0.16	0.26	12.94
基准年	123.60	184.35	43.73	0	0	43.73	7.05	2.69	0.57	0.03	10.34
2020	123.60	184.35	51.20	62.42	16.80	130.42	23.85	7.86	0.00	3.42	35.13
2030	123.60	184.35	51.20	86.21	31.30	168.71	28.60	8.59	0.00	3.93	41.12

* 为 2010 年浅层水供水量与微咸水供水量之和。

2.3 水资源合理配置方案

在规划水平年"三生"需水量规模和可供水量上限确定的前提下，未来河海流域供水格局的变化与水资源合理配置方案密切相关。

本研究以《南水北调工程总体规划》、《地下水压采总体方案》和《海河流域水资源综合规划》等批复规划成果为依据，设置 2020 年、2030 年海河流域调水量及地市分配水量、地下水压采量、未来水平年各地区各行业节水水平及经济社会需水量等约束，以《海河流域水资源综合规划》提出的推荐方案为基础设置基本方案（方案代码 F1）。在资源、经济、社会、生态、环境五维中，流域水循环稳定和可再生性维持、生态系统修复是保障和支撑经济社会发展的前提，是方案设置首先需要考虑的因素，在此基础上再考虑经济社会发展、社会稳定、环境友好等因素，故本次采用流域水循环系统的再生性维持、经济社会发展与生态环境保护协同、提高水资源保障能力三层次递进方法，按照1956~2000年、1980~2005年2个水文系列，南水北调中线工程二期按期实施、未按期实施和加大中线一期调水规模3种情景构建（系列）组合方案336套。其中1956~2000年长系列组合方案96套（F1~F96），1980~2005年短系列组合方案240套（F97~F336，图2-2）。

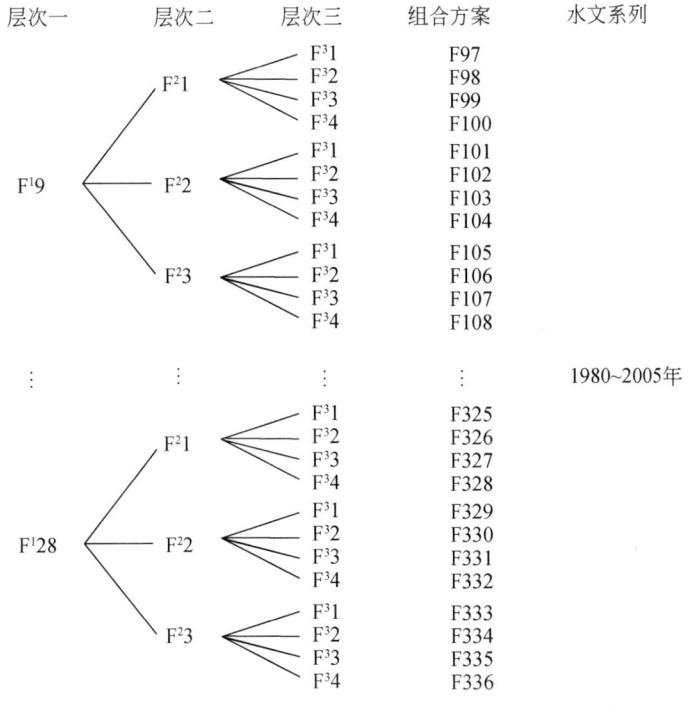

图2-2 三层次组合方案示意图（1980~2005年短系列）

通过构建水资源环境经济效益最大化、五维归一化目标函数，进行多维调控指标的权衡分析；引入协同学、熵理论和耗散结构理论，构建多维调控方案评价模型；建立以多目标宏观经济模型（DAMOS）、基于规则的水资源配置模型（ROWAS）、水资源环境经济效益分析模型（WEDP）和多维调控方案评价模型（SEAMUR）为主体的水循环多维临界整体调控模型体系，对336套方案进行比选，按照2个水文系列、3种调水工程情景（南水北调中线工程二期按期实施、未按期实施及加大中线一期引水规模20%）依次筛选和排列出协调度综合距离较小的（系列）组合方案作为推荐方案[1]，本次选择其中5套代表性推荐方案及其分地区分水源分用户水资源合理配置成果分析2020年和2030年南水北调工程达效后供水格局的变化。5套推荐方案的主要控制性指标见表2-7和表2-8，主要特征概述如下。

---

[1] 曹寅白，甘泓，汪林，等. 2012. 海河流域水循环多维临界整体调控阈值与模式研究. 北京：科学出版社.

表 2-7 推荐方案主要调控指标（1956~2000 年水文系列）

中线工程调水状态	方案代码	水平年	水循环系统再生性维持						经济社会发展与生态环境保护									非常规水源利用量/万 t			需水目标/亿 m³
			地下水超采量/亿 m³	入海水量/亿 m³	外调水量/亿 m³			ET控制量/亿 m³	GDP/万亿元	三产比/%			粮食产量/万 t	废污水产生量/万 t	COD入河量/万 t	再生水	微咸水	海水淡化	
					中线	东线	引黄			一	二	三							
二期工程按期实施	F1	2020 年	36	64	62.42	16.8	51.2	335	10.35	4.7	43.7	51.6	5400	84.7	58.0	18.0	7.9	3.4	500.7
		2030 年	0	68	86.21	31.3	51.2	347	16.72	3.8	45.4	50.8	5500	97.0	32.8	34.7	8.6	3.9	510.3
	F2	2020 年	16	64	62.42	16.8	51.2	344	10.37	4.7	43.8	51.6	5400	85.1	56.5	30.4	7.9	3.4	505.2
		2030 年	0	68	86.21	31.3	51.2	344	16.56	3.8	45.2	51.0	5700	96.5	32.7	34.4	8.6	6.8	504.9
加大一期引水 20%	F3	2020 年	16	64	62.42	16.8	51.2	332	10.24	4.7	43.3	52.0	5400	82.4	58.2	34.3	7.9	3.4	494.9
		2030 年	0	68	75	31.3	51.2	336	16.38	3.9	45.1	51.1	5700	93.5	31.7	17.4	8.6	3.9	493.6

表 2-8 推荐方案主要调控指标（1980~2005 年水文系列）

中线工程调水状态	方案代码	水平年	水循环系统再生性维持						经济社会发展与生态环境保护									非常规水源利用量/万 t			需水目标/亿 m³
			地下水超采量/亿 m³	入海水量/亿 m³	外调水量/亿 m³			ET控制量/亿 m³	GDP/万亿元	三产比/%			粮食产量/万 t	废污水产生量/万 t	COD入河量/万 t	再生水	微咸水	海水淡化	
					中线	东线	引黄			一	二	三							
二期工程按期实施	F21	2020 年	55	55	62.4	16.8	51.2	306	10.35	4.6	44.5	50.9	5400	85.3	58.9	36.9	7.9	6.4	466.3
		2030 年	36	50	86.2	31.3	51.2	327	16.49	3.9	46.4	49.7	5500	97.1	32.9	51.1	8.6	6.8	488.3
加大一期引水 20%	F31	2020 年	36	64	62.4	16.8	51.2	293	9.44	5.0	43.2	51.8	5400	72.4	50.3	36.9	7.9	6.4	438.6
		2030 年	36	55	75.0	31.3	51.2	313	16.31	3.9	44.7	51.4	5500	93.0	31.7	51.1	8.6	6.8	465.9

方案F1：为《海河流域水资源综合规划》推荐方案（1956~2000年系列）。2020年、2030年引江水量79.2亿 m³和117.5亿 m³，地下水超采量36亿 m³和0亿 m³，入海水量36亿 m³和0亿 m³，非常规水源利用量29.3亿 m³和47.2亿 m³。

1956~2000年系列（长系列）对比情景方案。

方案F2：在方案F1基础上，2020年减少地下水超采量至16亿 m³，增加非常规水源利用量至41.7亿 m³。

方案F3：在方案F1基础上，考虑2030年中线二期未按期实施、加大中线一期调水规模20%，2030年引江水量106.3亿 m³，非常规水源利用量29.9亿 m³。

1980~2005年系列（短系列）对比情景方案。

方案F21：在方案F1基础上，2020年、2030年增加地下水超采量至55亿 m³和36亿 m³，减少入海水量至55亿 m³和50亿 m³，提高非常规水源利用量至51.2亿 m³和66.5亿 m³。

方案F31：在方案F21基础上，考虑2030年中线二期未按期实施、加大中线一期调水规模20%，2020年、2030年引江水量79.2亿 m³和91.8亿 m³，地下水超采量36亿 m³和36亿 m³，入海水量64亿 m³和55亿 m³。

2.4 供水格局变化特征

海河流域多年平均降水量由1956~2000年的534.8mm下降到1980~2005年的498.0mm，减少约118亿 m³，多年平均水资源总量由370.4亿 m³减少到303.8亿 m³，减少约66.6亿 m³。鉴于1956~2000年水文系列符合有关规划规定，但对流域近期水资源情势反映不足，故本次以1956~2000年系列为主、1980~2005年（近期偏枯系列）作为对比情景，2个水文系列共5套水资源配置方案，分析南水北调工程达效后海河流域供水格局的变化。

2.4.1 1956~2000年水文系列（长系列）

F1、F2、F3 3套长系列推荐方案的引江水量和地下水压采控制约束如表2-9所示。

表2-9 长系列推荐方案约束指标

方案	2020水平年			2030水平年		
	中线工程	引江水量/亿 m³	地下水超采量/亿 m³	中线工程	引江水量/亿 m³	地下水超采量/亿 m³
F1	一期达效	79.2	36	二期达效	117.5	0
F2	一期达效	79.2	16	二期达效	117.5	0
F3	一期达效	79.2	16	加大一期引水20%	106.3	0

从方案 F1 到 F2、F3，随着 2020 年地下水超采量的减少、2030 年中线二期未按期实施，仅加大一期引水量 20%，海河流域可供水量减少。3 套方案的主要供水特征如下。

1）在总供水量结构中（表 2-10），地下水仍是海河流域未来的供水主体，其次为当地地表水和外调水。以方案 F2 为例，2007~2020 年、2030 年随着南水北调工程的达效，外调水量（包括引黄水量 51.2 亿 m³）不断增加，由基准年的 43.2 亿 m³ 依次增加到 2020 年的 130.2 亿 m³ 和 2030 年的 166.5 亿 m³；再生水利用量增加，由基准年的 7.1 亿 m³ 依次增加到 38.1 亿 m³ 和 47.2 亿 m³；相应的地下水供水量则不断下降，由基准年的 246.8 亿 m³ 依次减少到 207.3 亿 m³ 和 183.7 亿 m³；而地表水供水量呈先增后降变化（图 2-3）。表明在长系列水文条件下，外调水量在满足经济生产需求后，尚可置换一部分地下水超采量，修复生态环境。

表 2-10　海河流域二级区各类水源供水量（1956~2000 年系列）（单位：亿 m³）

方案	二级区	地表水	地下水	再生水	外调水	其他	与基准年之差 地表水	地下水	再生水	外调水	其他
F-07	2007 年	**101.8**	**246.8**	**7.1**	**43.2**	**3.1**					
	滦河及冀东沿海诸河	17.3	16.9	0.2	0.0	0.0	—	—	—	—	—
	海河北系	27.6	49.7	4.1	0.0	0.1	—	—	—	—	—
	海河南系	48.2	145.7	2.3	7.2	2.5	—	—	—	—	—
	徒骇马颊河	8.7	34.5	0.5	36.0	0.5	—	—	—	—	—
F1	2020 年	**119.3**	**209.7**	**26.4**	**124.5**	**11.0**	**17.5**	**−37.1**	**19.3**	**81.2**	**7.9**
	滦河及冀东沿海诸河	20.0	20.0	2.2	0.0	0.3	2.7	3.1	2.0	0.0	0.3
	海河北系	37.4	38.0	9.4	18.9	0.8	9.9	−11.7	5.3	18.9	0.8
	海河南系	59.2	119.4	11.8	59.4	6.9	11.0	−26.3	9.5	52.2	4.3
	徒骇马颊河	2.6	32.4	2.9	46.2	2.9	−6.0	−2.1	2.4	10.1	2.4
	2030 年	**113.9**	**196.7**	**28.3**	**160.0**	**12.4**	**12.1**	**−50.0**	**21.2**	**116.7**	**9.3**
	滦河及冀东沿海诸河	20.2	20.7	2.6	0.0	0.5	2.8	3.8	2.4	0.0	0.5
	海河北系	32.2	42.6	9.6	26.5	1.0	4.6	−7.1	5.5	26.5	0.9
	海河南系	58.8	103.4	12.6	83.8	8.8	10.6	−42.2	10.3	76.6	6.2
	徒骇马颊河	2.7	30.0	3.5	49.7	2.2	−6.0	−4.5	3.1	13.7	1.7
F2	2020 年	**122.0**	**207.3**	**38.1**	**130.2**	**10.8**	**20.2**	**−39.4**	**31.0**	**87.0**	**7.7**
	滦河及冀东沿海诸河	24.3	17.2	5.2	0.0	1.2	6.9	0.3	5.0	0.0	1.2
	海河北系	35.5	41.3	11.5	19.7	0.4	7.9	−8.5	7.4	19.7	0.3
	海河南系	56.9	126.9	18.8	64.2	6.2	8.7	−18.8	16.5	57.0	3.6
	徒骇马颊河	5.4	22.0	2.6	46.3	3.0	−3.3	−12.4	2.2	10.3	2.5
	2030 年	**101.6**	**183.7**	**47.2**	**166.5**	**10.1**	**−0.2**	**−63.1**	**40.1**	**123.3**	**7.0**
	滦河及冀东沿海诸河	21.8	18.2	5.8	0.0	0.8	4.5	1.3	5.6	0.0	0.8
	海河北系	28.3	43.1	13.2	25.9	0.5	0.8	−6.6	9.1	25.9	0.4
	海河南系	47.2	103.5	24.7	90.9	5.6	−1.1	−42.2	22.4	83.7	3.1
	徒骇马颊河	4.3	18.9	3.5	49.7	3.2	−4.4	−15.6	3.1	13.7	2.7

续表

方案	二级区	地表水	地下水	再生水	外调水	其他	与基准年之差 地表水	地下水	再生水	外调水	其他
F3	2020 年	**110.9**	**213.3**	**39.3**	**130.2**	**9.6**	**9.1**	**−33.5**	**32.3**	**87.0**	**6.4**
	滦河及冀东沿海诸河	19.7	20.5	5.0	0.0	1.6	2.4	3.6	4.8	0.0	1.6
	海河北系	32.9	42.5	11.7	19.8	0.4	5.4	−7.3	7.6	19.8	0.3
	海河南系	53.0	127.9	19.8	63.9	4.8	4.8	−17.8	17.4	56.7	2.3
	徒骇马颊河	5.2	22.5	2.9	46.6	2.7	−3.5	−12.0	2.4	10.5	2.2
	2030 年	**107.5**	**202.8**	**39.4**	**142.2**	**11.1**	**5.7**	**−44.0**	**32.4**	**98.9**	**8.0**
	滦河及冀东沿海诸河	21.7	17.8	4.9	0.0	1.3	4.4	0.9	4.7	0.0	1.3
	海河北系	29.9	44.8	11.7	22.8	0.5	2.3	−4.9	7.6	22.8	0.4
	海河南系	51.5	117.9	19.8	72.9	6.1	3.3	−27.8	17.5	65.7	3.6
	徒骇马颊河	4.3	22.3	3.1	46.5	3.2	−4.3	−12.2	2.6	10.4	2.8

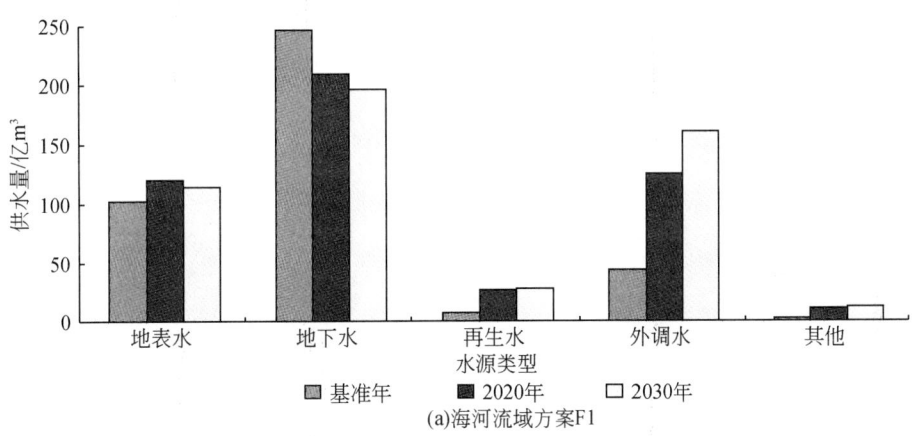

(a) 海河流域方案F1

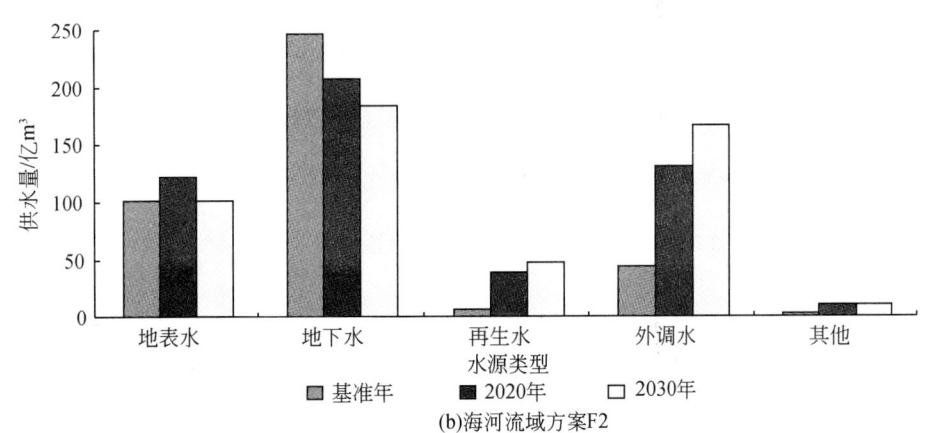

(b) 海河流域方案F2

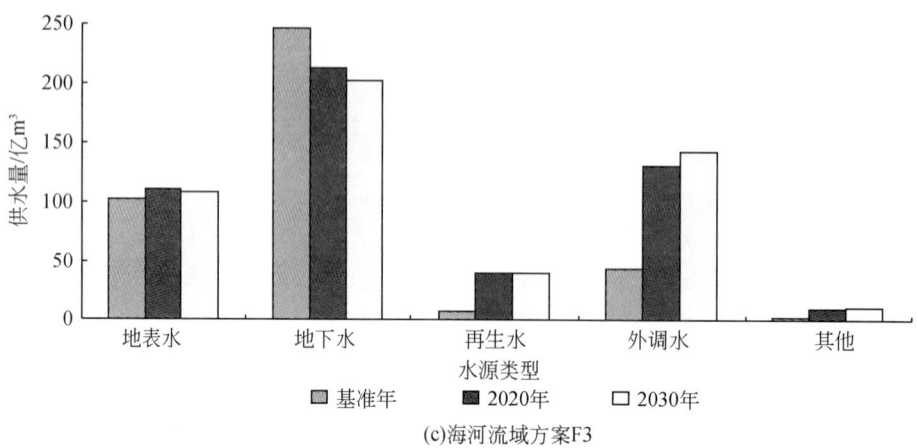

(c)海河流域方案F3

图 2-3　海河流域供水结构变化（1956~2000 年系列）

2）在供水的地区分布上（图 2-4），引江水量主要供给海河南系，2020 年约占引江水量的 65%，其次为海河北系约占 23% 和徒骇马颊河区约占 12%；地下水压采量主要集中在海河南系，2020 年约占压采总量的 48%，其次为徒骇马颊河区约占 31% 和海河北系约占 21%。

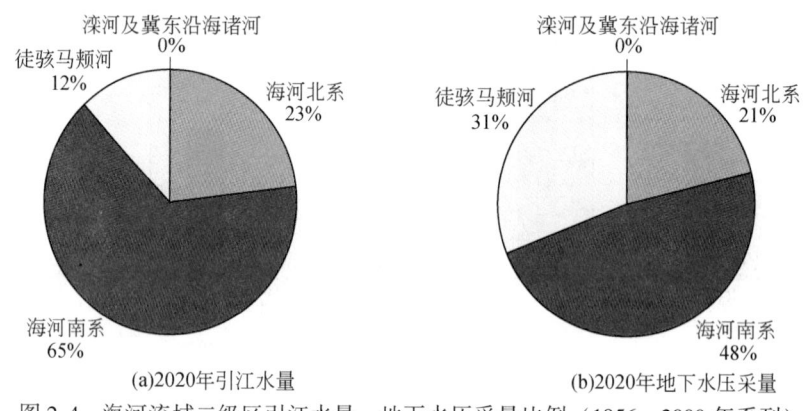

(a)2020年引江水量　　　　　　　(b)2020年地下水压采量

图 2-4　海河流域二级区引江水量、地下水压采量比例（1956~2000 年系列）

3）在供水对象上（图 2-5），引江水主要供给工业及第三产业，其次为城镇生活，2030 年随着引江水量和地下水压采量增加，外调水量供给农业的水量增大。

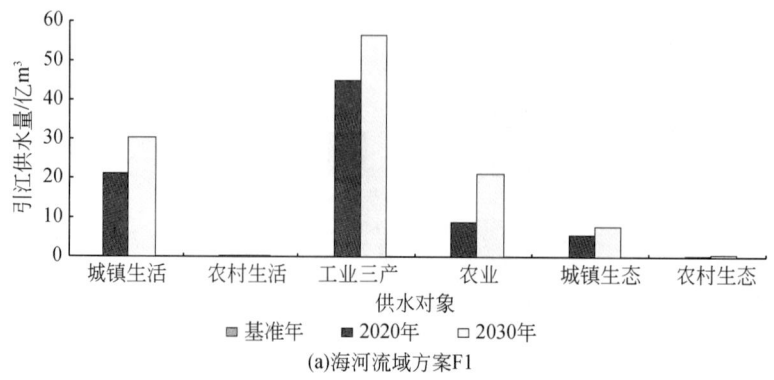

(a)海河流域方案F1

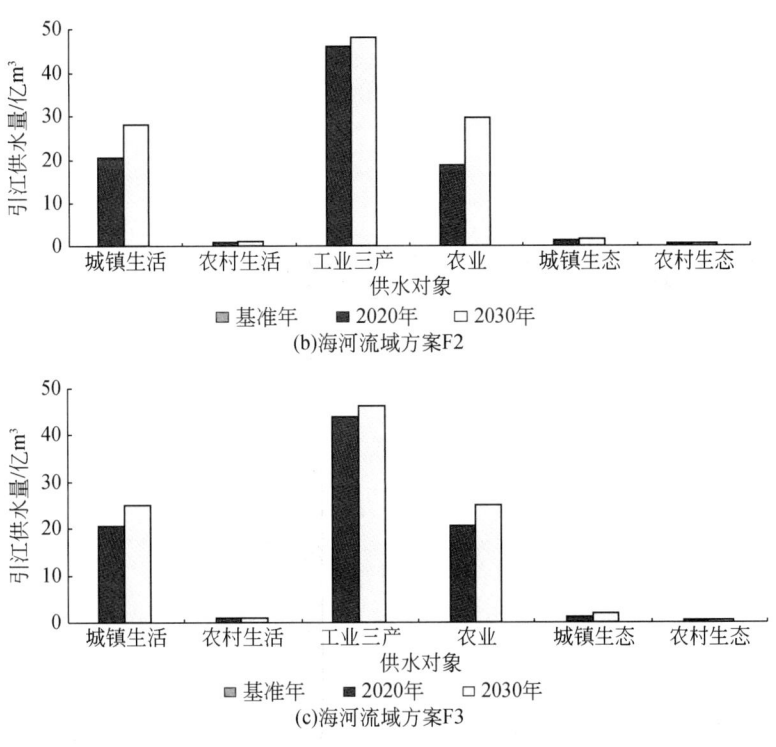

图 2-5 海河流域引江水供水对象变化（1956～2000 年系列）

4）在地下水压采对象上（图 2-6），由于现状农业开采量约 171.4 亿 m^3，远大于工业及三产 41.0 亿 m^3 和城镇生活 16.7 亿 m^3，故地下水压采主要压减农业开采量，2020 年约占压减总量的 64%，其次为工业及三产开采量，约占 18%。

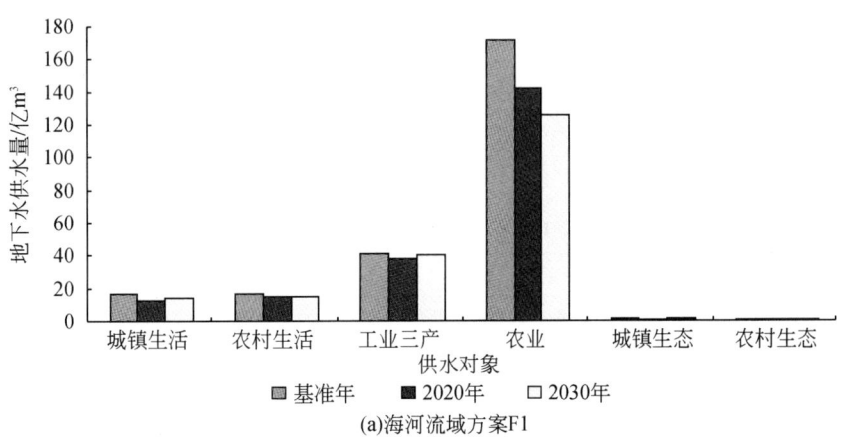

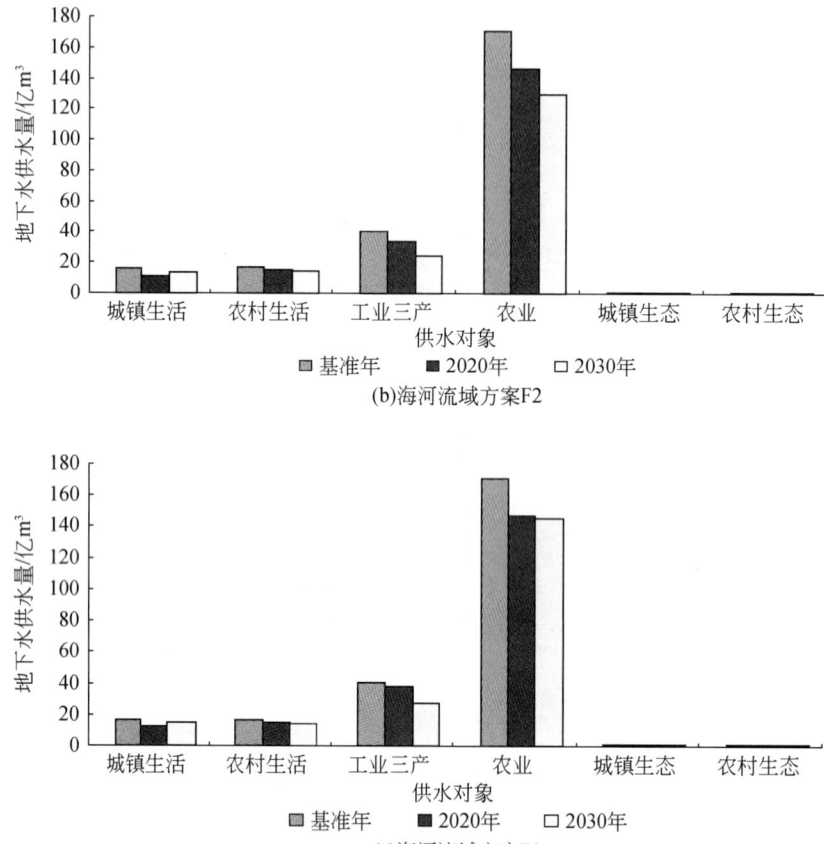

图 2-6 海河流域地下水供水对象变化（1956~2000 年系列）

2.4.2 1980~2005 年水文系列（短系列）

F21、F31 为近期枯水系列对比方案，与 1956~2000 年多年平均相比海河流域降水量减少约 118 亿 m³，水资源量减少约 66.6 亿 m³，在当地水资源可供水量减少条件下，引江水量将更多地用于满足新增国民经济需水量。两套方案的控制约束如表 2-11 所示。

表 2-11 短系列推荐方案约束指标

方案	2020 水平年			2030 水平年		
	中线工程	引江水量/亿 m³	地下水超采量/亿 m³	中线工程	引江水量/亿 m³	地下水超采量/亿 m³
F21	一期达效	79.2	55	二期达效	117.5	36
F31	一期达效	79.2	36	加大一期引水20%	91.8	36

第2章 | 南水北调工程通水后海河流域供水格局变化

从方案 F21 到 F31，随着 2020 年地下水超采量的减少、2030 年中线二期未按期实施，仅加大一期引水量 20%，海河流域可供水量减少。两套方案的主要供水特征如下。

1）在总供水量结构上（表 2-12），2007~2020 年、2030 年随着南水北调工程的达效（方案 F21，后同），相应的地下水供水量由基准年的 234.4 亿 m³ 减少到 222.2 亿 m³，而地表水供水量变化不大（图 2-7）。表明在近期枯水系列条件下，外调水量在满足新增"三生"需求水量后，可置换的当地水源供水量有限，对修复生态环境的作用有限。

表 2-12 海河流域二级区各类水源供水量（1980~2005 年系列）（单位：亿 m³）

方案	二级区	地表水	地下水	再生水	外调水	其他	与基准年之差 地表水	地下水	再生水	外调水	其他
F-07	2007 年	**82.2**	**234.4**	**3.0**	**45.6**	**3.1**	—	—	—	—	—
	滦河及冀东沿海诸河	12.4	17.7	0.0	0.0	0.0	—	—	—	—	—
	海河北系	21.4	52.8	1.5	0.0	0.1	—	—	—	—	—
	海河南系	43.1	135.5	1.2	9.8	2.5	—	—	—	—	—
	徒骇马颊河	5.4	28.4	0.4	35.8	0.5	—	—	—	—	—
F21	2020 年	**84.1**	**243.5**	**1.1**	**134.4**	**3.6**	**1.9**	**9.1**	**-1.9**	**88.8**	**0.5**
	滦河及冀东沿海诸河	14.6	28.1	0.2	0.0	0.2	2.2	10.4	0.2	0.0	0.2
	海河北系	25.3	55.5	0.4	19.5	0.1	4.0	2.8	-1.1	19.5	0.0
	海河南系	38.6	136.2	0.5	67.8	2.2	-4.5	0.8	-0.7	58.0	-0.3
	徒骇马颊河	5.6	23.7	0.1	47.1	1.0	0.2	-4.8	-0.3	11.3	0.5
	2030 年	**81.0**	**222.2**	**4.7**	**166.0**	**6.0**	**-1.2**	**-12.2**	**1.7**	**120.4**	**2.8**
	滦河及冀东沿海诸河	16.2	26.3	0.6	0.0	0.3	3.8	8.6	0.6	0.0	0.3
	海河北系	24.6	51.1	1.6	24.8	0.3	3.3	-1.7	0.1	24.8	0.1
	海河南系	35.4	122.2	2.1	91.2	3.8	-7.7	-13.3	0.9	81.4	1.2
	徒骇马颊河	4.8	22.6	0.4	50.0	1.6	-0.6	-5.8	0.0	14.2	1.2
F31	2020 年	**81.0**	**219.1**	**1.1**	**134.4**	**3.6**	**-1.2**	**-15.3**	**-2.0**	**88.8**	**0.5**
	滦河及冀东沿海诸河	12.6	24.6	0.1	0.0	0.2	0.2	6.9	0.1	0.0	0.2
	海河北系	25.7	51.8	0.4	19.4	0.1	4.3	-1.0	-1.1	19.4	0.0
	海河南系	36.8	119.1	0.5	68.1	2.2	-6.3	-16.4	-0.8	58.3	-0.3
	徒骇马颊河	5.9	23.7	0.1	46.9	1.0	0.5	-4.9	-0.3	11.1	0.5
	2030 年	**91.1**	**221.4**	**4.9**	**143.0**	**6.1**	**8.9**	**-12.9**	**1.9**	**97.4**	**3.0**
	滦河及冀东沿海诸河	16.0	24.2	0.7	0.0	0.3	3.6	6.5	0.7	0.0	0.3
	海河北系	28.2	48.9	1.7	21.7	0.2	6.8	-3.8	0.2	21.7	0.1
	海河南系	41.2	124.0	2.1	73.9	4.0	-1.8	-11.5	0.9	64.1	1.4
	徒骇马颊河	5.7	24.4	0.5	47.4	1.6	0.3	-4.0	0.1	11.7	1.2

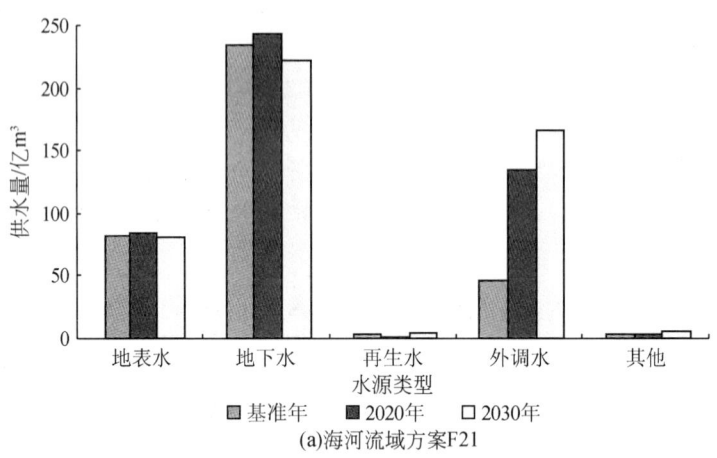

(a) 海河流域方案F21

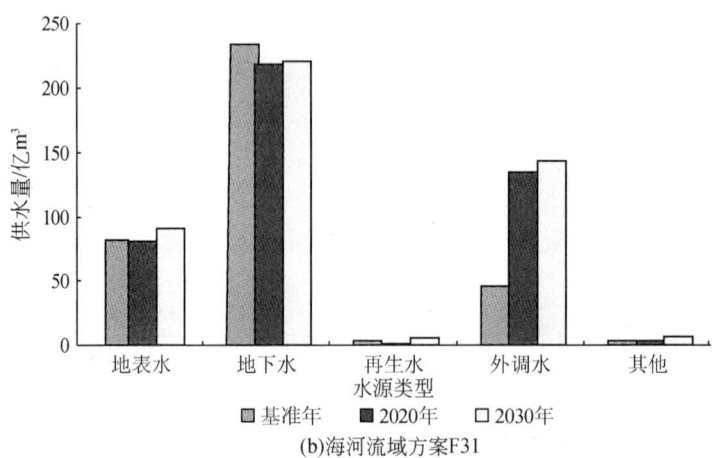

(b) 海河流域方案F31

图 2-7 海河流域供水结构变化（1980～2005 年系列）

2）在供水的地区分布上（图 2-8），引江水量主要供给海河南系，2020 年约占引江水量的 65%，其次为海河北系约占 22% 和徒骇马颊河区约占 13%，与 1956～2000 年系列大体相当。

地下水压采量分布随地下水超采控制程度变化较大。方案 F21 2020 年地下水超采量控制在 55 亿 m^3，仅徒骇马颊河区压采地下水 4.8 亿 m^3，其他 3 个二级区开采量均有增加，以滦河及冀东沿海诸河增加较多；方案 F31 2020 年地下水超采量控制在 36 亿 m^3，地下水压采主要集中在海河南系，约 16.4 亿 m^3，约占 2020 年压采总量的 74%，其次为徒骇马颊河区约占 22% 和海河北系约占 4%（图 2-8）。

3）在供水对象上（图 2-9），引江水主要供给工业及第三产业，其次为城镇生活和农业，与 1956～2000 年系列相比，供给农业水量显著减少（表 2-13）。

第 2 章 南水北调工程通水后海河流域供水格局变化

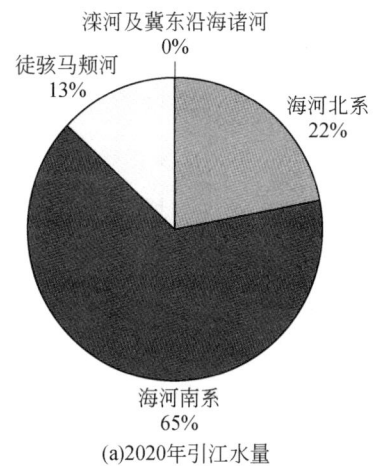

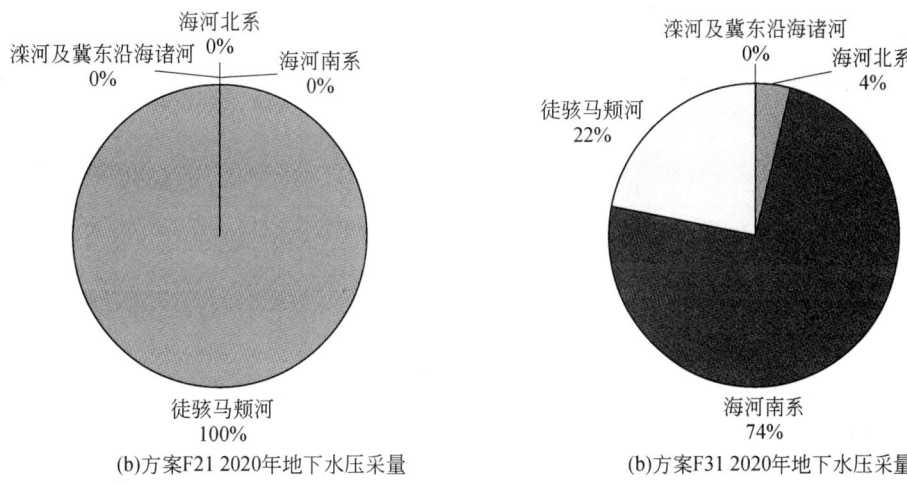

图 2-8 海河流域引江水量、地下水压采量比例（1980～2005 年系列）

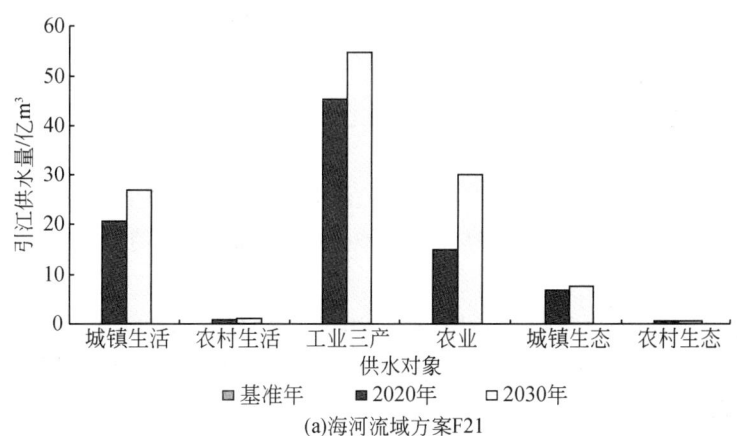

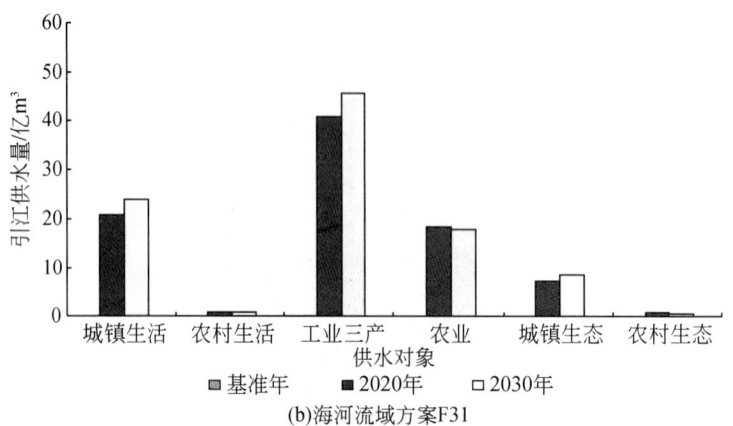

(b)海河流域方案F31

图 2-9 海河流域引江水供水对象变化（1980～2005 年系列）

表 2-13 海河流域外调水供水对象长、短系列比较 （单位：亿 m³）

水文系列	方案	水平年	外调水合计	城镇生活	农村生活	工业三产	农业	城镇生态	农村生态	与基准年之差						
										合计	城镇生活	农村生活	工业三产	农业	城镇生态	农村生态
1956～2000年	基准年		43.2	0.0	0.0	4.0	39.2	0.0	0.0	—	—	—	—	—	—	—
	F1	2020年	124.5	21.4	0.0	49.0	48.2	5.5	0.4	81.2	21.4	0.0	45.0	8.9	5.5	0.4
		2030年	159.9	30.3	0.0	60.5	60.5	7.9	0.7	116.7	30.3	0.0	56.5	21.3	7.9	0.7
	F2	2020年	130.2	20.2	0.8	49.8	57.6	1.4	0.4	87.0	20.2	0.8	45.8	18.4	1.4	0.4
		2030年	166.5	27.9	1.0	51.8	83.7	1.6	0.5	123.3	27.9	1.0	47.8	44.5	1.6	0.5
	F3	2020年	130.2	20.4	0.8	47.6	59.7	1.2	0.5	87.0	20.4	0.8	43.6	20.5	1.2	0.5
		2030年	142.2	24.9	0.9	50.0	64.1	1.9	0.4	98.9	24.9	0.9	46.0	24.8	1.9	0.4
1980～2005年	基准年		45.6	0.0	0.0	5.1	40.3	0.0	0.1	—	—	—	—	—	—	—
	F21	2020年	134.4	20.5	0.8	50.2	55.3	6.9	0.7	88.8	20.5	0.8	45.1	14.9	6.9	0.6
		2030年	166.0	26.8	0.8	59.7	70.4	7.5	0.5	120.4	26.8	0.8	54.6	30.1	7.5	0.5
	F31	2020年	134.5	20.7	0.8	46.0	58.7	7.2	1.1	88.8	20.7	0.8	40.8	18.3	7.2	0.9
		2030年	143.0	23.8	0.8	50.8	58.3	8.5	0.8	97.4	23.8	0.8	45.6	17.9	8.5	0.7

4）在地下水压采对象上（图 2-10），在近期枯水系列条件下，主要压减工业及三产开采量，约占 2020 年压减总量的 58%；农业可压采水量显著小于 1956～2000 年系列，约占 14%，城镇生活约占 13%。

综上所述，由于 1956~2000 年和 1980～2005 年水文系列降水量差异较大，致使满足海河流域水资源、经济、社会、生态、环境五维整体协调的水资源合理配置结果具有显著差异，南水北调工程达效后海河流域供水格局特征如下。

1）无论长、短水文系列，南水北调中、东线工程达效后，地下水仍是海河流域未来的主要供水水源，次为当地地表水和外调水（含引黄水量）。

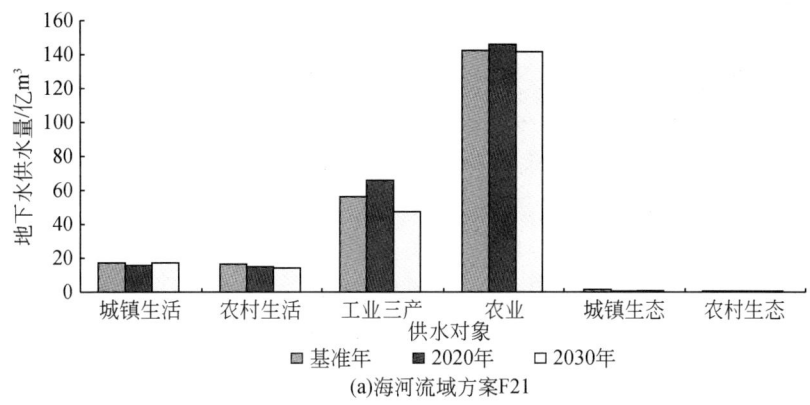

(a) 海河流域方案F21

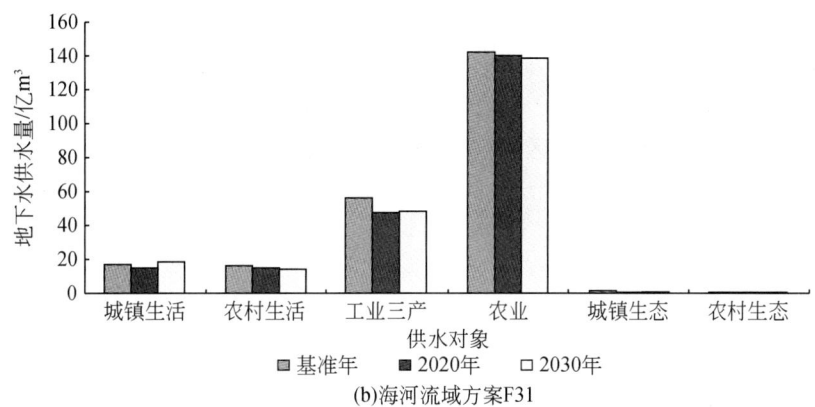

(b) 海河流域方案F31

图 2-10　海河流域地下水供水对象变化（1980～2005 年系列）

2）引江水量在地区上主要供给海河南系，在供水对象上主要供给工业及第三产业，次为城镇生活。与长系列相比，短系列可供给农业的水量有限。

3）在长系列水文条件下，南水北调一期工程达效后，引江水在满足新增经济生产需水后，尚可置换一部分当地水源，减少地下水超采，修复生态环境；地下水压采主要位于海河南系，主要压减的是农业开采量。

4）在短系列（近期枯水系列）水文条件下，南水北调一期工程达效后，引江水量将更多的用于满足新增国民经济需水，置换当地水源、减少地下水超采量有限；地下水压采主要位于海河南系，主要压减的是工业及三产开采量。

基于上述分析结果，本研究将按照 1956～2000 年系列为主、1980～2005 年系列作为对比情景，研究分析海河流域供水格局变化下的地下水响应。

2.5 小　　结

根据《南水北调工程总体规划》确定的引江水量分配方案，2020 年海河流域将调入长江水量 79.2 亿 m³，2030 年 117.5 亿 m³。海河流域各类水源的可供水量上限将由基准年

362.0 亿 m³ 提高到 2020 年 473.5 亿 m³、2030 年 517.8 亿 m³。海河流域供水格局将发生相应的变化。

1956~2000 年系列（参见表 2-10）。以方案 F2 为例，总供水量由基准年的 402 亿 m³ 增加至 2030 年 509.1 亿 m³，其中外调水量（含引黄水量）所占比例由 11% 提高到 33%，地表水由 25% 减少到 20%，地下水由 61% 下降到 36%。地下水供水量将由 246.8 亿 m³ 减少到 183.7 亿 m³，压采量约 63.1 亿 m³。

1980~2005 年系列（参见表 2-12）。以方案 F21 为例，总供水量由基准年的 368.3 亿 m³ 增加至 2030 年 479.8 亿 m³，其中外调水量（含引黄水量）所占比例由 12% 提高到 35%，地表水由 22% 减少到 17%，地下水由 64% 下降到 46%。地下水供水量将由 234.4 亿 m³ 减少到 222.2 亿 m³，压采量约 12.2 亿 m³。

南水北调中、东线工程达效后，地下水仍将是海河流域未来的主要供水水源，占 36%~46%，次为外调水（含引黄水量），占 33%~35%，当地地表水占 17%~20%。

以方案 F2 为例，引江水量主要供给海河南系，2020 年约占 65%，其次为海河北系约占 23% 和徒骇马颊河区约占 12%。地下水压采量主要集中在海河南系，2020 年约占压采总量的 48%，其次为徒骇马颊河区约占 31% 和海河北系约占 21%。

第 3 章　海河流域地下水与环境的响应模拟

3.1　水文地质条件及其概化

海河平原区地下水为赋存于第四系沉积地层中的孔隙水。受不同地质历史时期的古气候、古地理沉积环境及新构造运动等因素控制，含水砂层在不同深度的分布形态和发育程度存在着差异，并导致地下水的富水性、循环交替强度、水化学同位素等水文地质特征发生相应的变化。故以沉积物岩性为基础，结合地下水补排条件和开发利用现状，自上而下将第四系含水岩系划分为四个含水层组，每一个含水层组由多个含水层组成。含水层从山前到滨海依次呈扇状、舌状、条带状分布（图 3-1），岩性由砂砾石变为粉细砂，总厚度由薄变厚，地下水赋存条件由好变差。从山麓至渤海海岸，按地层成因和水文地质特性，海河平原区划分为山前冲洪积倾斜平原、中部冲积湖积平原、滨海冲积海积平原三部分（表 3-1）。

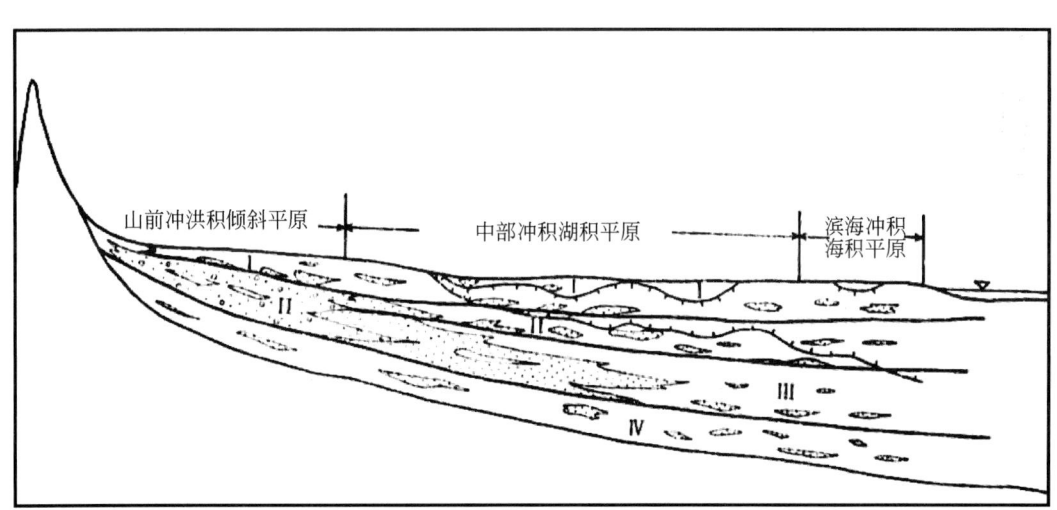

图 3-1　海河平原第四系地下水含水层组剖面示意图

注：引自《华北地区水资源评价》。

表 3-1 华北平原第四系地下水系统划分一览表

地下水系统	山前冲洪积倾斜平原区		中部冲积湖积平原区		滨海冲积海积平原区
滦河第四系地下水系统（I）	冲洪积扇地下水子系统（I₁）				冲积海积平原地下水子系统（I₃）
潮白河-蓟运河第四系地下水系统（II）	洪积扇地下水子系统（II₁）	蓟运河冲洪积扇地下水系统小区（II₁₋₁）	潮白河-蓟运河古河道带地下水子系统（II₂）	蓟运河古河道带地下水系统小区（II₂₋₁）	冲积海积平原地下水子系统（II₃）
		潮白河冲洪积扇地下水系统小区（II₁₋₂）		潮白河古河道带地下水系统小区（II₂₋₂）	
永定河第四系地下水系统（III）	冲洪积扇地下水子系统（III₁）		古河道地下水子系统（III₂）		冲积海积平原地下水子系统（III₃+IV₃+V₃）
大清河第四系地下水系统（IV）	冲洪积扇地下水子系统（IV₁）	拒马河冲洪积扇地下水系统小区（IV₁₋₁）	古河道地下水子系统（IV₂）		
		瀑河-漕河冲洪积扇地下水系统小区（IV₁₋₂）			
		唐河-界河冲洪积扇地下水系统小区（IV₁₋₃）			
		大沙河-磁河冲洪积扇地下水系统小区（IV₁₋₄）			
子牙河第四系地下水系统（V）	冲洪积扇地下水子系统（V₁）	滹沱河冲洪积扇地下水系统小区（V₁₋₁）	子牙河古河道带地下水子系统（V₂）	滹沱河古河道带地下水系统小区（V₂₋₁）	
		滏阳河冲洪积扇地下水系统小区（V₁₋₂）		子牙河古河道带地下水系统小区（V₂₋₂）	
漳卫河第四系地下水系统（VI）	冲洪积扇地下水子系统（VI₁）		古河道地下水子系统（VI₂）		冲积海积平原地下水子系统（VI₃）
古黄河第四系地下水系统（VII）			古河道地下水子系统（VII₂）	武陟-内黄河间带地下水系统小区（VII₂₋₁）	冲积海积平原地下水子系统（VII₃）
				内黄南-冠县-宁薄古河道带地下水系统小区（VII₂₋₂）	
				濮阳县-高唐阳信古河道带地下水系统小区（VII₂₋₃）	
				聊城-临邑古河道带地下水系统小区（VII₂₋₄）	
				现代黄河影响带地下水系统小区（VII₂₋₅）	

3.1.1　含水层结构

(1) 潜水与弱承压水含水层组

该含水层组系指埋藏于第四系顶部的第Ⅰ含水层组,底板埋深一般40~60m,是海河平原的主要供水含水岩组之一。岩性为砾卵石、中粗砂、中细砂及粉细砂等,其水文地质条件自山前向中部、滨海具有明显的水平分带规律。

太行山、燕山山前冲积洪积平原,面积为4.54万km²。冲洪积扇呈扇状交错分布于山前,为全淡水区,表层多为亚砂亚黏土,下部岩性较粗,含水砂层主要由砂砾石、粗砂、中砂、中细砂等组成。从冲积扇轴部向两侧,含水层变薄,颗粒变细,富水性变弱,含水层下无连续隔水层,垂向水力联系好,第Ⅰ含水组常因为第Ⅱ含水组的开发而被疏干,因此在山前地区常将第Ⅰ含水组与第Ⅱ弱承压含水层看成统一含水层组。平原冲洪积扇以滹沱河为界,滹沱河及其以北的河流山前冲积扇规模大,含水层颗粒粗,富水性强;而滹沱河以南的河流,山前冲洪积扇的规模小,含水层颗粒较细,层数多,厚度小,层间黏性土增多,垂向水力联系相对较差,富水性也较北部差。

中部冲积湖积平原,面积为6.64万km²。含水层多由河流相及河湖相粗砂、中砂、细砂、粉细砂组成,含水砂层厚度一般为20~30m,底板埋深为50~60m,多呈条带状、舌状沿北东方向展布,咸、淡水间杂分布,含水岩组的富水性主要受沉积岩相控制,古河道河床相地带,含水层组的颗粒较粗,多以中砂、细砂为主,厚度为10~30m;从河床相两侧含水层的颗粒较细,厚度变薄,以粉细砂为主,厚度一般仅为5~10m;在古河道的河间地块,含水砂层多由粉砂及粉细砂组成,厚度小于5m。

滨海冲积海积平原区,面积为1.92万km²。海相地层较发育,浅层潜水与微承压水基本为矿化度大于2g/L的咸水,仅局部地带有薄层淡水呈透镜体状分布。

海河平原的中部和东部,分布有大片微咸水、咸水。咸水体自东部渤海边向西和西南逐步变薄,于豫北平原尖灭。咸水体所处层位各地不同,中部平原咸水体大都位于第Ⅰ含水组中下部和第Ⅱ含水组上部,其底板向东部逐步加深,滨海平原南部最深达500m以上。

潜水与弱承压含水岩组主要补给来源是大气降水的直接入渗和地表水体补给,其次是山丘区地下水的侧向补给、灌溉回归的补给及下伏裂隙水的顶托补给等。地下水的径流排泄条件受地形地貌、含水层岩性及隔水层分布控制,山前地区地形坡度较大,由西北向东南方向流入中东部平原,该地区是海河平原的主要开采区,人工开采是其主要的排泄方式。中东部冲积湖积平原区地下水坡度为0.001%~0.002%,致使地下水径流微弱,地下水以垂向交替为主,淡水区以人工开采为主要排泄方式,咸水区以潜水蒸发为主要排泄方式。滨海平原区,因咸水广为分布,地下水开采较少,基本处于天然的降水入渗—蒸发型。

(2) 深层承压含水层组

海河平原区第四系深层承压水系统由第Ⅱ、Ⅲ、Ⅳ含水组和若干含水亚组构成。

在山前平原,深层承压水赋存于第Ⅲ和第Ⅳ含水岩组,顶界深度为80~150m,底板深度一般为140~350m,以砂砾石、砂卵石、中粗砂为主,从冲积扇顶部向两侧富水性减弱。

中部和东部平原咸水体之下的深层地下水淡水，包括第Ⅱ含水岩组下部和第Ⅲ含水岩组，受基底构造控制，拗陷区与隆起区第四系埋藏深度差异很大，顶界深度一般为120～160m，底板深度一般为270～360m；第Ⅳ含水岩组底板埋深约350～550m。含水层累计厚200～400m，以中粗砂、中细砂、细砂和粉细砂为主。

深层承压水不能直接接受降水和地下水体补给，其开采以消耗储存量为主。

3.1.2 地下水补排条件变化

在天然状态下，海河平原浅层地下水的补给来源主要是降水入渗补给，其次是山前侧向径流补给和河道渗漏补给；主要排泄方式为地下水蒸发、向河流排泄，最终排泄到渤海。

在现状人类活动条件下，山前冲洪积平原是主要地下水供水水源，随着地下水开采利用程度的不断提高，人工开采已成为本区的主要排泄方式。东南部冲积、湖积平原，含水层岩性以中细砂、细砂为主，地下水水力坡度仅0.01%～0.03%，径流十分缓慢，浅层淡水的主要补给来源为大气降水和渠灌入渗，主要排泄方式为人工开采和潜水蒸发。滨海冲积海积平原区，浅层淡水零星分布，开采量很少，地下水主要补给源为天然降水入渗，潜水蒸发为其主要排泄方式。

在天然状态下，深层地下水主要由山前边缘的隐伏碳酸盐岩岩溶水的顶托补给和山前主要冲洪积扇的径流侧向及垂向入渗补给。在东部平原区，深层地下水向浅层地下水越流排泄。随着深层地下水的大幅度开发利用，人工开采已成为重要的排泄途径，并随着开发程度的不同，其补给、排泄条件发生变化。例如，河南省、山东省大部分地区深层地下水尚未开发利用或开发利用程度较低，深层地下水补、排条件基本处于天然状态，主要接受侧向径流补给；而天津市、河北东部平原、山东省德州地区，由于大量开采深层地下水，导致黏性土压缩释水、相邻含水层的越流补给。

3.1.3 地下水流场演化

20世纪80年代，海河平原漏斗中心有唐山、北京、保定、石家庄、德州等城市，漏斗中心水位降深大约20m，仅在石家庄以南地区漏斗具有连片的趋势（图3-2）。

进入21世纪以来，长期超采地下水已经导致唐山北部、北京西南、河北太行山前平原部分地区含水层趋于疏干。2010年唐山、北京、保定、石家庄、隆尧、邢台、邯郸等漏斗中心水位降深均大于40m（图3-3）。

1980~2010年，海河流域山前平原区浅层地下水位普遍下降20～55m，其中近十年下降了5～15m，构成了沿山前的区域性水位下降区，浅层地下水位标高多为10～55m；中部平原和滨海平原部分地段虽然开采强度较小，未形成大的漏斗，但地下水位也普遍下降1～10m，浅层地下水位标高多为0～5m（图3-4）。

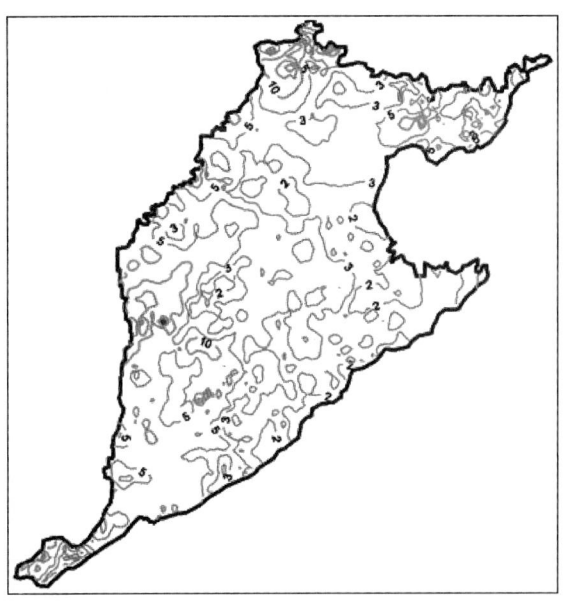
图 3-2　1980 年浅层地下水埋深等值线

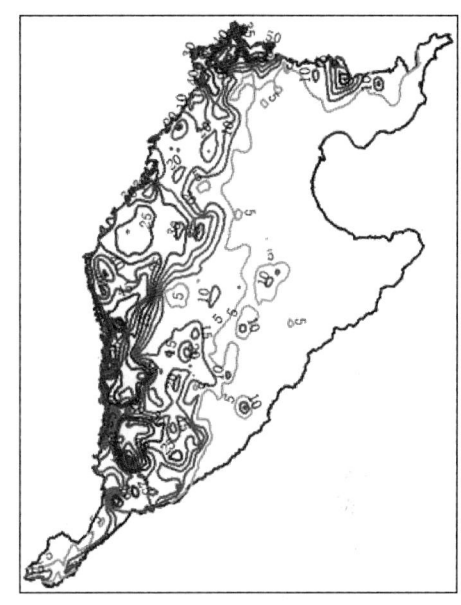
图 3-3　2010 年浅层地下水埋深等值线

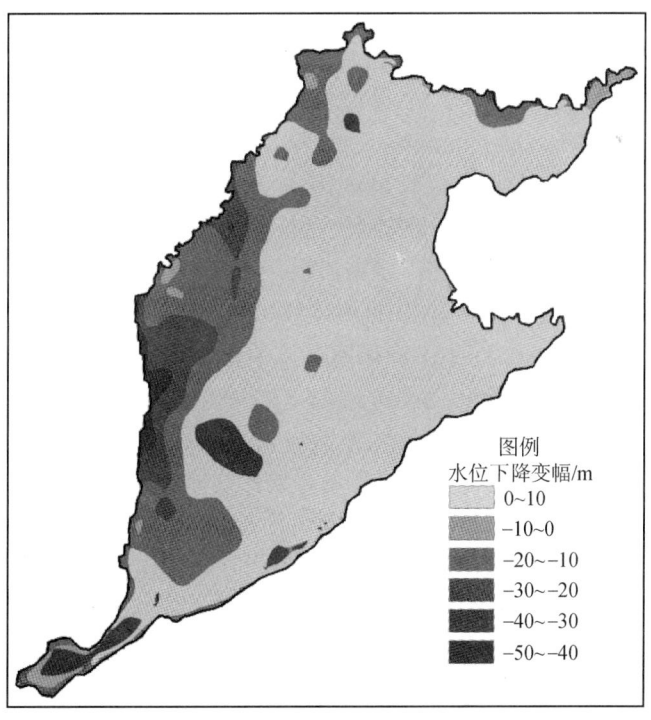
图 3-4　1980～2010 年水位下降变幅分布图

3.2 水资源转化动态模拟模型（MODCYCLE）

地下水是水资源循环系统的一个重要环节，地下水的动态不仅受含水层本身水文地质条件的影响，更受外部环境的影响，处于不断变化中。海河流域位于中国人口最密集的华北地区，人类经济社会活动频繁而强烈，气候变化明显，分析本地变化环境下的地下水响应规律对科学利用和有效保护地下水具有重要意义。

外部环境对地下水影响可分为两大类因素：一是气候变化，二是人类经济社会活动的影响。深入研究海河平原区地下水循环的主要影响因素，揭示复杂下垫面及强人类活动干扰条件下海河平原区地下水循环演变机制及其伴生环境变化的地下水响应规律，将多维信息有机地应用到机理分析和验证中，需要借助分布式水文模型。

水文模型是较为理想的刻画流域水分运移转化的定量工具，近几十年来发展很快，包括概念性的集中式水文模型（如爱尔兰的 SMAR 模型、日本的 TANK 模型等）和基于物理性的分布式水文模型（如欧洲水文模型 SHE、TOPMODLE 等）。Singh 等人曾对 88 个水文模型进行比较和综述，其中以自然物理机制为基础的分布式流域水文模型是当今水文研究的热点之一。

随着人类活动干预的不断增强，人类活动对水循环的影响、变化环境下的水循环水环境演变等学科命题已成为水科学界当今的重大研究方向。水文模型也从初期单一的产汇流模拟预报，逐渐发展为兼顾各种微观水文过程模拟，并与环境、生态、气象等学科深度交叉融合，例如，后期发展形成的 SWAT 模型、WEP 模型等，其模型理念逐步脱离传统以产-汇流机制为主，转向重点研究流域或区域不同形态和介质中水分的循环转化机制，模拟期拓展为多年尺度，模拟步长多以日尺度为主，可称之为以水循环模拟为主的水文模型，简称为水循环模型。虽然产-汇流机制仍是模拟的重要方面，但对其他过程如蒸腾蒸发机制、土壤水-地下水的转化、积雪-融雪过程、作物生长过程等的刻画越来越细致，注重水循环系统内部各分项过程相互作用的整体效果。对人类活动如作物种植期、土地翻耕、人工灌溉、水库蓄滞、河道-水库间调水、人工退水等的刻画也有长足的发展。水循环模型在计算原理上偏向于半经验-半动力学方式，在空间刻画上，则综合了集总式水文模型和物理分布式模型的特点，即把区域或流域按数示高程（DEM）划分为具有空间联系的子流域或子单元，在单元内部则按照集总式方式处理。这种空间离散方式既降低了传统物理性分布式水文模型计算难度，又增加了灵活性，使模拟精度大大高于集总式模型。由于多采用日时间步长，水循环模型一般不适合对单次洪水过程的精细模拟，其优势在于可以使研究者从流域角度审视水循环的演变过程及系统内部的相互联系，为研究人类活动对水循环的影响提供了强大的分析工具。

中国水利水电科学研究院在总结前人研究成果的基础上，自主创新研发了水循环模型——MODCYCLE 模型（为 an object oriented modularized model for basin scale water cycle simulation 的简写）。该模型以 C++语言为基础，采用面向对象（OOP）方式进行模块化开发，以数据库作为输入输出数据管理平台。利用面向对象模块化良好的数据分离/保护以及模型的内在模拟机制，实现水文模拟的并行运算，可大幅度提高模型的计算效率。此外该模型还具有实用性好、分布式计算、概念性与物理性兼具、充分体现人类活动对水循环的干扰、水循环路径清晰完整、具备层次化的水平衡校验机制等特点。

为进行海河平原区地下水详细模拟，本次对 MODCYCLE 模型进行了二次开发，即在原 MODCYCLE 模型的基础上开发了平原区三维地下水数值模拟模块，采用地下水网格数值模拟替换集总式均衡计算，使地下水数值计算成为 MODCYCLE 模型的一个组成部分，实现 MODCYCLE 各方面模拟的同步性和整体性。

3.2.1　MODCYCLE 模型的总体设计

3.2.1.1　模拟结构与水循环路径

MODCYCLE 模型为具有物理机制的分布式模拟模型。在平面结构上，模型首先将区域/流域按照 DEM 划分为子流域，子流域之间通过主河道的级联关系构建空间相互关系。其次在子流域内部，按照土地利用分布、土壤分布、管理方式的差异进一步划分为多个基本模拟单元。基本模拟单元是子流域内具有相同土地利用方式、管理和土壤类型地块的集合体，分散在子流域中，模拟时各单元之间相对独立，没有作用关系。除基本模拟单元外，子流域内部也可以包括沼泽、湿地、池塘、湖泊等自然水体。在子流域的土壤层以下，地下水系统划分为浅层和深层。每个子流域中的河道系统分为两级，一级为主河道，次级为子河道。子河道汇集从基本模拟单元而来的产水量，部分输送到子流域内的沼泽/湿地、池塘/湖泊，部分输送到主河道。子流域的各个主河道通过空间的拓扑关系构成模型中的河网系统，河网系统中可以包括水库，水分将从流域/区域的最末级主河道逐级演进到流域/区域出口。子流域之间具有水力联系，其空间关系通过河网系统构成。模型系统的平面结构如图 3-5 所示。

在水文过程模拟方面，MODCYCLE 将区域/流域中的水循环过程分为陆面水循环和河道水文循环两大过程模拟。陆面水文循环过程模拟，包括降雨产流、积雪/融雪、植被截留、地表积水、入渗、土壤蒸发、植物蒸腾、深层渗漏、壤中流、潜水蒸发、越流等过程模拟。河道水文循环过程模拟，是将陆面过程的产水量向主河道输出，考虑沿途河道渗漏、水面蒸发、水库等水利工程的拦蓄等过程，并模拟不同级别主河道水量沿主河道网络运动直到流域或区域的河道出口过程。MODCYCLE 模型模拟的水循环路径如图 3-6 所示。

3.2.1.2　面向对象的模块化

MODCYCLE 模型开发采用面向对象的 C++语言开发，模型高度集成和模块化，可较好地实现模块之间的数据分离和保护，程序代码清晰、易读，提高了模型功能的可扩展性。模型由流域模块、子流域模块、主河道模块、基础模拟单元模块、水库模块等 26 个模块构成。不同模块具有各自独立数据，实现不同的模拟功能，模块之间则通过外部接口进行相互调用。在模块管理方面，MODCYCLE 模型划分为流域管理级、子流域管理级和基础模拟单元管理级 3 个层次。流域管理级主要管理雨量站模块、气象站模块、水库模

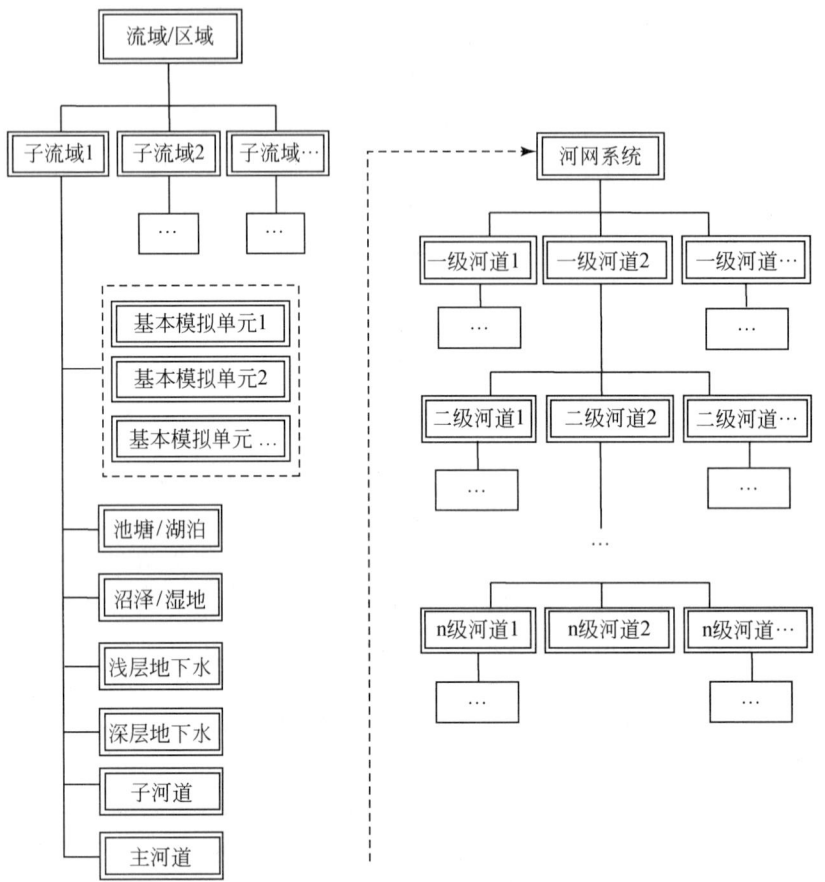

图 3-5 模型系统平面结构示意图

块、主河道模块和子流域模块等;子流域管理级主要管理基础模拟单元模块、地下水模块、地表水体滞蓄模块以及子流域气象数据管理模块;基础模拟单元管理级主要管理土地利用管理模块和土壤模块等。目前,在水文水循环领域采用面向对象方法进行模块化开发编程并不多见,MODCYCLE 模型是水文模型面向对象开发的一次重要尝试,其模块管理结构如图 3-7 所示。

3.2.1.3 多过程综合模拟能力及主要特色

MODCYCLE 模型注重对自然水循环过程和人类活动影响的双重模拟,通过对以下分项过程的模拟体现。

自然过程的模拟如下。

1)大气过程:降雨、积雪、融雪、积雪升华、植被截留、截留蒸发、地表积水、积水蒸发等。

2)地表过程:坡面汇流、河道汇流、径流滞蓄、湖泊/湿地漫溢出流、水面蒸发、河道渗漏、湖泊/湿地水体渗漏等。

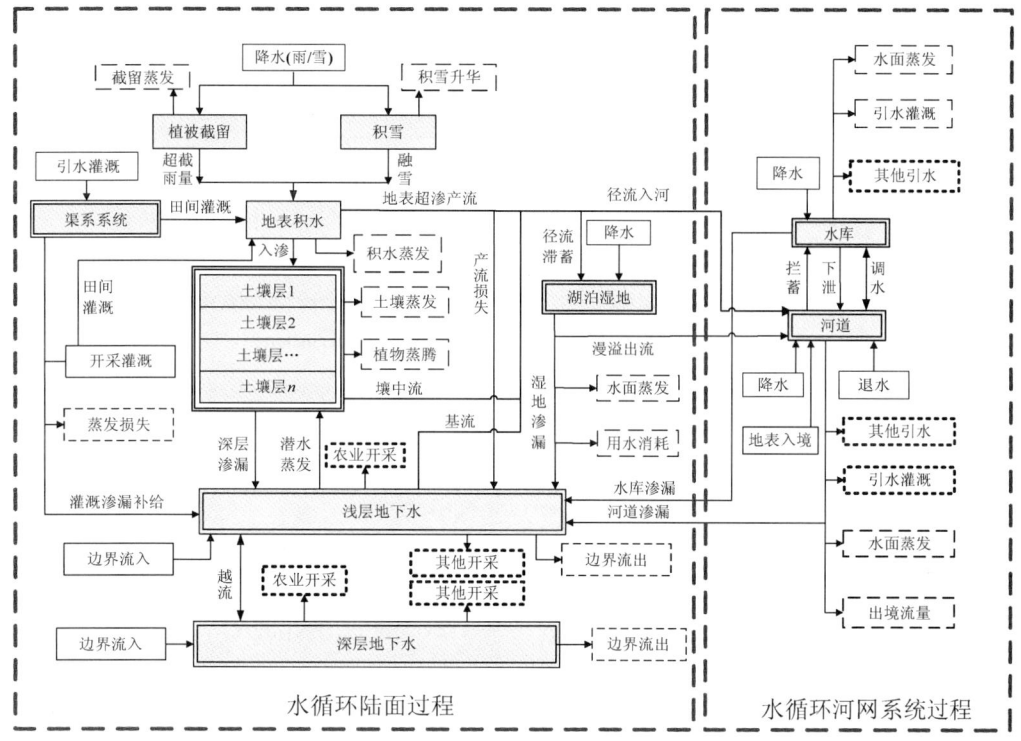

图 3-6 MODCYCLE 模型的水循环路径图

注：该图描述的是 MODCYCLE 模型的模拟过程。MODCYCLE 模型可以模拟水库与河道之间的调水过程，但该过程是否发生，取决于流域具体情况。

3）土壤过程：产流/入渗、土壤水下渗、土壤蒸发、植物蒸腾、壤中流等。

4）地下过程：渗漏补给、潜水蒸发、基流、浅层/深层越流等。

5）植物生长过程：根系生长、叶面积指数、干物质生物量、产量等。

模型对人类活动过程的模拟可考虑多种人类活动对自然水循环过程的干预，主要包括如下几项。

1）作物的种植/收割。模型可根据不同分区的种植结构对农作物的类型进行不限数量的细化，并模拟不同作物从种植到收割的生育过程。

2）农业灌溉取水。农业灌溉取水在模型中具有较灵活的机制，其水源包括河道、水库、浅/深层地下水取水及外调水 5 种类型。除可直接指定灌溉时间和灌溉水量之外，在灌溉取水过程中还可通过对土壤墒情的判断进行动态灌溉。

3）水库出流控制。根据水库调蓄原理对模拟过程中水库的下泄量进行控制。

4）点源退水。对工业/生活的退水行为进行模拟，点源的数量不受限制，同时可指定退水位置。

5）工业/生活用水。工业/生活用水水源包括河道、水库、浅/深层地下水、池塘五种类型。模型为存在该项用水的子流域指定相应水源，通过加入点源描述退水过程。

6）水库-河道之间调水。可模拟任意两个水库或河道之间的调水联系，并有多种调水方式。

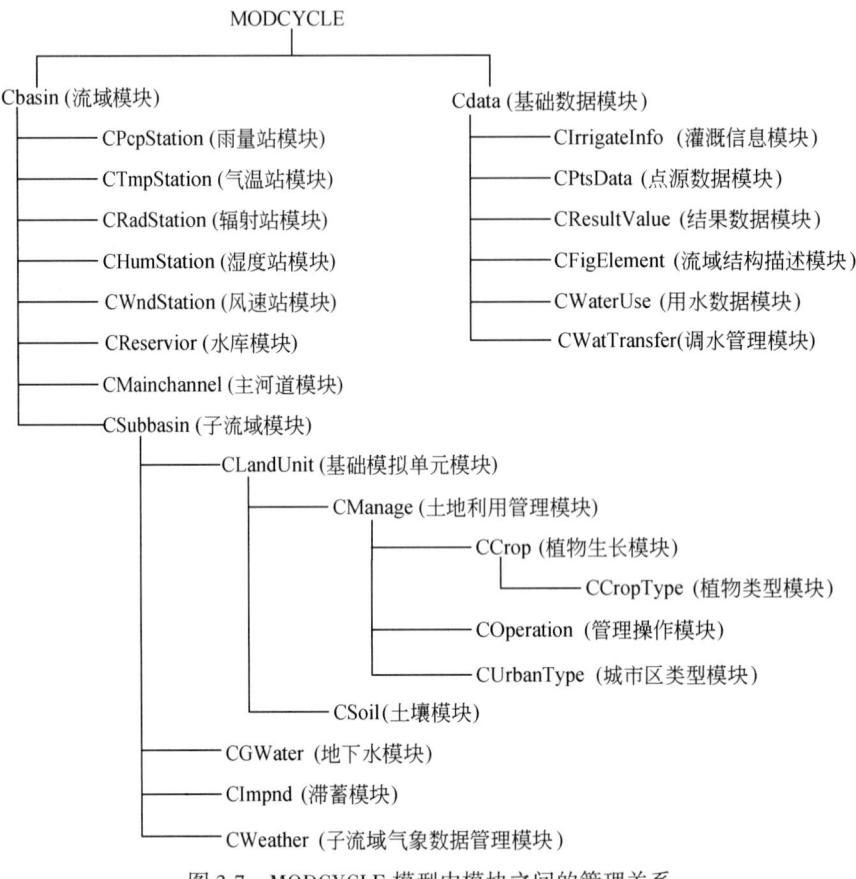

图 3-7　MODCYCLE 模型中模块之间的管理关系

7）湖泊/湿地的补水。可模拟多种水源向湖泊/湿地的补水。

8）城市区水文过程模拟。针对不同城市透水区和不透水区面积特征，对城市不同于其他土地利用类型的产/汇流过程进行模拟。

MODCYCLE 模型基本特征和特色（图 3-8）归纳如下。

1）在模型设计上，以 C++ 语言为基础，采用面向对象（OOP）的方式模块化开发，提高了模型扩展的灵活性和模型数据组织的高效性，是水文模型面向对象开发的一次重要尝试。

2）在输入输出平台上，以数据库统一数据管理，通过 ADO 接口实现模型对数据库的访问，输入数据和输出数据集成于一个数据库，提高了易读性，并可借用数据库强大的检索统计功能，提高对输入数据修改、输出结果整理的便利性。

3）在模型运算效率上，吸收了当前高性能计算领域中并行运算的理念，充分利用模型 OOP 模块化的优势和模型本身的计算原理进行多线程并行运算开发，可充分适应现代计算机系统的多核化硬件发展趋势。经过测试，在 4 核 CPU 并行运算环境下，模型的运算速度可提高约 3.3 倍。

4）在水平衡模拟检验上，从子流域内各水循环模拟实体层次独立水平衡校核，到子

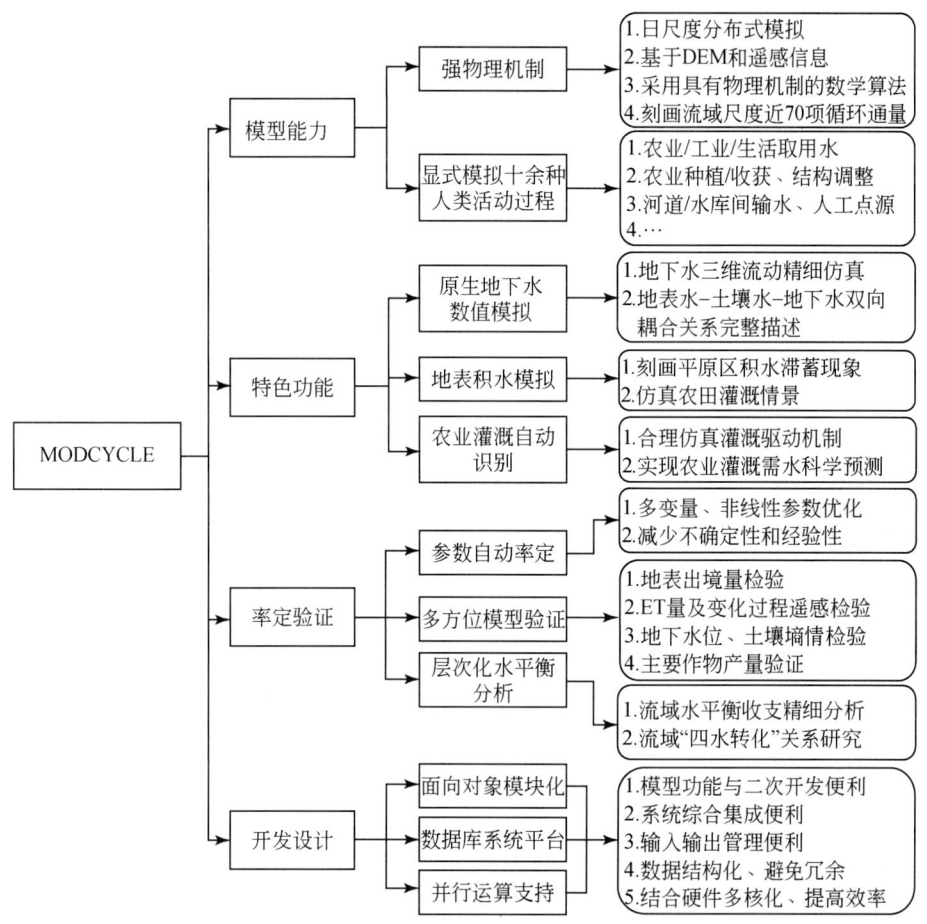

图 3-8 MODCYCLE 模型基本特征与特色

流域综合层次水平衡校核，再到全流域综合层次水平衡校核，层层水量校核之间具有严格的对应关系，形成层次化水量平衡校验体系。

5）在多过程综合模拟能力上，充分考虑对自然水循环过程和人工水循环过程的双重模拟，能够实现多种人类活动对水循环的影响和控制。

6）在水循环模拟原理上，不仅考虑了分布式模拟，对水循环过程的刻画上比较具体，有清晰的处理过程，保持了水循环模式的完整性和物理性，同时开发了平原区地下水数值模拟、动态灌溉、湿地补水等模拟处理模块。

MODCYCLE 模型是一个通用性较好的模型，其天然-人工二元模拟特点可以使研究者从流域角度审视人类活动干预下流域水循环的整体变化过程及各水循环通量分项的变化，可为研究人类活动对水循环的影响提供强大的分析工具。

3.2.2 主要空间数据及其处理

以 2001~2010 年近期 10 年作为海河流域现状年研究时段，以时段内的水文气象数据和用水数据为基础，进行海河流域现状年水循环模拟构建和参数率定。模型通过验证后将作为模拟未来不同水平年情景方案的预测工具。

MODCYCLE 模型的构建涉及基础空间数据和水循环驱动数据两类（表 3-2）。其中，水循环驱动数据包括气象数据及与人类活动相关的水利工程、水信息等数据。本次研究收集的气象数据包括北京、保定、太原、青龙等 51 个气象站点 1954~2010 年的气象要素数据（最高最低温度、辐射、风速、湿度），按照地理位置就近原则进行展布。人类活动取用水量统计数据包括 2001~2010 年逐年农业用水、工业用水、城市生活用水和农村生活用水的统计数据等。

表 3-2 MODCYCLE 模型主要参考数据

数据类型	数据内容	说明
基础地理信息	DEM	90m×90m 精度
	土地利用类型分布图	1:10 万（2005 年）
	土壤分布图	1:100 万
	数字河道	1:25 万
气象信息	降水、气温、风速、太阳辐射、相对湿度，位置分布	中国气象局
土壤数据库	孔隙度、密度、水力传导度、田间持水量，土壤可供水量	各省土种志
农作物管理信息	作物生长期和灌溉定额	文献调查
水利工程信息	水利工程参数	海河水利委员会提供
出入境水量信息	系列年出入境水量	引自各年《海河流域水资源公报》
地下水位信息	地下水观测井及埋深	由海河水利委员会、河北水文局等单位收集
供、用水信息	农业灌溉用水、城市工业和生活用水，农村生活用水	根据《海河流域水资源公报》整理

3.2.2.1 子流域划分及模拟河道

首先根据 DEM 信息将海河流域划分成多个子流域，提取模拟河道，以刻画区域的地表水系特征。一般 DEM 信息对于高程变化较大的山丘区子流域划分精度较高，但对地势平缓的平原区划分精度较差。由于平原区人工河道和天然河道纵横交错、水系散乱、水利工程密布，需要进一步根据实际河道分布信息进行人工引导（图 3-9）。在本次模拟过程中，将海河流域共划分为 2028 个子流域，每个子流域都有主河道，模拟河道具体情况如图 3-10 所示，子流域划分及所属三级区情况如图 3-11、图 3-12 所示。

| 第 3 章 | 海河流域地下水与环境的响应模拟

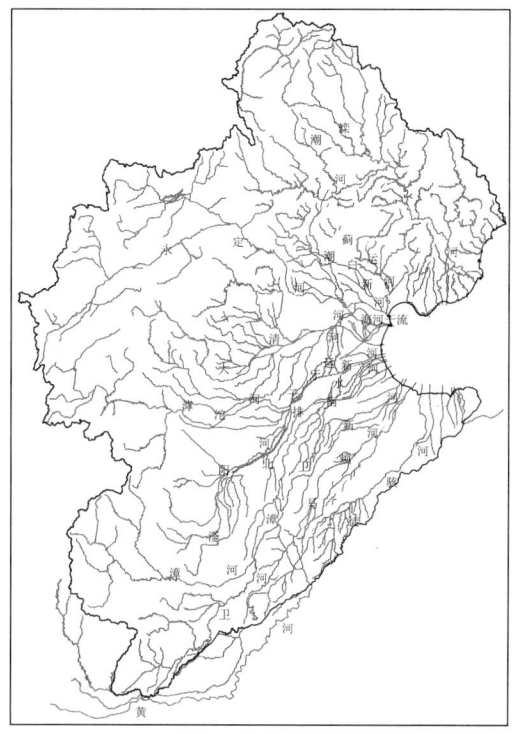

图 3-9 海河流域主要河系图

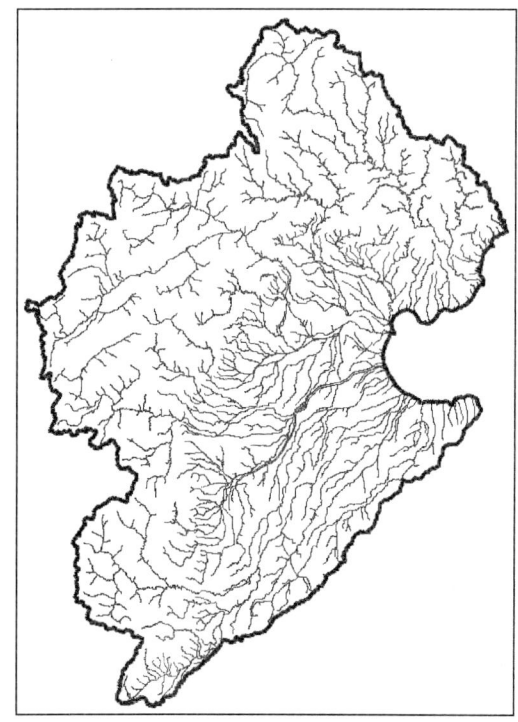

图 3-10 海河流域模拟河道

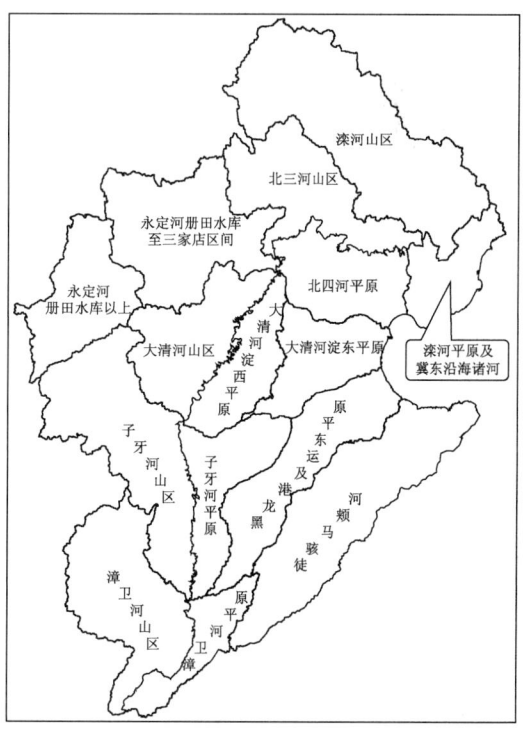

图 3-11 海河流域水资源三级区

MODCYCLE 模型对地下水资源量计算，在山丘区采用均衡法，在平原区采用地下水数值模拟方法。以地面高程 100m 为界，100m 以下为平原区，100m 以上为山丘区。子流域分布见图 3-12，其中平原区子流域约 1165 个，总面积约 13.08 万 km^2，与《海河流域水资源综合规划》平原区面积 13.1 万 km^2 十分接近。本次地下水数值模拟以 4km 为间距进行平原区网格单元剖分，共剖分 167 行 132 列，单层共计正方形网格单元 22 044 个，其中有效网格单元 8383 个（图 3-13）。

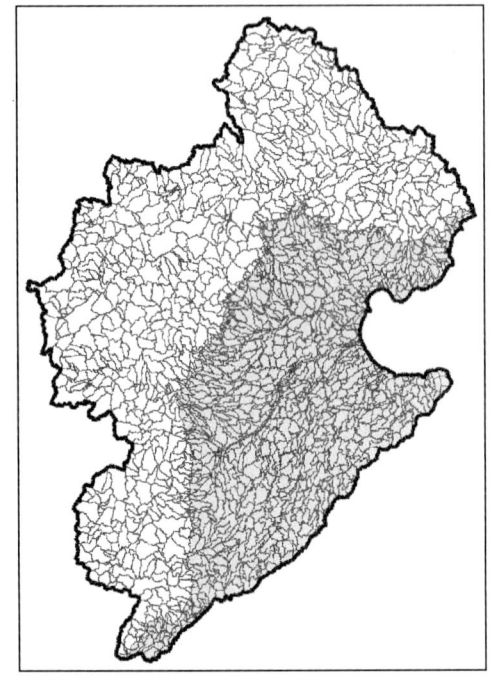

图 3-12 海河流域子流域划分图

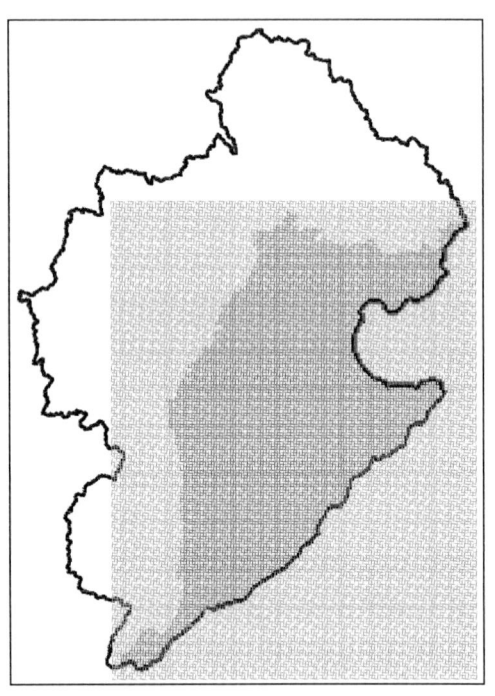

图 3-13 海河平原区地下水数值网格剖分

3.2.2.2 降水/气象站分布

本次选用了 46 个国家气象站点 1954~2010 年的实测逐日气象数据，包括降水、日最高/最低气温、日平均风速、日照时数和日平均相对湿度。采用类似于泰森多边形的处理方式，子流域的降水气象数据来自于与其形心位置最近的气象站。气象站（日最高/最低气温、日平均风速、日照时数、日平均相对湿度）分布及其对应子流域如图 3-14 所示。

3.2.2.3 土地利用与土壤分布

海河流域 2005 年的土地利用类型图（1∶10 万）和土壤类型图能基本反映模拟期（2001~2010 年）海河流域下垫面情况和土壤类型分布情况。

根据遥感资料分析，海河流域土地利用类型共有 28 种，主要有平原旱地、平原水田、山区旱地（含丘陵旱地、山地旱地、坡地旱地等）、山地/丘陵水田、不同覆盖度草地、各类林地、农村居民点、城镇用地、水库坑塘、盐碱地、裸土地及其他未利用地等。海河流域旱地面积约 15.19km^2，约占流域总面积的 47.4%，其中平原旱地 12.02 万 km^2，约占流

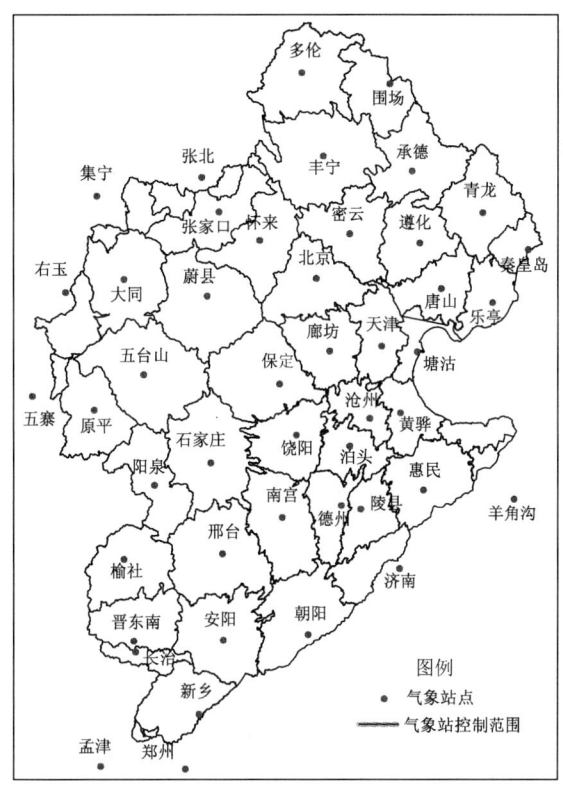

图 3-14 模型采用气象站分布及控制区

域总面积的 37.5%,主要分布在海河平原区和山区河谷地带;山区旱地 2.69 万 km²,约占 8.4%;平原水田约占 1.5%,主要分布在河北承德及天津市;山地/丘陵水田面积很少,面积不足 0.1%;居工地总面积 2.53 万 km²,约占 7.8%,其中农村居民点、城镇用地、其他建设用地分别约占 5.4%、1.4% 和 1.0%;草地总面积 5.70 万 km²,约占 17.8%,其中高、中、低覆盖度草地分别约占 2.0%、10.0%、5.8%,主要分布在山区;林地总面积 6.86 万 km²,约占 21.4%;有林地、灌木林、疏林地分别约占 8.2%、8.2%、5.0%,主要分布在山区,平原区也有零星分布。以上耕地、建设用地、草地、林地四大类土地利用总面积占海河流域总面积的 94.5%,其他如水库坑塘、湖泊沼泽等水体、裸土地及其他土地利用等仅占总面积的 5.5%。海河流域各省不同土地利用类型见表 3-3。

表 3-3 海河流域各省级行政区不同土地利用类型面积及比例 （面积单位:km²）

土地利用		北京	河北	河南	辽宁	内蒙古	山东	山西	天津	总计	占比/%
耕地	平原旱地	3 782	67 031	9 467	69	3 275	22 792	8 072	5 733	120 221	37.5
	平原水田	181	2 971	219		0	236	18	1 100	4 724	1.5
	山区旱地	544	12 802	710	557	813	0	11 487	34	26 948	8.4
	山地/丘陵水田	3	48	0	0	0	0	0	0	52	0.0

续表

土地利用		北京	河北	河南	辽宁	内蒙古	山东	山西	天津	总计	占比/%
建设用地	农村居民点	791	9 667	1 348	26	280	3 431	955	896	17 393	5.4
	城镇用地	1 081	1 756	394	0	21	542	263	553	4 610	1.4
	其他建设用地	330	1 475	87	0	1	576	199	626	3 294	1.0
草地	高覆盖度草地	92	2 593	118	0	2 977	304	200	7	6 292	2.0
	中覆盖度草地	1 113	17 484	1 109	200	2 865	229	8 768	319	32 087	10.0
	低覆盖度草地	78	2 242	98	0	846	234	15 157	6	18 663	5.8
林地	有林地	2 012	19 273	1 155	201	203	81	3 136	74	26 134	8.2
	灌木林	3 545	15 206	300	406	144	8	6 616	57	26 281	8.2
	疏林地	1 449	11 088	72	225	61	17	3 143	121	16 178	5.0
	其他林地	767	2 702	184	1	6	81	358	256	4 355	1.4
其他	水库/坑塘	348	1 128	17	0	10	340	119	1 135	3 098	1.0
	湖泊/沼泽	0	108	0	0	419	77	5	5	614	0.2
	盐碱地	0	1 751	0	0	24	1 604	64	171	3 614	1.1
	裸地及其他	260	3 024	62	0	613	769	689	580	5 997	1.9
总计		16 378	172 351	15 341	1 686	12 556	31 321	59 250	11 672	320 555	100

根据土壤资料分析，海河流域共有 75 种土壤，种类繁多。主要有潮土、褐土、棕壤土、栗褐土、黄绵土、粗骨土、石灰性褐土、栗钙土、淋溶褐土等。其中潮土 9.41 万 km^2，占海河流域总面积的 29%，主要分布在华北平原区；褐土 7.12 万 km^2，约占 22%，主要分布在太行山及燕山山区；棕壤土 2.13 万 km^2，约占 7%，主要分布在燕山山区，太行山区也有部分分布；栗褐土 1.62 万 km^2，约占 5%，主要分布在永定河山区一带；黄绵土 1.50 万 km^2，约占 5%，主要分布在漳卫河和子牙河山区，永定河山区和大清河山区也有部分分布；其余比例较大的有粗骨土、石灰性褐土、栗钙土及淋溶褐土，分别约占 4%、3%、3% 和 2%。以上 9 种土壤类型占海河流域总面积的 80%，其余 60 余种土壤类型所占比例均不足 2%，合计约占海河流域总面积的 20%。海河流域各省不同土壤分布类型详见表 3-4。

表 3-4 海河流域各省不同土壤类型面积及比例　　（面积单位：km^2）

土壤类型	北京	河北	河南	辽宁	内蒙古	山东	山西	天津	总计	占比/%
潮土	3 527	49 852	6 670	0	0	21 305	5 238	7 556	94 148	29
褐土	7 753	45 325	3 243	1 199	0	0	13 006	687	71 214	22
棕壤土	1 311	18 787	11	265	20	0	858	0	21 252	7
栗褐土	0	8 224	0	0	841	0	7 099	0	16 163	5
黄绵土	0	512	503	0	1	0	14 021	0	15 036	5

续表

土壤类型	北京	河北	河南	辽宁	内蒙古	山东	山西	天津	总计	占比/%
粗骨土	901	7 308	435	122	86	0	4 571	0	13 423	4
石灰性褐土	338	6 317	2 081	3	0	0	871	19	9 628	3
栗钙土	0	2 421	0	0	5 732	0	1 121	0	9 274	3
淋溶褐土	1 254	2 068	297	0	0	0	1 717	0	5 337	2
其他土壤	1 293	31 538	2 105	96	5 876	10 017	10 749	3 410	65 083	20
合计	16 377	172 351	15 345	1 686	12 556	31 321	59 249	11 672	320 559	100

3.2.2.4 基本模拟单元构建

基础模拟单元代表特定土地利用（如耕地、林草地、滩地等）、土壤属性和土地管理方式的集合体。初级基础模拟单元主要依据土地利用和土壤分布划分，通过 GIS 工具对土地利用和土壤分布交叉操作，共划分为 40 259 个，如图 3-15 所示，将在后面的农业种植及灌溉过程中按照各地市的种植结构和灌溉/雨养方式进行二级和三级细化。

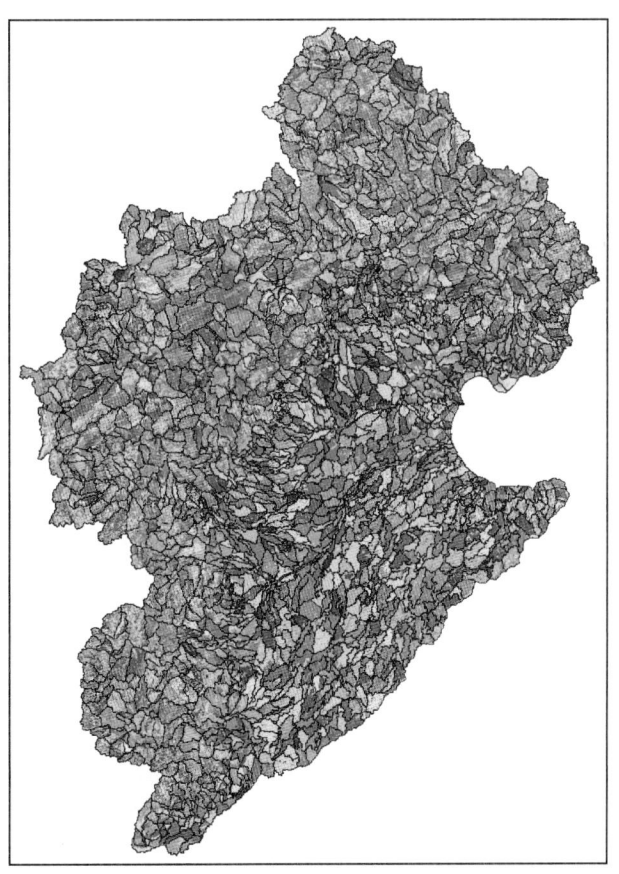

图 3-15 海河流域基础模拟单元构建

3.2.3 平原区水文地质数据

海河平原区属于中朝准地台中的次一级大地构造单元——华北拗陷带。吕梁运动后，华北拗陷带与其西部的山西台背斜和北部的燕山沉降带一起下降，接受了古生代沉积。奥陶纪以后，经加里东运动全盘上升，遭受侵蚀。海西运动时又轻微下降，局部地区接受了石炭—二叠纪海-陆交互相和陆相沉积。燕山运动时，大部分地区上升，但幅度不大，侵蚀有限。局部地区可见有中生代沉积。喜马拉雅运动使华北拗陷带与山西背斜、燕山沉降带逐渐分异，华北平原开始下降。喜马拉雅运动第二幕使分异加剧，海河平原区接收了巨厚的新生代沉积。由此，奠定了海河平原地下水系统空间分布的现代格局。

海河平原区第四系沉积厚度在基底拗陷区为500~600m，隆起区为350~450m，岩性主要是第四纪砂砾石、砂、亚黏土、黏土、淤泥和黄土状物质。海河平原区自山前冲洪积倾斜平原至中部冲积、湖积平原（或盆地中部）和东部滨海冲积、海积平原具明显的水平变化规律。

3.2.3.1 第四系含水层岩组划分

海河平原区第四系在平面上分为单层结构区和多层结构区，在多层结构区将第四系含水岩系自上而下划分为4个含水层组（表3-5）。

表3-5 海河平原区地下水含水层岩组划分

分区	组别	层底深度/m	水文地质单元	含水层主要岩性
单层结构区	—	100~300	山前平原顶部	砾卵石、中粗砂含砾中粗砂、中细砂
多层结构区	第一含水层组	10~50	山前平原下部	砾卵石、中粗砂含砾中粗砂、中细砂
			中部平原	中细砂及粉砂细砂、粉细砂
			滨海平原	粉砂为主
	第二含水层组	120~210	山前平原下部	砾卵石、中粗砂、中细砂
			中部平原	中细砂及粉砂
			滨海平原	粉砂为主
	第三含水层组	250~310	山前平原下部	砾卵石、中粗砂
			中部平原	中细砂及细砂
			滨海平原	粉细砂及粉砂
	第四含水层组	—	山前平原下部	砾卵石、中粗砂
			中部平原	中细砂及细砂
			滨海平原	粉细砂及粉砂

单层结构区主要分布于山前平原顶部，岩性颗粒粗，黏性土多以透镜体状分布，上下水力联系好，构成单层水文地质结构。

多层结构区分布于山前平原底部、中部平原、滨海平原区。在研究深度内又将其划分为4个含水层组。第一含水层组底板埋深为10~50m，是地下水积极循环交替层；第二含水层组底板埋深一般为120~210m，属于微承压、半承压地下水，地下水循环交替能力较强，是该区农业用水主要开采层；第二含水层组之下为深层承压地下水，循环缓慢，应该严格控制开发利用，目前，主要用于生活和工业用水，根据开发利用现状可分为两层，第三含水层组底板埋深一般为250~310m，是目前深层承压地下水主要开采层，第四含水层组底板至本次研究深度底界，目前开采主要集中在滨海平原。

海河平原区地质条件复杂，目前的水文地质工作基础尚不足以详细刻画全区三维物理渗流结构。而目前有关海河平原区的地下水位监测资料多数以"浅井"、"深井"区分，没有给出监测深度，难以区分各含水层开采量比例关系。故本次研究将第一和第二含水层组视为浅层地下水系统，主要模拟研究潜水循环运动规律，也包含与潜水含水层紧密相关的微承压含水层的循环在内；将第三和第四含水岩组视为深层地下水系统，主要模拟研究第三层承压水的循环运动，也包含循环量较小的第四层承压水的循环在内。从目前相关研究文献看，海河平原区浅层和深层地下水之间的水力联系尚不明晰，由于深层水可恢复能力较弱，一般作为应急储备资源看待，故本次模型研究以浅层地下水为重点。

3.2.3.2 初始地下水水位

本次收集了海河平原区2001~2010年550个浅层地下水位观测井和210个深层地下水位观测井数据，观测井分布状况如图3-16所示。以2001年初为模拟的初始日期，初始浅层地下水位等值线分布如图3-17所示。

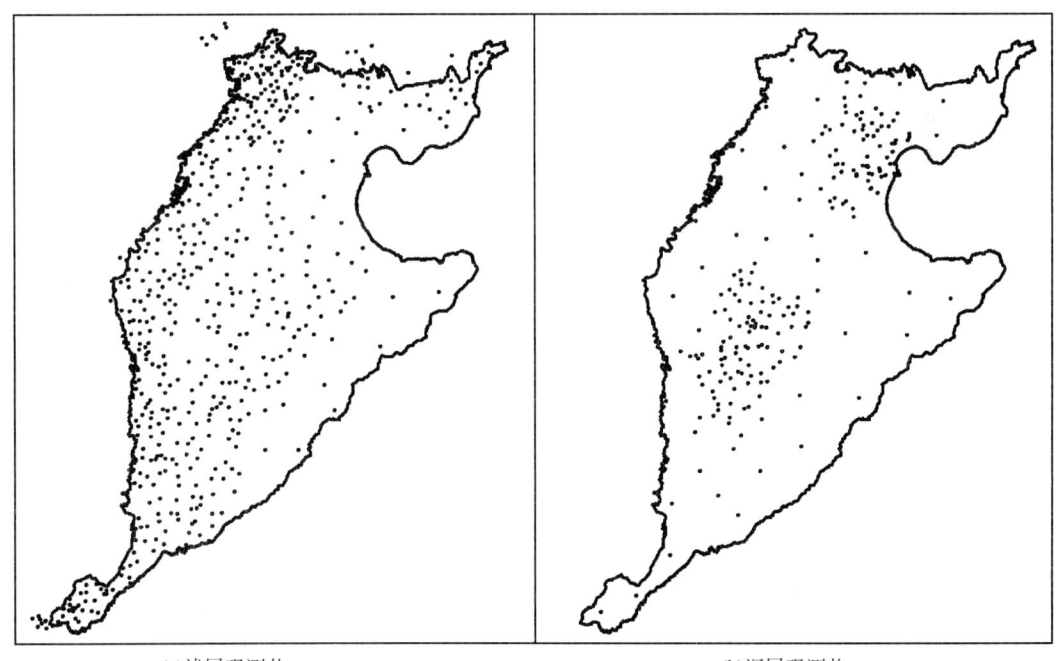

(a)浅层观测井　　　　　　　　　　　(b)深层观测井

图3-16　海河流域地下水观测井分布

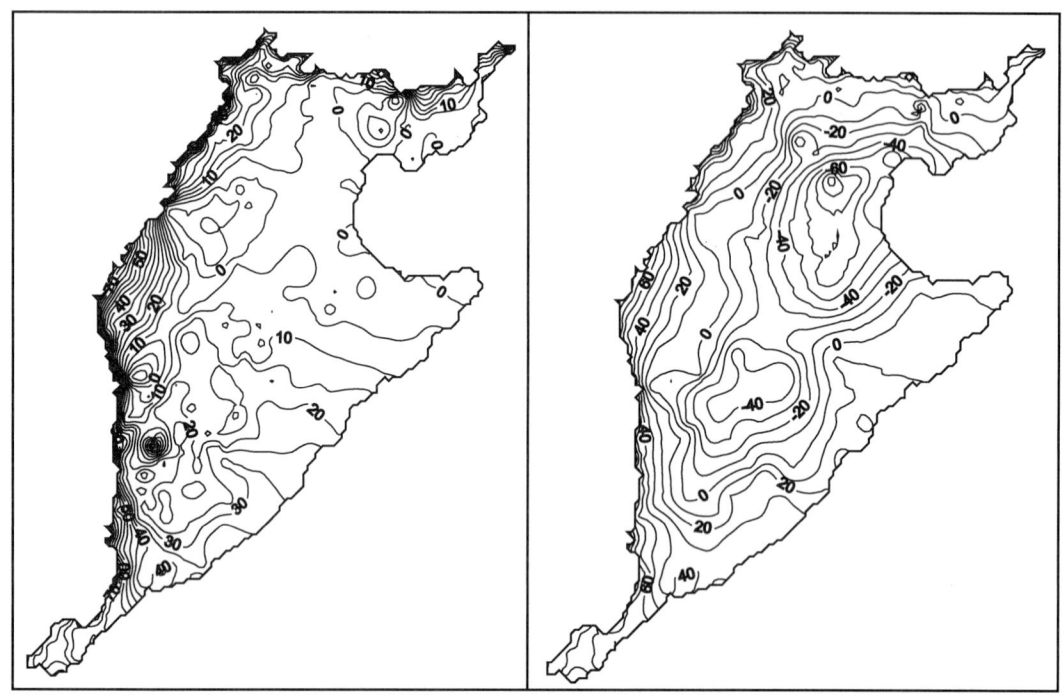

(a)浅层　　　　　　　　　　　　　(b)深层

图 3-17　2001 年初地下水位等值线分布（单位：m）

3.2.3.3　浅层含水层底板高程

海河平原区浅层含水层的底板高程，即深层含水层的顶板高程。山前强倾斜平原地带为无深层水区的单一潜水区，其他区域浅层含水层底板高程为 -120 ~ -220m。

3.2.3.4　含水层给水度/贮水系数分布

海河平原区浅层地下水给水度分布如图 3-18 所示，山前倾斜平原粗砂地带给水度较大，一般约 0.08 ~ 0.20，平原中部地区随着岩层透水性的减弱给水度逐渐变小，约在 0.05 及以下。

海河平原区深层地下水的贮水系数目前尚无系统的水文地质勘测资料。粗略估计深层地下水贮水系数约 0.005 左右。

3.2.3.5　含水层导水系数分布

含水层导水系数为综合反映含水层侧向流动能力的指标，与含水层渗透系数和厚度两个指标有关，可借助抽水试验数据进行推算。根据海河平原区富水性分区的划分对平原区导水系数的分布进行了计算，如图 3-19 所示。

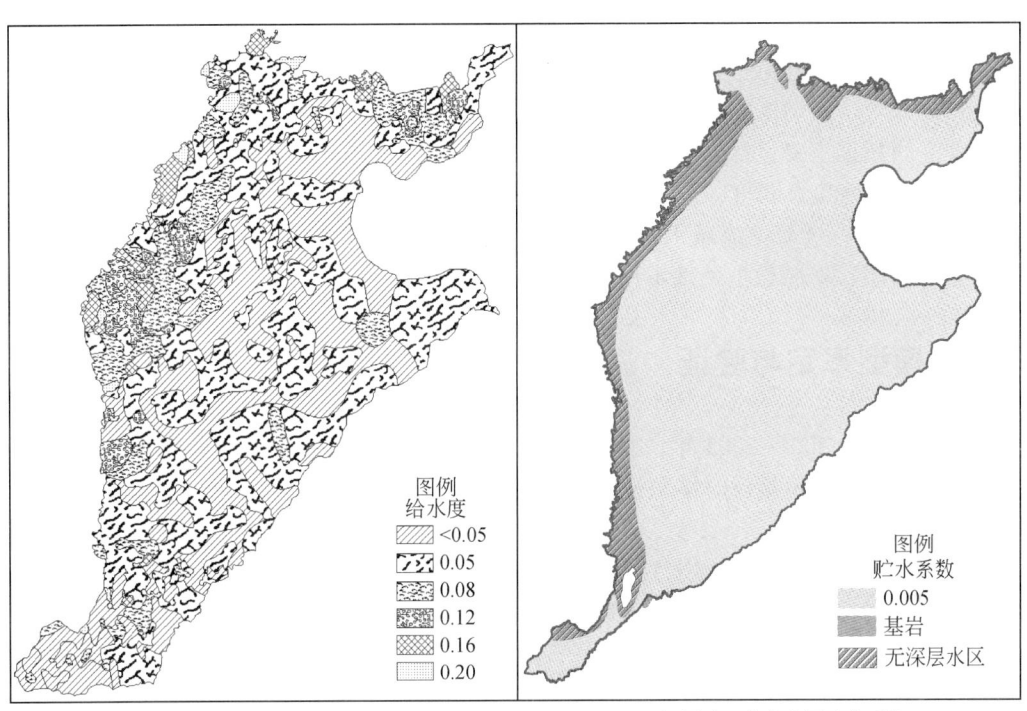

(a)浅层地下水含水层给水度　　　　　　　(b)深层地下水含水层贮水系数

图 3-18　海河平原区浅层地下水含水层给水度及深层地下水含水层贮水系数

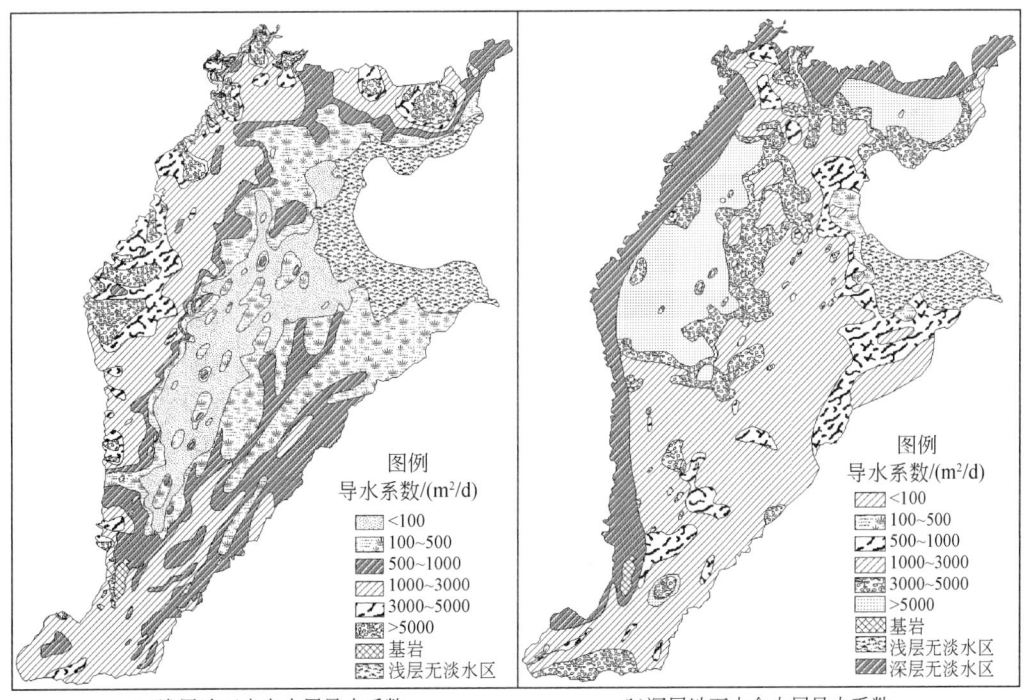

(a)浅层地下水含水层导水系数　　　　　　　(b)深层地下水含水层导水系数

图 3-19　海河平原区浅层地下水含水层及深层地下水含水层导水系数

3.2.4 其他空间数据

其他空间数据主要包括土壤各项参数（孔隙度、干容重、水力传导度等）、潜水蒸发极限深度、河道宽度、长度、渗漏系数、子流域的平均坡度/坡长等，这些数据在海河流域各省《土种志》、《海河流域水资源及其开发利用调查评价》、《海河流域水资源规划评价报告》等文献、遥感数据处理中均有描述，限于篇幅不一一描述。

3.2.5 模型率定与验证

模型率定期为2001~2005年，验证期为2006~2010年。在2005年年末地下水流场和地下水超采量与统计值接近时结束模型率定，再根据2006~2010年验证结果对模型的预测性能作出判断。

模型率定期末（2005年年末）和验证期末（2010年年末）的模拟与实测浅层地下水位等值线对比如图3-20和图3-21所示。从整体上看，两个阶段模拟与实测地下水位等值线具有可比性，山前及中部地下水开采密集区的地下水位等值线变化幅度大，中东部滨海浅层地下水矿化度较高地区和徒骇马颊河流域地下水开采量较少地区等值线变化幅度小。

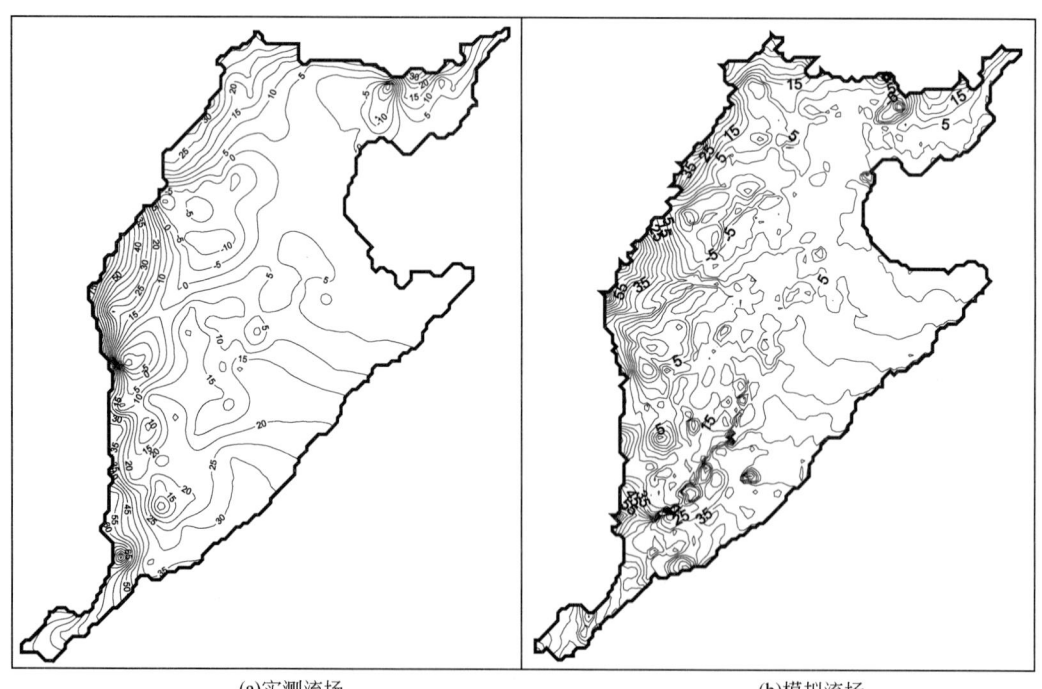

(a)实测流场　　　　　　　　　　　(b)模拟流场

图3-20　模型率定期末（2005年末）海河平原浅层地下水流场

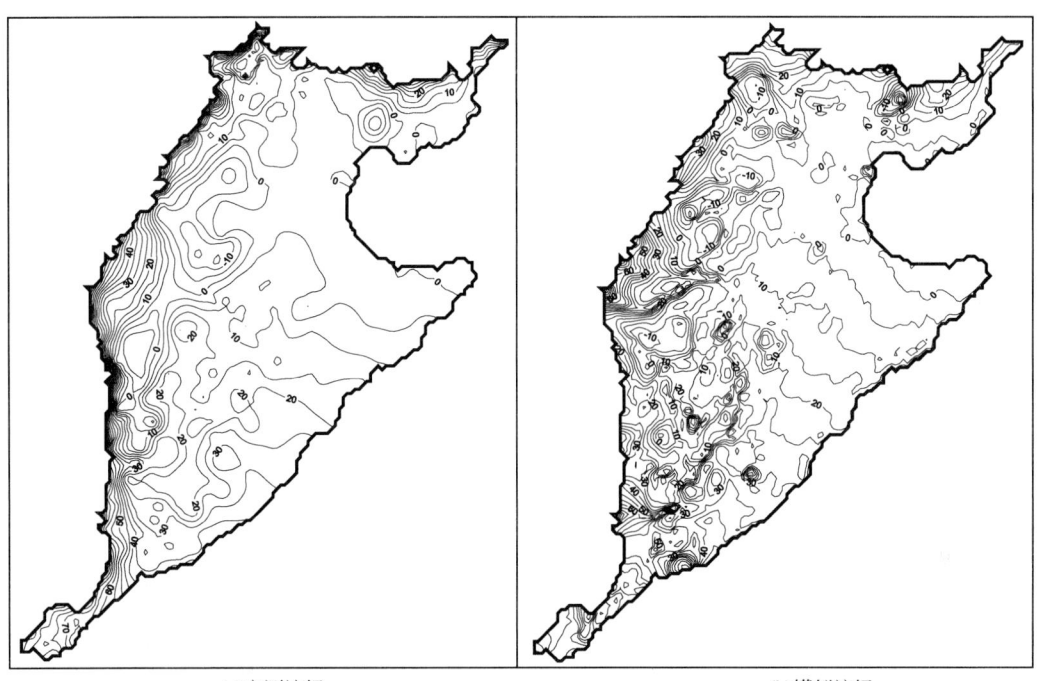

(a) 实测流场　　　　　　　　　　　　　(b) 模拟流场

图 3-21　验证期末（2010 年末）海河平原浅层地下水流场

2001～2010 年浅层地下水蓄变过程统计值（根据2001～2010 年《海河流域水资源公报》分析整理）与模拟值对比列于表 3-6 和图 3-22；海河流域入海水量统计值（根据 2001～2010 年《海河流域水资源公报》分析整理）与模拟值对比如表 3-7 和图 3-23 所示。从蓄变模拟结果看，浅层地下水蓄变过程模拟与统计过程在变化趋势上一致，年均蓄变量也较为接近。入海水量 10 年平均模拟值与统计值大体相当，但年际间有一定差距，其原因可能一是由于模型使用的各年分区用水量数据、耕地信息等统计数据比较宏观，二是水文气象站点的数量、信息展布过程、模型参数的选取、模型原理的抽象过程等可能引入部分误差，三是相对于海河平原区 1500 多亿立方米的降水量来说，20 亿 m^3 左右的入海水量很小，很难准确模拟。从总体上看，对于海河平原区这种大空间尺度和长时期的水循环模拟研究，目前的率定验证结果基本满足要求。

表 3-6　2001～2005 年海河平原区浅层地下水蓄变过程　　（单位：亿 m^3）

年份	2001	2002	2003	2004	2005	2006	2007	2008	2009	2010	年均蓄变量
统计值	−55.5	−61.9	15.3	−18.0	−36.4	−42.6	−30.4	6.5	−15.9	−25.4	−26.4
模拟值	−78.3	−82.7	40.1	−30.9	−43.2	−53.4	−8.5	34.3	10.9	−7.9	−22.0

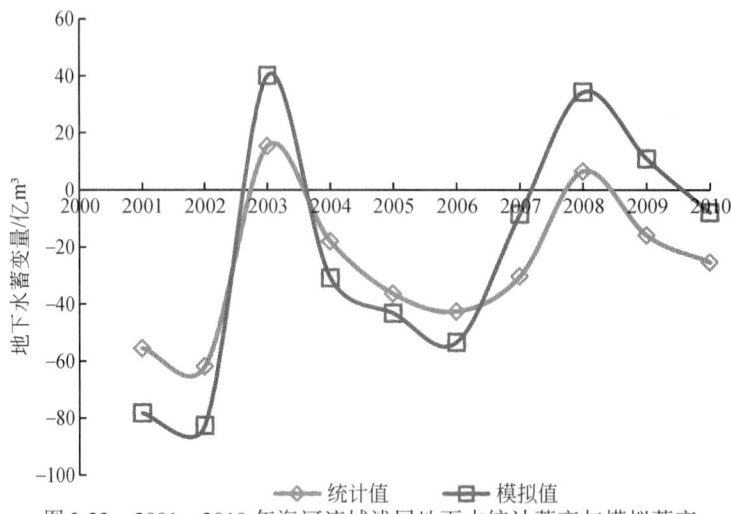

图 3-22 2001~2010 年海河流域浅层地下水统计蓄变与模拟蓄变

表 3-7 2001~2010 年海河流域入海水量 （单位：亿 m³）

年份	2001	2002	2003	2004	2005	2006	2007	2008	2009	2010	年均
统计值	0.8	1.8	21.8	37.1	24.9	13.9	17.1	24.8	31.7	60.8	23.5
模拟值	13.4	7.4	17.8	24.8	34.9	28.1	31.1	41.7	35.3	51.5	28.6

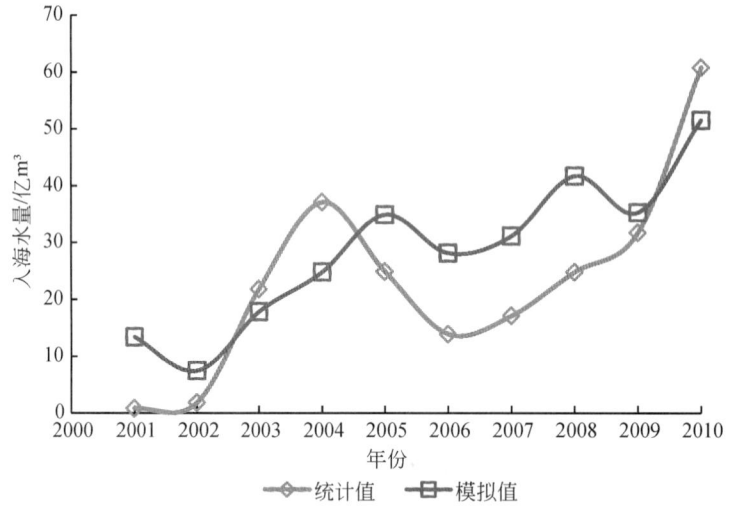

图 3-23 2001~2010 年海河流域入海水量统计与模拟对比

3.3 近十年海河平原区地下水系统演变规律

3.3.1 主要水循环驱动因素

海河流域现状水循环驱动因素主要包括 6 类：气象因素（日降雨、气温、湿度、太阳辐射、风速)、水库调蓄过程、农业种植及灌溉过程、城市工业和生活用水过程、农村生活用水过程以及城市工业和城镇生活的退水过程。后5类可归结为人类活动影响因素。

3.3.1.1 气象驱动

气象条件是自然水循环的主驱动力之一，直接影响降雨产流和潜在蒸发，也是作物生长所必需的驱动因子。模型计算中用到的气象数据包括日降水量、日最高和最低气温、日太阳辐射量（日照时数）、日风速、日相对湿度等。

2001～2010年全流域平均年降水量492mm，比《海河流域水资源综合规划》采用的1956～2000年平均年降水量535mm少43mm，比1980～2000年平均年降水量501mm少9mm，属于较偏枯时段。2001～2010年山丘区平均年降水量472mm，平原区519mm（图3-24）。

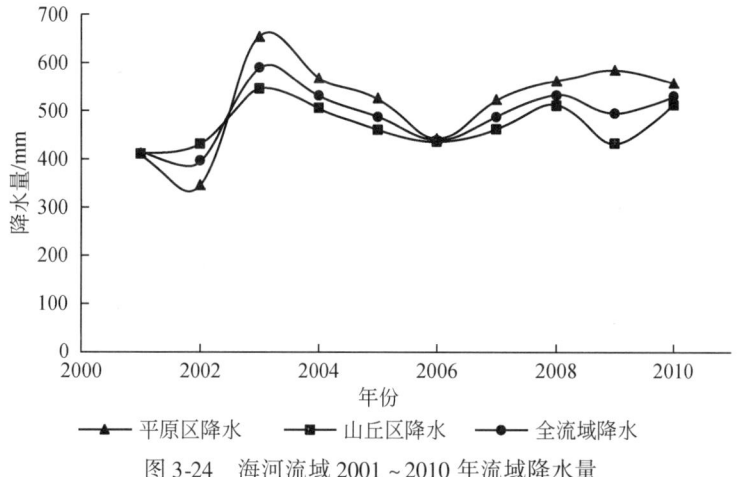

图3-24 海河流域2001～2010年流域降水量

2001～2010年海河流域气温、风速、日照时数、相对湿度等气象要素的年际间变化相对稳定，周期性明显（图3-25～图3-28）。

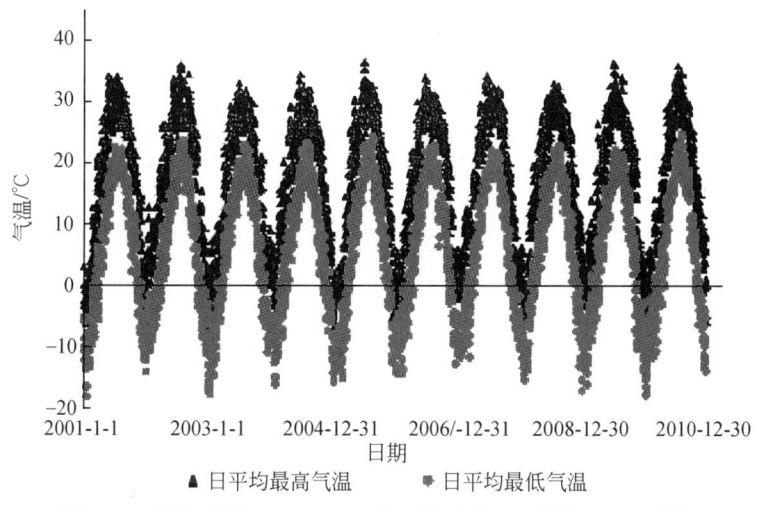

图3-25 海河流域2001～2010年日均最高、最低气温逐日数据

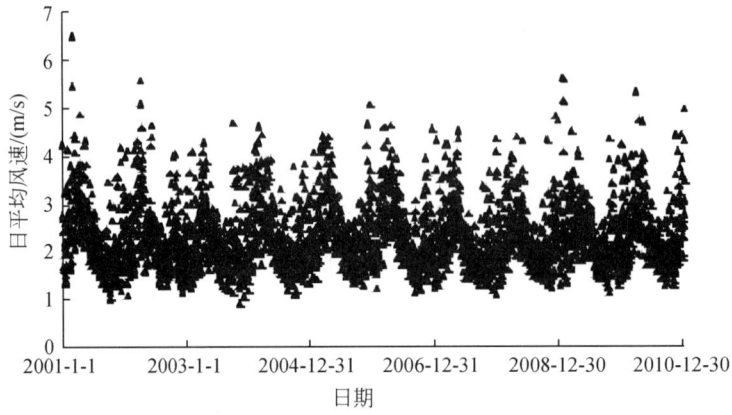

图 3-26　海河流域 2001~2010 年平均风速逐日数据

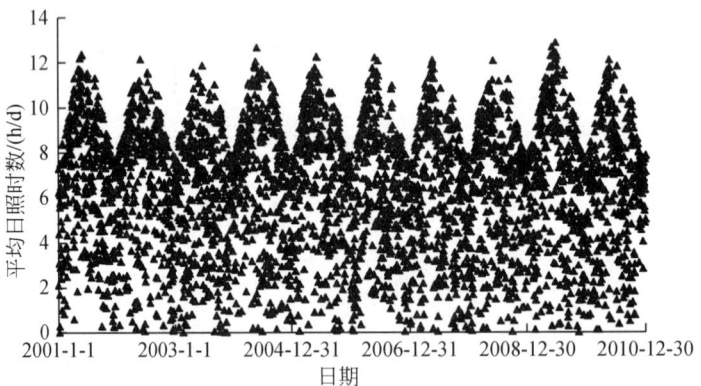

图 3-27　海河流域 2001~2010 年平均日照时数逐日数据

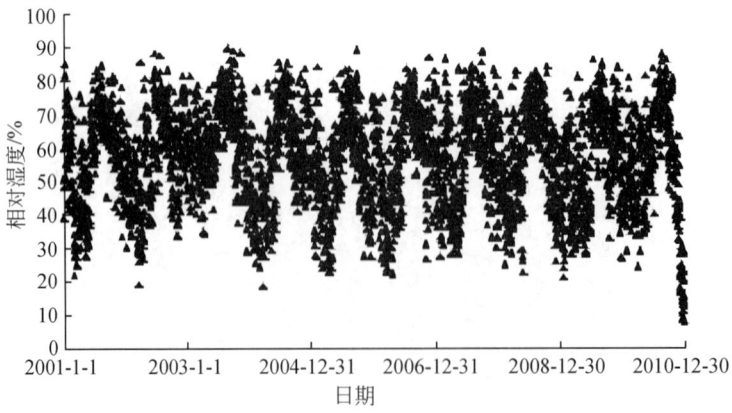

图 3-28　海河流域 2001~2010 年平均相对湿度逐日数据

3.3.1.2 大中型水库调蓄

截至 2010 年年底,海河流域已建大型水库 36 座,其中山区 33 座,平原 3 座（北大港、大浪淀、团泊洼）,总库容为 269.8 亿 m^3；中型水库 114 座,小型水库 1711 座,总库容为 48.5 亿 m^3。此外,有蓄水塘坝 17 505 座,蓄水能力 1.4 亿 m^3。蓄水工程累计设计供水能力为 148.1 亿 m^3,现状供水能力为 80.7 亿 m^3。

海河流域山区大型水库控制流域面积达 15.82 万 km^2,占山区总面积的 83.7%,兴利库容 122.0 亿 m^3,占山区多年平均径流量的 59.5%。大型水库初建时多以农业灌溉供水为主,20 世纪 80 年代以来,随着城市用水量增加,已有相当数量的水库转向城市供水。

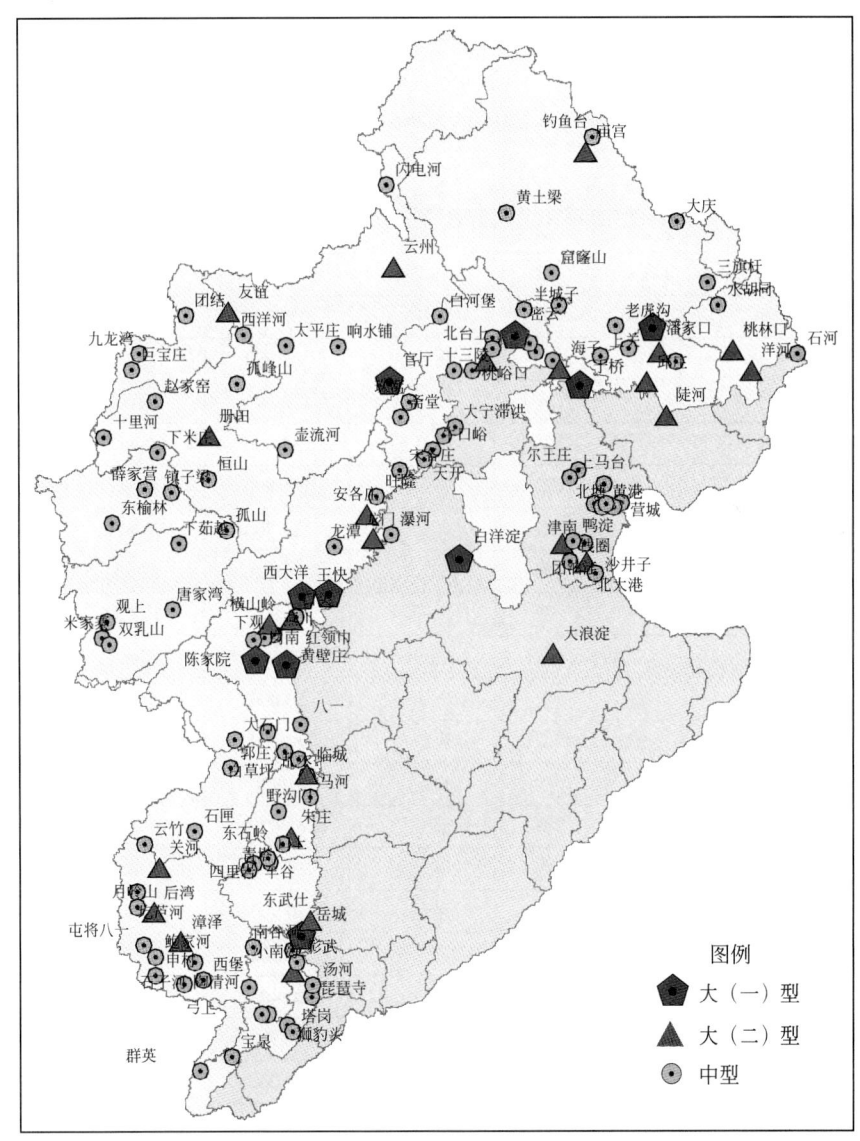

图 3-29 海河流域大中型水库的空间分布

其中，密云、官厅水库是北京的两大水源地；潘家口、大黑汀水库向天津市、唐山市供水；岗南、黄壁庄、岳城、朱庄、西大洋、桃林口水库分别向石家庄、邯郸、邢台、保定、秦皇岛等城市供水。流域内34座大型水库（未包括西山湾水库和盘石头水库）原设计供水能力为144.5亿 m³，由于入库径流的减少及下游灌区工程的年久失修，近年来大型水库的实际供水量为66.4亿 m³ 左右。

本次模型模拟计算主要考虑34座大型水库、105座中型水库和河流水量有调节作用的白洋淀，控制山区流域面积的85%以上，其分布如图3-29所示，大型水库的主要参数见表3-8。小型水库及蓄水塘坝的调蓄作用则通过调节模型中水库的蓄水库容处理。

表3-8 海河流域大型水库主要参数

序号	水库名称	水库类型	地级行政区	总库容/万 m³	死库容/万 m³	兴利库容/万 m³
1	密云	大（一）型	北京	437 500	41 900	354 500
2	潘家口	大（一）型	唐山	263 000	33 100	228 100
3	官厅	大（一）型	北京	216 000	2 600	25 000
4	岗南	大（一）型	石家庄	157 100	34 100	85 820
5	于桥	大（一）型	天津	155 900	3 600	44 100
6	王快	大（一）型	保定	138 900	8 800	69 950
7	白洋淀	大（一）型	保定	130 000	20 000	60 000
8	岳城	大（一）型	磁县	130 000	3 900	71 900
9	黄壁庄	大（一）型	石家庄	121 000	8 190	32 843
10	西大洋	大（一）型	保定	113 700	7 990	59 500
11	桃林口	大（二）型	秦皇岛	85 900	11 500	70 900
12	册田	大（二）型	大同	58 000	36 000	17 600
13	陡河	大（二）型	唐山	51 520	540	7 380
14	北大港	大（二）型	天津	50 000	5 900	44 100
15	大黑汀	大（二）型	唐山	47 300	10 400	31 100
16	漳泽	大（二）型	长治	42 730	1 230	12 580
17	朱庄	大（二）型	邢台	41 620	3 400	26 250
18	洋河	大（二）型	秦皇岛	35 300	1 000	14 760
19	安各庄	大（二）型	保定	30 900	4 760	21 175
20	横山岭	大（二）型	石家庄	23 100	2 300	11 100
21	邱庄	大（二）型	唐山	20 400	700	6 590
22	庙宫	大（二）型	承德	18 300	36	3 032
23	团泊洼	大（二）型	天津	18 000	3 400	14 600
24	临城	大（二）型	邢台	17 125	1 186	8 720
25	东武仕	大（二）型	邯郸	15 200	1 000	10 690

续表

序号	水库名称	水库类型	地级行政区	总库容/万 m³	死库容/万 m³	兴利库容/万 m³
26	怀柔	大（二）型	北京	14 400	850	6 550
27	关河	大（二）型	长治	13 990	650	4 100
28	后湾	大（二）型	长治	13 030	1 480	7 900
29	海子	大（二）型	北京	12 100	500	9 455
30	龙门	大（二）型	保定	11 800	410	5 630
31	友谊	大（二）型	张家口	11 600	620	3 303
32	云州	大（二）型	张家口	10 800	350	2 500
33	小南海	大（二）型	安阳	10 750	457	4 820
34	口头	大（二）型	石家庄	10 560	1 599	5 806
35	大浪淀	大（二）型	沧州	10 030	2 000	6 000

3.3.1.3 其他人类活动影响驱动

人类活动是影响海河流域水循环转化的重要因素。本次以地市单元为统计分区，将涉及山丘区和平原区的地市单元按山区—平原界线进行二次划分，形成47个统计分区，其中山区地市分区26个，平原地市分区21个（图3-30）。

(1) 农业种植及灌溉过程

2001~2010年海河流域农业用水量变化不大，占总用水量比例均在65%以上，农业种植与灌溉过程是影响流域水循环过程的重要因素。MODCYCLE模型的特色之一是可以对农业种植和灌溉过程进行细致模拟。主要数据处理工作如下。

一是耕地上的种植结构分解。海河平原区耕地占平原区面积近48%。限于遥感识别的精度，目前土地利用图仅能将耕地大致分为"平原旱地"、"丘陵旱地"和"山地旱地"等笼统类型，对此MODCYCLE模型专门开发了相关辅助程序，根据分区作物种植结构对基础模拟单元进行二次细化，识别出具体作物的空间分布状况。

二是辨识灌溉农业和雨养农业面积，在以上二次细化的基础上，进行三重细化；

三是划分农业种植周期，确定不同作物的生长发育时间和收获时间；

四是识别农业灌溉水量和灌溉时机。针对农田基础单元开发了自动灌溉功能，具体思路是确定某个土壤埋深以上的土壤墒情阈值，当土壤墒情低于阈值时模型将自动取水对农田基础模拟单元进行灌溉。

五是确定灌溉水源。MODCYCLE模型可处理的灌溉水源包括水库、河道、浅层地下水和外调水四种，根据每个县市的地表地下水用水数据、水库用水数据辨识作物灌溉水源。

1) 未利用地分离。通常利用GIS识别的耕地面积均大于实际面积，因为其中包含有一部分未识别土地利用类型，如道路、荒地、灌溉沟渠等，经与统计年鉴值进行比较，本次将其分离出来。

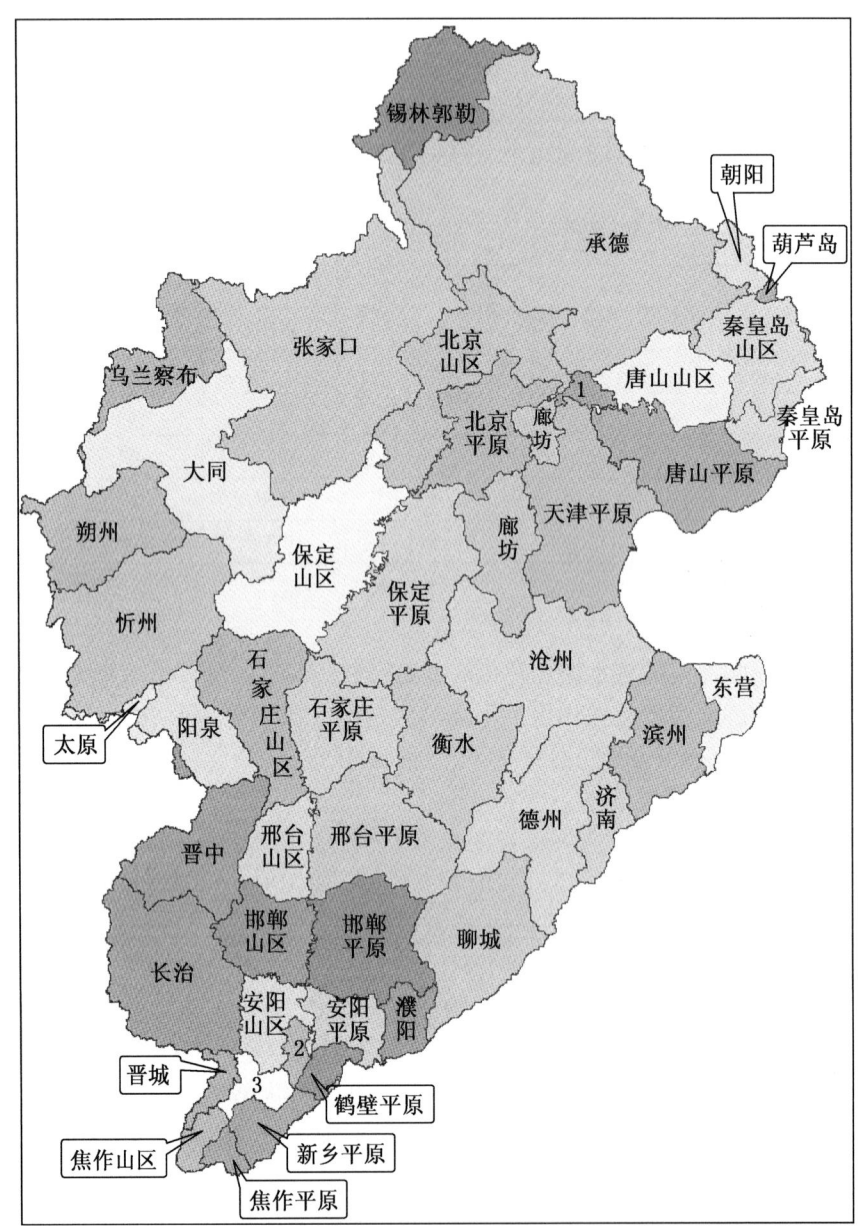

图 3-30 人类活动统计分区

注：1. 天津山区；2. 鹤壁山区；3. 新乡山区。

2）作物划分和种植结构调整。根据 2001~2010 年期间海河流域各省统计年鉴分析，各省作物播种面积变化不大，故本次以 2005 年代表 2001~2010 年的平均情况。2005 年海河流域总播种面积 153 625 km²，耕地面积为 117 542 km²，复种指数为 1.3。通过复种情况组合分析，将作物播种面积分解到耕地面积上。

海河流域主要单种作物为小麦、玉米、棉花、蔬菜、薯类、花生、谷子、大豆、林果、水稻等；复种主要为麦复玉米、麦复花生、大豆、棉套蔬菜、棉套瓜果等；油菜、胡麻、莜麦、高粱等其他作物，种植面积所占比例较小，合计约 10 961 km², 约占耕地面积的 9%。

3) 灌溉面积和雨养面积划分。根据海河流域各省（直辖市、自治区）《统计年鉴》, 2005 年海河流域有效灌溉面积（77 310 km²），约占耕地面积（117 542 km²）的 66%。有效灌溉面积优先分配在平原区耕地上，雨养面积以平原耕地扣除有效灌溉面积后与山区耕地进行分配。具体处理如下。

水田、蔬菜全部为灌溉面积，从总灌溉面积中先行分出。

若总灌溉面积有剩余，按照作物灌溉用水量大小划分灌溉和雨养作物，优先考虑与小麦复种作物作为灌溉面积。例如，灌溉面积还有剩余则小麦视为灌溉面积。

其他作物的灌溉面积和雨养面积按剩余的总灌溉面积和总雨养面积的比例进行划分。

4) 作物生育期信息。在地貌和海拔的影响下，山丘区和平原区年积温相差较大，同种作物的播种和收获日期明显不同。本次根据文献查询和资料分析，对山丘区和平原区作物的生育期进行了分析界定。

5) 灌溉用水量有关数据。根据《海河流域水资源公报》、《海河流域水资源综合规划》等资料整理分析，2001~2010 年海河流域年均农业用水量 260.6 亿 m³，其中当地地表水（含河道、水库取水及塘坝等）54.2 亿 m³，浅层地下水 135.2 亿 m³，深层地下水 33.4 亿 m³，引黄灌溉水 37.8 亿 m³。以山区和平原划分，海河流域山区农业总用水量年均 45.9 亿 m³，其中地表水 21.9 亿 m³，浅层地下水 24.0 亿 m³，大致各占一半。海河平原区农业总用水量年均 214.7 亿 m³，其中当地地表水 32.3 亿 m³，浅层地下水 111.2 亿 m³，深层地下水 33.4 亿 m³，引黄灌溉水 37.8 亿 m³，地下水年均开采总量 144.6 亿 m³，占平原区农业用水总量的 67.3%，是农业用水量的主要组成部分。这些数据为模型识别农业灌溉用水量提供了参考和比较。

根据统计资料，2001~2010 年海河流域农业用水量变化总体趋势是除引黄灌溉水量略有上升外，浅层地下水、深层地下水、当地地表水均呈缓慢下降趋势（图 3-31），年均农业用水量 260.7 亿 m³，2002 年最大，达 286.5 亿 m³，与当年流域降水量仅 397mm 有关，2010 年用水量最少，为 243.5 亿 m³。

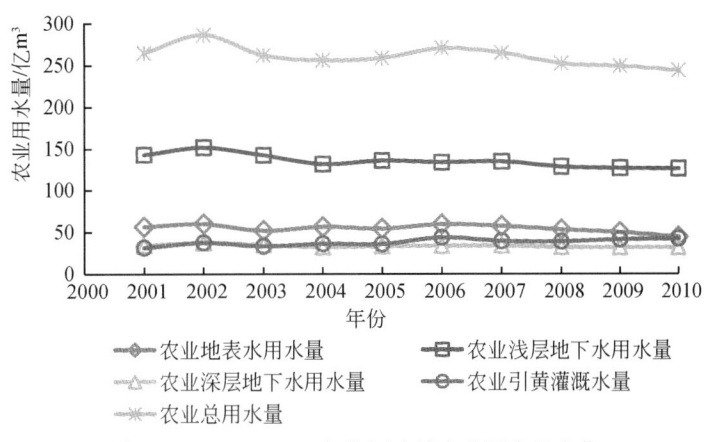

图 3-31 2001~2010 年海河流域农业用水量变化

6）灌溉水源处理。井灌水源一般在田间附近，将基础模拟单元的地下水灌溉水源（包括浅层和深层）处理为该基础模拟单元所在子流域的浅层地下水。

因无法区分当地地表水中的河道供水和水库供水，故假设海河流域当地地表水灌溉水源都为水库或水闸（概化为水库）供水，根据各分区农业用水数据和水库的分区归属关系确定不同分区基础模拟单元的地表水灌溉水源。

(2) 城市工业/城镇生活用水过程

2001~2010年海河流域工业、城镇生活用水总量呈逐年下降趋势（图3-32），与近年来地下水压采和节水措施的实施有关，地表水的用水比例则略有增加。年均工业及城镇生活用水总量为88.2亿m^3，其中地表水供水量28.6亿m^3，浅层地下水58.6亿m^3，深层地下水约1.0亿m^3。

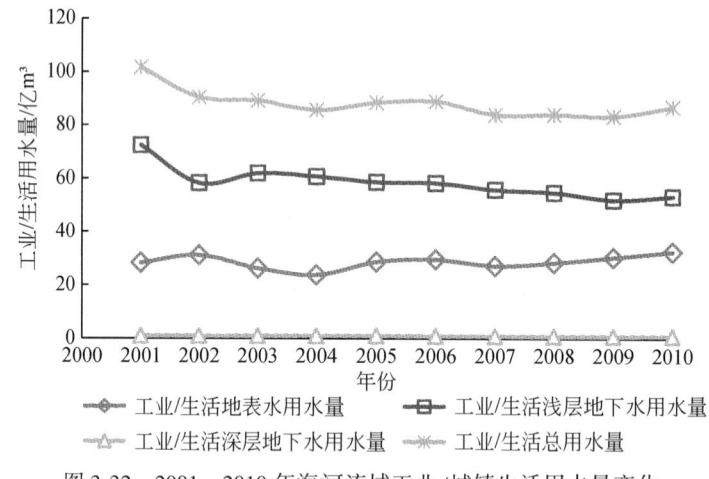

图3-32　2001~2010年海河流域工业/城镇生活用水量变化

对于地下水，在模拟计算中将每个区县的工业用水和城市生活用水按照城镇用地和其他建设用地的面积比例分到所在子流域的浅/深层地下水上，模拟过程中MODCYCLE模型将自动按照子流域和地下水数值网格的对应关系把工业生活用水分布在地下水网格单元上。对于地表水，模型将根据分区-水库对应关系将工业、城镇生活用水量分配到分区所属水库上。

(3) 农村生活用水过程

2001~2010年海河流域农村生活用水量年均约23.66亿m^3，其中浅层地下水22.0亿m^3，占总用水量的93%；地表水及深层地下水用水量均较少，分别为1.5亿m^3和0.16亿m^3。模型处理时将农村生活用水量按各分区农村居民地面积权重分配在相应子流域浅层地下水上，将地表水用水量分解到分区所属水库上。

(4) 生态及环境用水量

海河流域的生态及环境用水量所占比例较小，主要用于城市绿地用水、城市河湖补水等，其中浅层地下水约1.09亿m^3，地表水及污水回用量约4.98亿m^3，合计约6.07亿m^3。

(5) 工业/城镇生活的退水过程

农业灌溉用水参与土壤水循环，其蒸腾蒸发、深层下渗、田面排水、壤中流等排泄过程已在模拟过程中体现，不再考虑退水。农村用水通常认为全部消耗，不产生退水。而工业、城镇生活用水后的退水量不可忽视，需通过点源形式回归地表水系统。首先通过《海河流域水资源公报》等文献资料整理不同年份的耗水率以计算分区退水量，然后通过 GIS 识别出城市区所在的子流域，并根据城市区占子流域面积分配退水量，最后以点源的形式输入模型的主河道。统计分析表明，海河流域 2001~2010 年期间年均退水量约 49.3 亿 m³，约占工业和城镇生活用水量 91.64 亿 m³ 的 54%，即海河流域工业和城镇生活用水的耗水率约 46%。

3.3.2 海河流域水循环通量分析

区域/流域的水循环过程受众多自然因素和人为因素影响，从而决定了水循环系统的复杂性，传统水文方法可观测到水循环某些局部要素的变化过程，但从区域、流域整体上研究不同循环子系统、不同水循环要素之间的转化和制约关系，目前只能借助模型模拟研究。图 3-33 为基于水循环模型模拟的海河流域 2001~2010 年年均水循环转化定量关系。

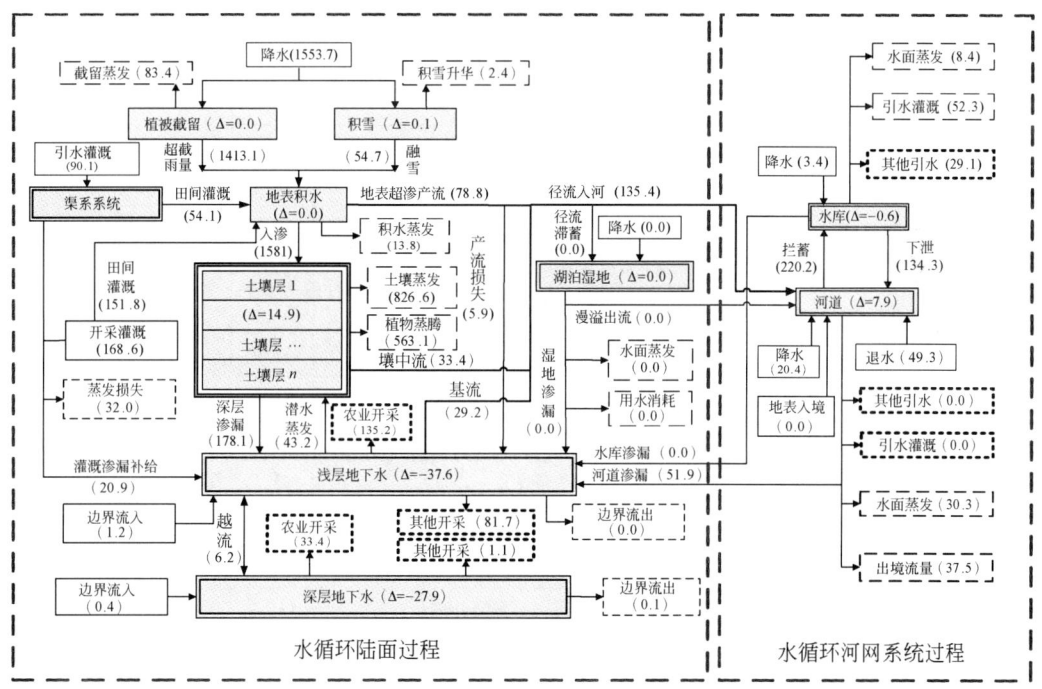

图 3-33 2001~2010 年海河流域年均水循环转化通量路径图（单位：亿 m³）

注：该图描述模拟海河流域 2001~2010 年水循环转化过程，模拟过程不涉及河道向水库调水过程。

3.3.2.1 流域水量平衡分析

海河流域 2001~2010 年平均总水量来源为 1620.8 亿 m³，其中降水量 1577.8 亿 m³

（约 492mm/年），占总来水量的 97.3%；引黄水、海水淡化水、地下水入境等合计约 43.3 亿 m^3，约占总来水的 2.7%。流域平均总排泄量 1664.2 亿 m^3，其中蒸腾蒸发量（包括冠层截留蒸发、积雪升华、地表积水蒸发、土表蒸发、植被蒸腾、各种水表蒸发、渠系输水过程蒸发等）1528 亿 m^3，占总排泄量的 91.8%；非农人工消耗（城市工业、生活等）98.7 亿 m^3，占区域总排泄量的 5.9%；河道出境水量 37.5 亿 m^3，占区域总排泄量的 2.3%；地下水出境水量很少，可忽略不计。2001~2010 年区域水循环系统蓄变量-43.3 亿 m^3，主要为地下水系统亏缺 65.6 亿 m^3。海河流域"四水转化"水量平衡关系如表 3-9 所示。

表 3-9 2001~2010 年海河流域水量转化平衡关系 （单位：亿 m^3）

水循环系统	补给量		排泄量		蓄变量	
土壤水	降水	1553.7	冠层截留蒸发	83.4	土壤水蓄变	14.8
	本地地表引水灌溉	52.3	积雪升华	2.4	植被截留蓄变	0.0
	地下水开采灌溉	168.6	地表积水蒸发	13.8	地表积雪蓄变	0.0
	引黄灌溉	37.8	土表蒸发	826.6	地表积水蓄变	0.0
	潜水蒸发	43.2	植被蒸腾	563.1		
			地表超渗产流	78.8		
			壤中流	41.7		
			土壤深层渗漏	178.1		
			灌溉渗漏补给地下水	20.9		
			灌溉系统蒸发损失	32.0		
	合计	1855.6	合计	1840.8	合计	14.8
地表水	降水	23.8	地表水体水面蒸发	38.8	河道总蓄变	7.9
	入河径流	143.8	灌溉引水	52.3	水库总蓄变	-0.6
	工业生活退水	49.3	工业/生活/生态引水	29.1		
			河道入海	37.5		
			河道渗漏	51.9		
	合计	216.9	合计	209.6	合计	7.3
地下水	地表产流损失	5.9	基流排泄	29.2	浅层蓄变	-37.6
	土壤深层渗漏	178.1	潜水蒸发	43.2	深层蓄变	-27.9
	河道渗漏	51.9	浅层边界流出	0.0		
	灌溉渗漏补给地下水	20.9	深层边界流出	0.1		
	浅层边界流入	1.2	浅层农业灌溉开采	135.2		
	深层边界流入	0.4	浅层工业/生活/生态开采	81.7		
			深层农业灌溉开采	33.4		
			深层工业/生活/生态开采	1.1		
	合计	258.4	合计	323.9	合计	-65.5

续表

水循环系统	补给量		排泄量		蓄变量	
海河流域	降水(土壤)	1553.7	冠层截留蒸发	83.4	土壤水总蓄变	14.8
	降水(地表水)	23.8	积雪升华	2.4	地表水总蓄变	7.3
	浅层边界流入	1.2	地表积水蒸发	13.8	地下总蓄变	−65.5
	深层边界流入	0.4	土表蒸发	826.6		
	引黄灌溉	37.8	植被蒸腾	563.1		
	引黄供工业等	3.5	地表水体水面蒸发	38.8		
	其他水源(海水淡化等)	0.4	其他(工业/生活/生态)消耗	66.7		
			灌溉系统蒸发损失	32.0		
			地下水边界流出	0.1		
			河道入海	37.5		
	合计	1620.8		1664.4		−43.4

3.3.2.2 海河平原区水量平衡分析

海河平原区是海河流域经济社会核心区域，是人工用水集中区，包括农业灌溉、农村生活、城镇工业生活取水等，水循环系统受人类活动干扰最为明显。

2001~2010年海河平原区年均来水总量787.7亿 m^3，主要包括降水、山区河道向平原的流入水量、引黄水量以及地下水边界流入等。其中平原区总降水量679.3亿 m^3，占平原区总水分来源的86.2%，占海河流域总降水量的43.1%。其余水分来源14.11亿 m^3，约占平原区的13.8%（表3-10）。

表3-10 海河平原区2001~2010年均水量平衡分析　　　　（单位：亿 m^3）

补给量		排泄量		蓄变量	
降水（农田区）	400.6	植被截留蒸发（农田区）	24.2	土壤蓄变（农田）	5.5
降水（非农田区）	266.1	积雪升华（农田区）	0.3	土壤蓄变（非农田区）	4.4
河道上降水	12.5	土表蒸发（农田区）	161.2	河道蓄变	7.9
水库上降水	0.1	植物蒸腾（农田区）	298.8	水库蓄变	0.1
山区河道流入	42.9	积水蒸发（农田区）	2.6	浅层蓄变	−29.9
引黄灌溉水	37.7	植被截留蒸发（非农田区）	7.9	深层蓄变	−27.9
引黄供工业等	3.5	积雪升华（非农田区）	0.3		
浅层地下水边界流入	1.2	土表蒸发（非农田区）	153.9		
深层地下水边界流入	0.4	植物蒸腾（非农田区）	34.0		
其他水源	0.3	积水蒸发（非农田区）	1.0		
		河道总蒸发	16.4		
		渠系蒸发	14.9		

续表

补给量		排泄量		蓄变量	
		水库蒸发	0.2		
		工业、生活消耗	51.9		
		河道出境	37.5		
		浅层地下水流出	0.0		
		深层地下水流出	0.1		
合计	765.3	合计	805.2	合计	-39.9

在水分来源方面,农田区上的降水量约 400.6 亿 m^3,约占平原区降水量的 52.4%。草地、林地、沙地等非农田区降水量约 266.1 亿 m^3,约占 34.8%。地表水体上的降水量 12.6 亿 m^3,约为 1.6%（图 3-34）。

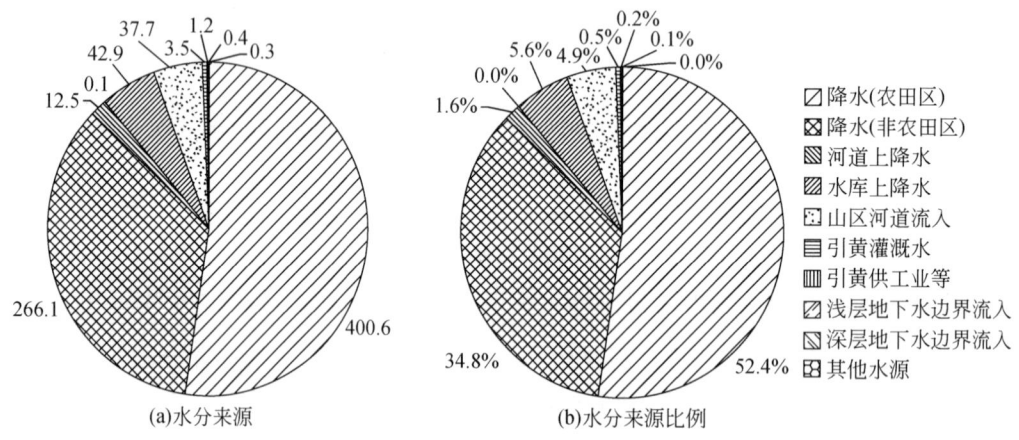

图 3-34　2001~2010 年平原区降水量（单位：亿 m^3）及其构成

在水分排泄方面,平原区总排泄量 805.1 亿 m^3,其中区域蒸腾蒸发量（包括农田蒸发和生态植被蒸发）684.2 亿 m^3,占平原区总排泄量的 85.0%,是平原区水分消耗的主体。地表水体（包括河道、水库等）蒸发量 16.6 亿 m^3,占总排泄量的 2.1%。工业、生活等人工消耗水量 51.9 亿 m^3,占总排泄量的 6.4%,地表出境水量 37.5 亿 m^3,占总排泄量的 4.7%,地下水边界流出量所占比例很少,可忽略不计（图 3-35）。

农田区陆面蒸散量 495.5 亿 m^3,占平原区总排泄量的 62.1%,比农田上的降雨量大 86.5 亿 m^3。在农田区,植被截留蒸发、土表蒸发、植物蒸腾的比例依次约为 5.0%、33.1% 和 61.3%,植物蒸腾量是主要水分消耗。在非农陆面区,其总耗水量约 197.1 亿 m^3,占平原区总排泄量的 25.1%,植被截留蒸发、土表蒸发和植物蒸腾的比例依次约为 4.0%、78.1% 和 17.3%,土表蒸发是主要水分消耗。

2001~2010 年海河平原区总水分蓄变量平均约 -39.9 亿 m^3,水分亏缺的主要原因是地下水过度开采,其中浅层地下水亏缺 29.9 亿 m^3,深层地下水亏缺 27.9 亿 m^3。

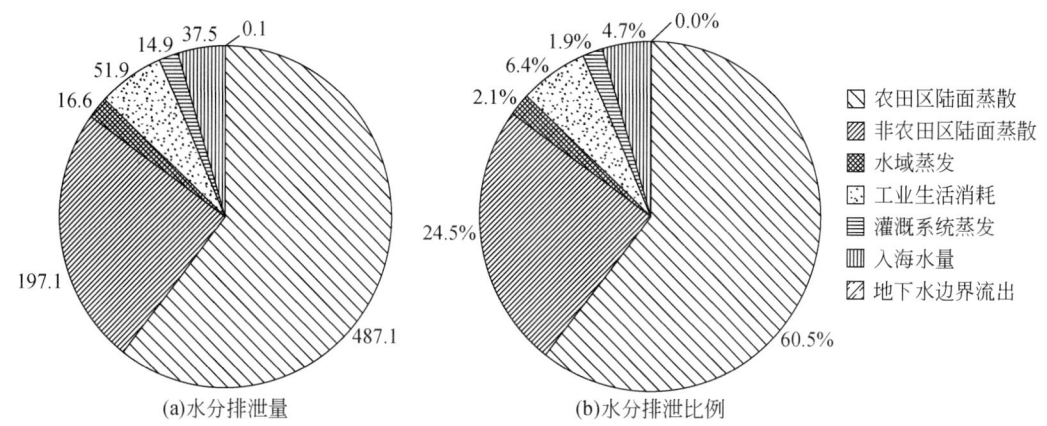

图 3-35 2001~2010 年平原区排泄量（单位：亿 m³）及其构成

3.3.3 平原区地下水补排特征

随着气候变化和上游山区人类活动及用水量增加的影响，近几十年来海河流域地表水量衰减十分明显，入海水量由 20 世纪 50 年代年均 240 亿 m³ 锐减为 21 世纪初 10 年的年均 20 多亿立方米。平原区地下水已成为海河流域经济社会发展的重要依赖水源，近年来供水比例高达 66% 左右。

3.3.3.1 平原区浅层地下水动态平衡分析

海河平原区 2001~2010 年年均浅层地下水补给总量约 193.66 亿 m³。随着降水量变化年际之间差别较大，最大值 2003 年可达 243 亿 m³，最小值 2002 年约 93.73 亿 m³，二者相差 2.6 倍。平原区浅层地下水由黄河边界和东部沿海边界的入境水量约 1.16 亿 m³，流出量约 0.02 亿 m³。深层地下水向浅层地下水顶托排泄，年均模拟值约 1.75 亿 m³（表 3-11）。

表 3-11 海河平原区 2001~2010 年浅层地下水动态平衡分析 （单位：亿 m³）

年份	补给量				排泄量							蓄变量
	面上补给	深层向上越流	边界流入	合计	边界流出	农业开采	其他开采	向深层补给	潜水蒸发	基流排泄	合计	
2001	120.20	3.59	1.16	124.95	0.03	116.37	68.75	9.29	12.79	9.66	216.89	-91.94
2002	93.73	1.74	1.18	96.65	0.02	126.42	60.15	5.96	3.82	2.56	198.93	-102.27
2003	243.08	1.58	1.16	245.82	0.02	117.84	63.65	7.82	15.30	5.58	210.21	35.61
2004	240.00	1.58	1.14	242.72	0.02	108.76	63.31	8.18	50.19	14.33	244.79	-2.07
2005	211.43	1.64	1.14	214.21	0.02	112.74	62.47	7.77	50.95	13.71	247.66	-33.44
2006	158.81	1.62	1.15	161.58	0.01	108.93	61.36	7.33	36.63	11.67	225.93	-64.35
2007	179.90	1.50	1.15	182.55	0.01	110.12	59.53	7.79	26.35	10.00	213.80	-31.25

续表

年份	补给量				排泄量							蓄变量
	面上补给	深层向上越流	边界流入	合计	边界流出	农业开采	其他开采	向深层补给	潜水蒸发	基流排泄	合计	
2008	239.04	1.43	1.15	241.62	0.01	105.73	58.54	8.96	42.85	9.84	225.93	15.70
2009	200.68	1.47	1.16	203.31	0.01	102.96	57.31	8.17	40.17	7.27	215.89	-12.58
2010	220.66	1.37	1.16	223.99	0.01	102.23	57.03	8.53	53.88	13.76	235.44	-12.26
平均	190.75	1.75	1.16	193.66	0.02	111.20	61.21	7.98	33.29	9.84	223.55	-29.88

2001～2010 年海河平原区浅层地下水年均排泄量 223.55 亿 m³，其中农业灌溉开采量约 111.20 亿 m³，占总排泄量的 49.7%；其次是工业、生活、生态等开采量（其他开采量），约 61.21 亿 m³，占总排泄的 27.4%；潜水蒸发量约 33.29 亿 m³，占总排泄量的 14.9%；基流排泄约 9.84 亿 m³，占总排泄量的 4.4%，主要发生在东部滨海及山东引黄灌区等高潜水位区；浅层地下水向深层地下水补给量约 7.98 亿 m³，主要发生在山前单一潜水区带，占总排泄量的 3.6%；浅层边界排泄量很少，仅 0.02 亿 m³。海河平原区浅层地下水排泄主要以人工开采为主，已占总排泄量的 77.1%。

2001～2010 年海河平原区深层地下水总补给量模拟计算值约 8.41 亿 m³，主要以山前单一潜水区向平原中东部多层深层地下水的侧向补给为主，其他补给量较少。深层地下水年均排泄量为 36.34 亿 m³，以农业灌溉开采为主，年均 33.42 亿 m³，约占总排泄量 92.0%；工业、生活、生态等其他开采量较少，仅 1.1 亿 m³，约占总排泄量的 3.0%。中东部地区深层地下水向浅层地下水顶托排泄量约 1.75 亿 m³。由于深层地下水排泄量接近其补给量的 4 倍，深层地下水处于持续超采状态，年均蓄变量为-27.93 亿 m³（表 3-12）。

表 3-12　海河平原区 2001～2010 年深层地下水动态平衡分析　（单位：亿 m³）

年份	补给量			排泄量					蓄变量
	浅层补给	边界流入	合计	边界流出	农业开采	其他开采	向浅层越流	合计	
2001	9.29	0.63	9.92	0.07	34.10	1.15	3.59	38.91	-28.98
2002	5.96	0.42	6.38	0.07	37.42	1.11	1.74	40.34	-33.97
2003	7.82	0.40	8.22	0.07	34.70	1.13	1.58	37.48	-29.26
2004	8.18	0.39	8.57	0.07	32.11	1.19	1.58	34.95	-26.40
2005	7.77	0.38	8.15	0.07	33.20	1.21	1.64	36.12	-27.97
2006	7.33	0.40	7.73	0.07	33.69	1.09	1.62	36.47	-28.75
2007	7.79	0.41	8.20	0.07	33.71	1.03	1.50	36.31	-28.11
2008	8.96	0.42	9.38	0.06	32.00	1.02	1.43	34.51	-25.14
2009	8.17	0.43	8.60	0.06	31.62	1.02	1.47	34.17	-25.57
2010	8.53	0.43	8.96	0.06	31.69	1.04	1.37	34.16	-25.19
平均	7.98	0.43	8.41	0.07	33.42	1.10	1.75	36.34	-27.93

3.3.3.2 平原区浅层地下水补给组成

2001~2010年海河平原区地下水面上补给量年均190.75亿m³,其中降水入渗量127.85亿m³,占区域总面上补给量的67.0%;河道渗漏量(含山前的侧渗补给)46.03亿m³,占24.1%;渠系渗漏补给量8.19亿m³,占4.3%;井灌回归量8.68亿m³,占4.5%。降水入渗补给量仍为地下水最主要的补给来源,河道渗漏、渠系渗漏补给和井灌回归补给之和约占32.9%(表3-13,图3-36)。

表3-13 海河平原区2001~2010年地下水面上补给组成表 （单位:亿m³）

年份	降水入渗补给	河道渗漏补给	渠系渗漏补给	井灌回归补给	合计
2001	61.23	42.35	7.60	9.03	120.20
2002	38.67	36.52	8.71	9.83	93.73
2003	172.43	53.83	7.66	9.15	243.08
2004	170.92	52.23	8.39	8.45	240.00
2005	148.51	46.30	7.86	8.76	211.43
2006	100.14	40.56	9.55	8.56	158.81
2007	116.53	46.34	8.40	8.63	179.90
2008	176.25	46.81	7.72	8.26	239.04
2009	136.07	47.94	8.60	8.07	200.68
2010	157.78	47.43	7.41	8.04	220.66
平均	127.85	46.03	8.19	8.68	190.75

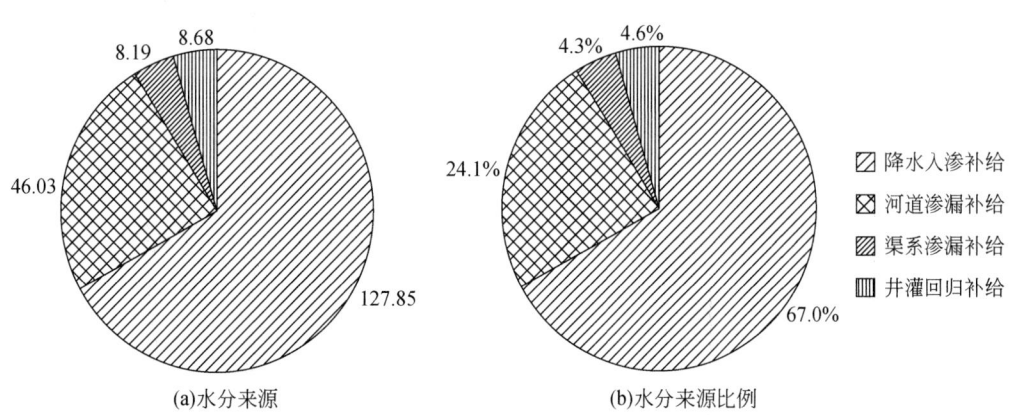

图3-36 2001~2010年平原区面上补给量(单位:亿m³)及其构成

2001~2010年海河流域和海河平源区水循环通量参见图3-37和图3-38。

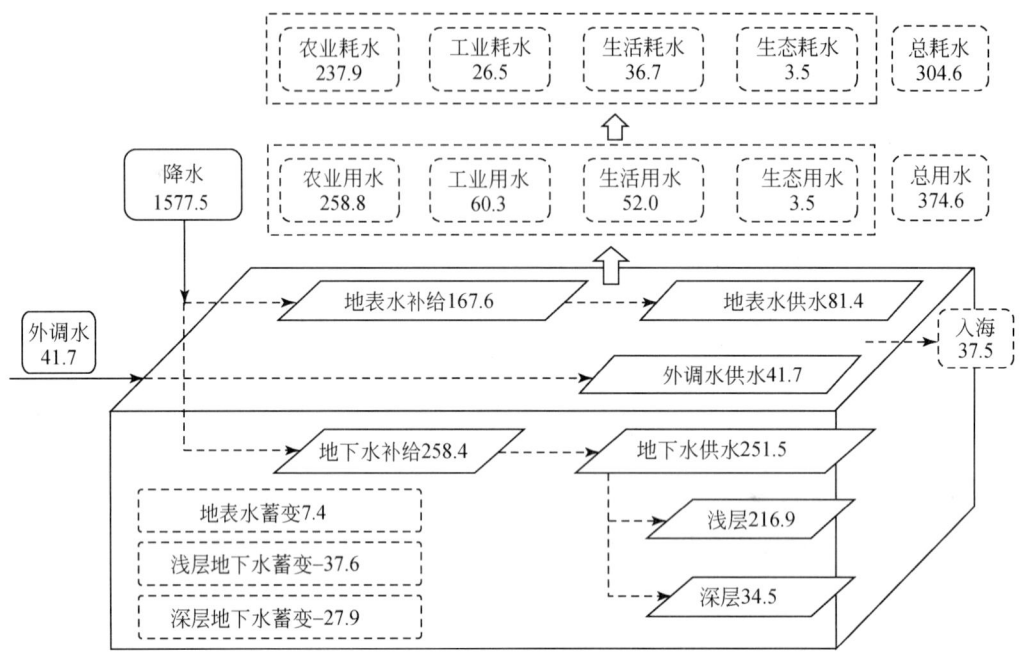

图 3-37　2001~2010 年海河流域水循环通量分析（单位：亿 m³）

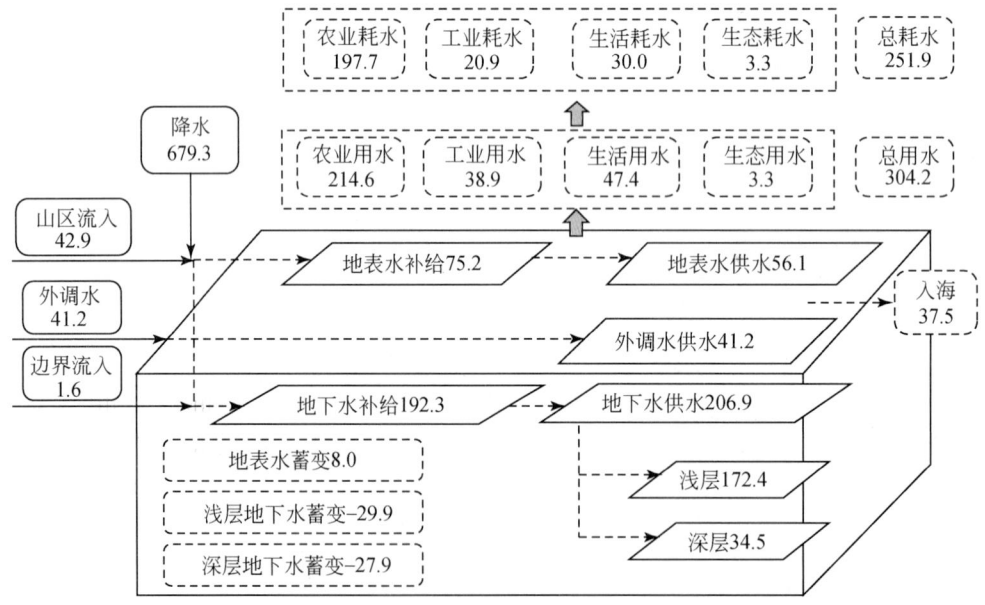

图 3-38　2001~2010 年海河平原区水循环通量分析（单位：亿 m³）

3.3.4 平原区地表水、地下水转化关系

3.3.4.1 平原区降水与降水入渗补给的关系分析

降水入渗补给量是海河平原区地下水补给量的最主要部分，约占总补给量的 2/3，一般来说偏丰年份降水入渗补给量大，农作物对雨水利用量增大，灌溉开采量小，地下水呈现正均衡；偏枯年份降水入渗补给量小，农业开采量增加以弥补降水的不足，地下水呈现负均衡。

降水与地下水蓄变量呈正相关关系（图 3-39）。

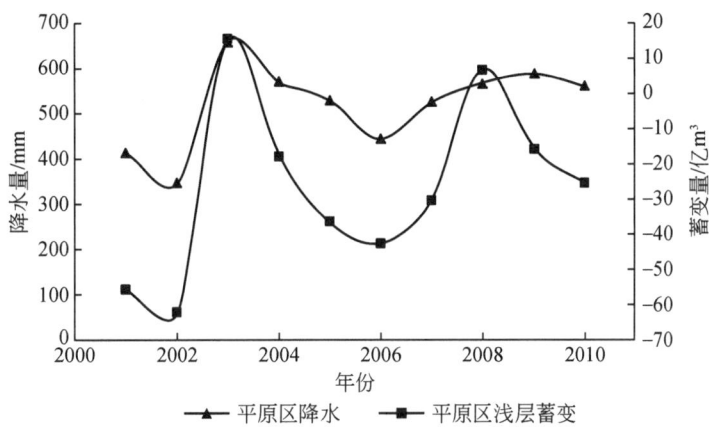

图 3-39　2001～2010 年海河平原区降水与浅层地下水蓄变过程

2001～2010 年平原区降水与降水入渗量的过程如图 3-40 所示，二者变化规律基本一

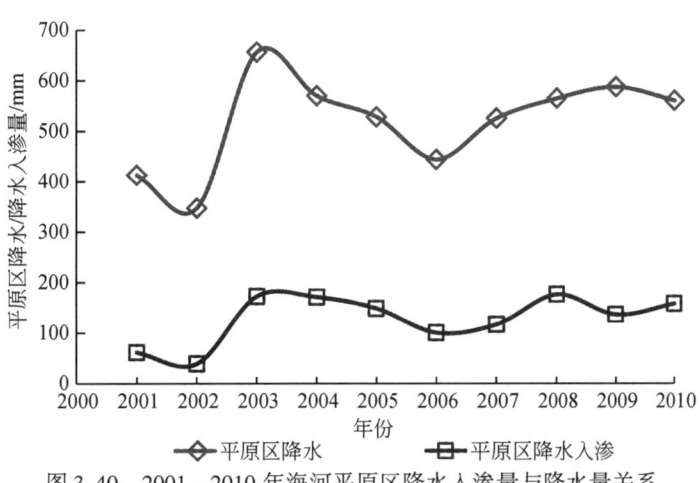

图 3-40　2001～2010 年海河平原区降水入渗量与降水量关系

致，并不是完全的线性关系。综上而言，区域降水入渗补给量受多种因素的影响，包括年降水总量、降水的空间分布和年内分布、蒸发强度、灌溉因素等，模拟计算给出的降水入渗计算值为以上因素综合作用的结果。2001~2010年模拟计算得到的降水入渗补给系数列于表3-14，在2008年、2010年等相对丰水年份降水入渗系数可达到0.31、0.28左右，而2001年、2002年等枯水年份降雨入渗补给系数只有0.13，十年平均约为0.25。

表3-14　2001~2010年海河平原区降水入渗补给系数变化表

年份	平原降水/mm	降雨入渗/mm	补给系数
2001	412.5	61.2	0.15
2002	346.9	38.7	0.11
2003	655.6	172.4	0.26
2004	569.3	170.9	0.30
2005	527.6	148.5	0.28
2006	443.5	100.1	0.23
2007	524.8	116.5	0.22
2008	564.0	176.2	0.31
2009	586.4	136.1	0.23
2010	559.7	157.8	0.28
平均	519.0	127.9	0.25

3.3.4.2　平原区地下水径流特征分析

平原区由于地势平缓，地下水侧向运移量较小，但在大规模农业开采灌溉、城镇工业和生活集中开采等激发条件下，局部地区地下水位下降，水力坡度加大，流场态势发生改变。本次借助MODCYCLE模型的地下水分布式数值计算模块和地下水侧向流量的统计功能，对海河平原区21个相关地市之间的地下水侧向流动量进行统计分析，所有区县之间的地下水侧向流动量相加，年均也不过3.51亿m^3，仅占平原区总补给量（约210亿m^3）的1.7%，可见海河平原区地下水循环通量以垂向水量交换为主，侧向径流量山前大于中东部平原，如北京、保定、邢台、石家庄、邯郸、安阳等地，在北京、廊坊、保定、石家庄等沿线形成地下水局域排泄带，地下水由东向西逆向流动（表3-15）。

3.3.4.3　平原区地下水补给空间强度分布

对2001~2010年水循环模拟结果整理分析，得到不同子流域的地下水补给强度空间分布。海河平原区降水入渗、河道入渗、渠系渗漏、井灌回归补给的空间强度分布如图3-41所示。按行政区（地市）统计的分项补给量汇总于表3-16。

第3章 | 海河流域地下水与环境的响应模拟

表 3-15 海河平原区地市浅层地下水侧向量表（2001～2010 年）

（单位：万 m³）

年均侧向交换量 从\到	北京	天津	邯郸	邢台	石家庄	衡水	沧州	保定	廊坊	唐山	秦皇岛	安阳	鹤壁	焦作	濮阳	新乡	德州	滨州	济南	聊城	东营	总流入
北京		10						3 461	2 557													6 028
天津	108						15		1 044	417												1 584
邯郸				234								2 037			217					332		2 819
邢台			1 773		2 198	57											21			140		4 188
石家庄				1 378		531		2 074														3 983
衡水		5		219	956		48	523									49	16				1 794
沧州						120		380	112								130					764
保定	812				2 550	114	337		53													3 866
廊坊	391	876					69	603														1 940
唐山		337									664											1 130
秦皇岛										793												664
安阳			839										908		568							2 315
鹤壁												1 235				68						1 303
焦作			258													134						134
濮阳												98	492	143								375
新乡															188							635
德州				87		174	62											13	64	20		461
滨州							8										14		16	61	18	56
济南																	79	29				108
聊城			445	161													137	30				932
东营																						30
总流入	1 312	1 229	3 315	2 078	5 704	996	538	7 040	3 767	1 081	793	3 370	1 400	143	973	202	431	88	79	553	18	35 109

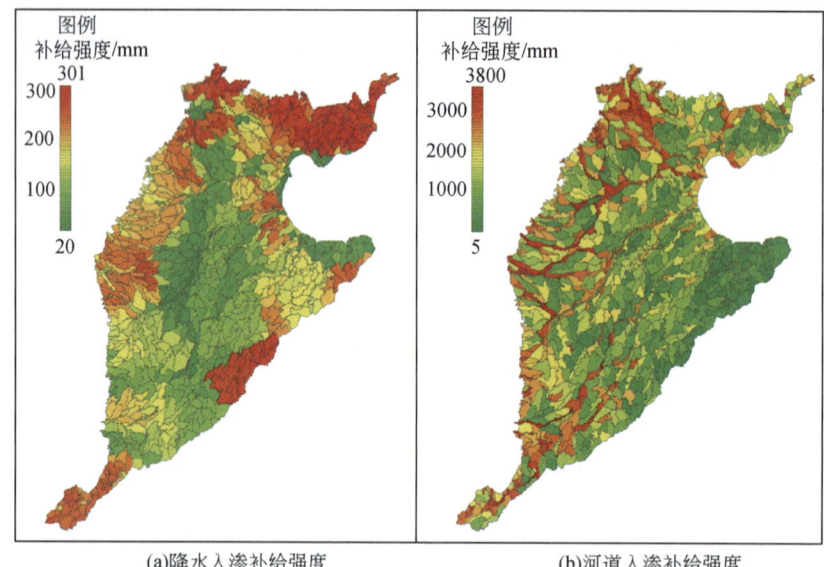

(a)降水入渗补给强度　　　　　　　　(b)河道入渗补给强度

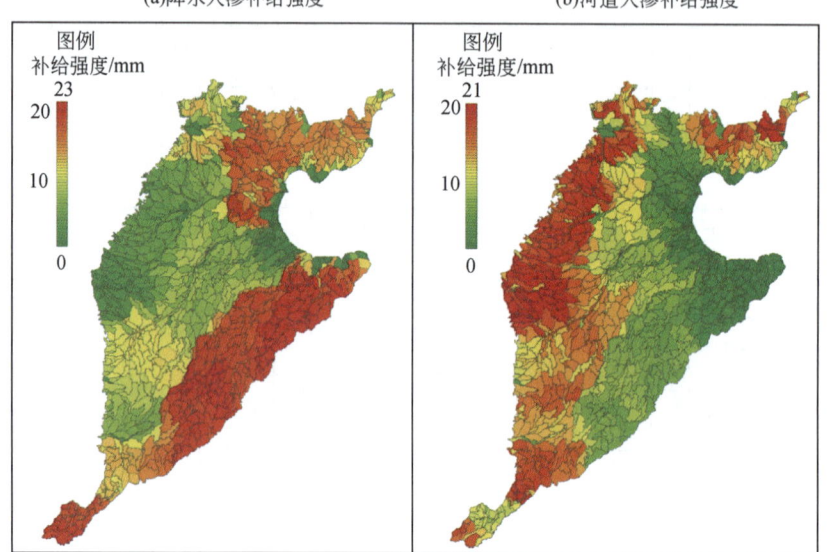

(c)渠系渗漏补给强度　　　　　　　　(d)井灌回归补给强度

图 3-41　海河平原区地下水主要补给源补给强度空间分布

表 3-16　海河平原区浅层地下水主要补给量（2001~2010 年）　（单位：万 m³）

分区	降水入渗补给	河道渗漏补给	渠系渗漏补给	井灌回归补给	合计
北京平原	9.03	5.52	0.19	0.55	15.92
天津平原	10.57	3.72	0.94	0.24	15.47
廊坊	4.29	2.72	0.16	0.40	7.57
唐山平原	18.19	2.80	0.46	0.59	22.04
保定平原	11.23	5.92	0.16	1.31	18.62
沧州	9.20	2.74	0.27	0.52	12.73
衡水	4.39	2.64	0.19	0.76	7.98
石家庄平原	7.59	5.54	0.06	1.03	14.22
邢台平原	6.83	3.51	0.74	0.28	11.36

续表

分区	降水入渗补给	河道渗漏补给	渠系渗漏补给	井灌回归补给	合计
邯郸平原	5.78	4.19	0.19	0.63	10.79
秦皇岛平原	4.31	0.77	0.12	0.24	5.44
聊城	6.95	2.34	1.35	0.33	10.97
德州	9.42	1.47	1.35	0.36	12.60
滨州	5.18	0.21	0.95	0.06	6.40
济南	3.53	0.16	0.41	0.08	4.18
东营	2.28	0.05	0.31	0.00	2.64
焦作平原	1.10	0.45	0.13	0.08	1.76
新乡平原	2.91	1.96	0.30	0.12	5.29
鹤壁平原	1.52	1.91	0.05	0.15	3.63
安阳平原	1.79	2.80	0.13	0.28	5.00
濮阳	1.43	0.72	0.17	0.18	2.50

从总体上看，降水入渗高值区集中于滦河平原及冀东沿海诸河、北四河平原北部、漳卫河平原和徒骇马颊河中部区域，低值区集中于平原中部区域；河道入渗集中于河流出山口区域，高值区出现在永定河、滹沱河和漳河出山口区域，黑龙港及运东平原和徒骇马颊河几乎没有河道入渗补给；渠系入渗补给高值区出现在滦河平原及冀东沿海诸河、北四河平原、大清河淀东平原、漳卫河平原西部及徒骇马颊河；井灌回归补给高值区则出现在山前平原区域。上述4项叠加后的综合补给高值区出现在滦河平原及冀东沿海诸河、北四河平原北部、漳卫河平原、徒骇马颊河中部以及子牙河、漳河出山口区域，与降水入渗补给和河道入渗补给高值区域基本重合（图3-42）。

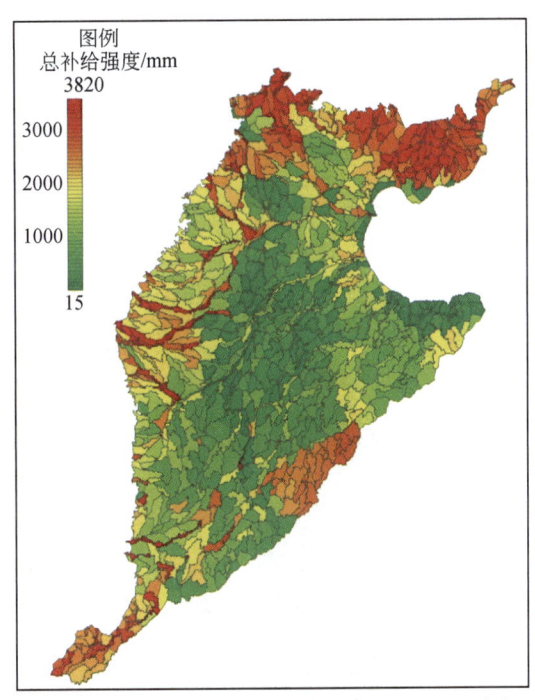

图 3-42 海河平原区浅层地下水面上总补给分布

3.3.4.4 平原区地下水排泄空间强度分布

2001~2010年海河平原区浅层地下水排泄强度空间分布如图3-43所示。从总体上看，农业灌溉开采量高值区位于山前平原，低值区位于中部平原和东部沿海区域；潜水蒸发高值区位于滦河平原及冀东沿海诸河、北四河平原、大清河淀东平原和黑龙港及运东平原沿海区域，徒骇马颊河中部潜水蒸发也较大，低值区位于山前平原与中部平原；浅层地下水向地表水排泄高值区位于徒骇马颊河，浅层地下水补给深层地下水的高值区位于山前平原和中部平原（图3-44）。

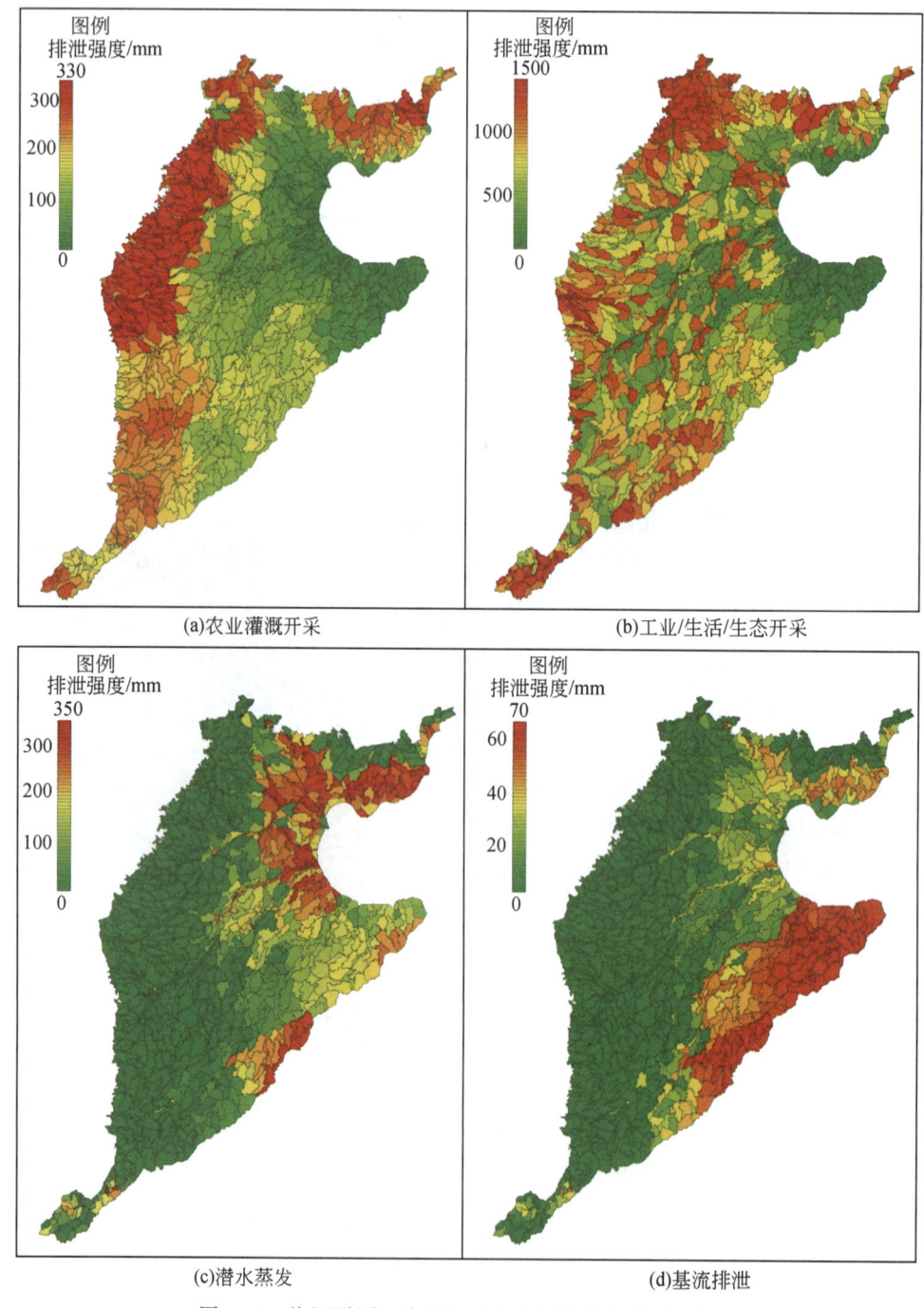

图 3-43 海河平原区浅层地下水分项排泄强度空间分布

综上所述，2001~2010 年海河平原区地下水补给特征为：降水量减少，补给水源总量小；常年河流干涸，河道渗漏补给量减少；地下水开采量增加，地下水埋深不断加大，入渗

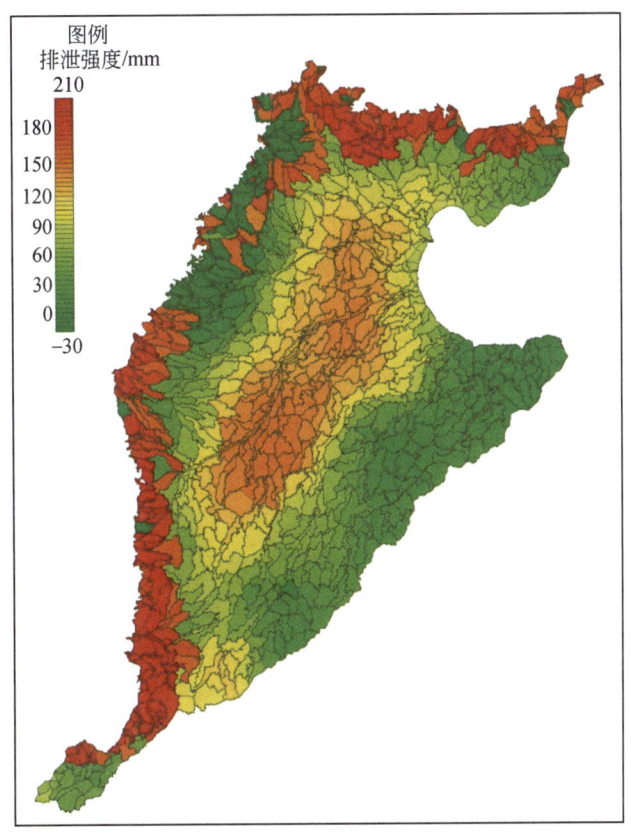

图 3-44 海河平原区浅层地下水总排泄强度空间分布

补给系数降低;渠系防渗能力和农业节水灌溉水平的不断提高,农田灌溉入渗补给能力降低。

与 1980~2000 年水资源综合规划成果相比,2001~2010 年海河流域降水量由 501mm 减少到 492mm,减少了 9mm;地表水资源量由 170.5 亿 m^3 减少到 134.0 亿 m^3,减少了 36.5 亿 m^3;地下水资源量由 188.81 亿 m^3(矿化度<5g/L)变化到 240.0 亿 m^3。

根据《中国水资源公报》附表,2001~2010 年海河平原区年均地下水资源量 142.3 亿 m^3,与 1980~2000 年水资源综合规划成果 140.89 亿 m^3 相当;本次模拟计算结果为 182.08 亿 m^3,大于中国水资源公报成果近 40 亿 m^3(表 3-17)。

表 3-17 2001~2010 年海河平原地下水资源量分析成果

计算年份	《中国水资源公报》值		本次模拟计算值			计算值−公报值		(计算值−公报值)/公报值	
	计算面积/万 km^2	地下水资源量/亿 m^3	计算面积/万 km^2	降水/mm	地下水资源量/亿 m^3	计算面积/万 km^2	地下水资源量/亿 m^3	计算面积	地下水资源量
2001	9.92	102.14	13.08	412.5	111.17	3.16	9.0	0.32	0.09
2002	12.94	91.24	13.08	346.9	83.90	0.14	−7.3	0.01	−0.08
2003	11.24	184.04	13.08	655.6	233.93	1.84	49.9	0.16	0.27

续表

计算年份	《中国水资源公报》值 计算面积/万 km²	《中国水资源公报》值 地下水资源量/亿 m³	本次模拟计算值 计算面积/万 km²	本次模拟计算值 降水/mm	本次模拟计算值 地下水资源量/亿 m³	计算值-公报值 计算面积/万 km²	计算值-公报值 地下水资源量/亿 m³	(计算值-公报值)/公报值 计算面积	(计算值-公报值)/公报值 地下水资源量
2004	11.28	156.77	13.08	569.3	231.55	1.80	74.8	0.16	0.48
2005	12.39	143.84	13.08	527.6	202.67	0.69	58.8	0.06	0.41
2006	12.39	119.09	13.08	443.5	150.25	0.69	31.2	0.06	0.26
2007	12.39	140.99	13.08	524.8	171.27	0.69	30.3	0.06	0.21
2008	12.39	164.37	13.08	564.0	230.78	0.69	66.4	0.06	0.40
2009	12.39	166.84	13.08	586.4	192.61	0.69	25.8	0.06	0.15
2010	12.40	153.90	13.08	559.7	212.62	0.68	58.7	0.05	0.38
2001~2010年平均	11.97	142.32	13.08	519.03	182.08	1.11	39.8	0.09	0.28
1980~2000年平均*	9.45	140.89				—			

* 引自水资源综合规划成果。

3.4 供水格局变化后海河平原区地下水补排条件变化

南水北调工程通水后对海河流域水循环的影响主要反映在两个方面：一是海河平原区参与水循环的总体水分通量将增加；二是海河平原区水循环结构将发生变化，引江水量将优先用于沿线地市的工业和城镇用水，从而将改变当地水资源取用水总量及分布，对海河平原区地下水补给量、排泄量、蓄变量产生重要影响。

3.4.1 模拟情景设置

3.4.1.1 气象模拟情景

采用滑动平均法，以10年为预测模拟时长，对每个气象数据站点进行模拟时段筛选，使筛选出来的模拟时段内的降水量与1956~2000年长系列和1980~2005年短系列的平均值相近。

选定的长系列10年海河流域年均降水量533mm，与《海河流域水资源综合规划》1956~2000年平均年降水量535mm接近，其中山丘区519mm，平原区554mm（图3-45）；选定的短系列10年海河流域年均降水505mm，与《海河流域水资源综合规划》1980~2000年平均年降水量501mm相近，其中山丘区491mm，平原区528mm（图3-46）。

3.4.1.2 供水格局模拟情景

海河平原长、短系列5套推荐方案不同水平年的供用水量分别列于表3-18和表3-19，

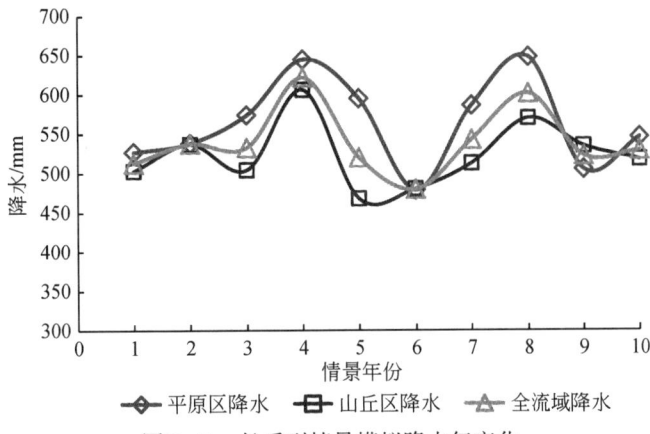

图 3-45 长系列情景模拟降水年变化

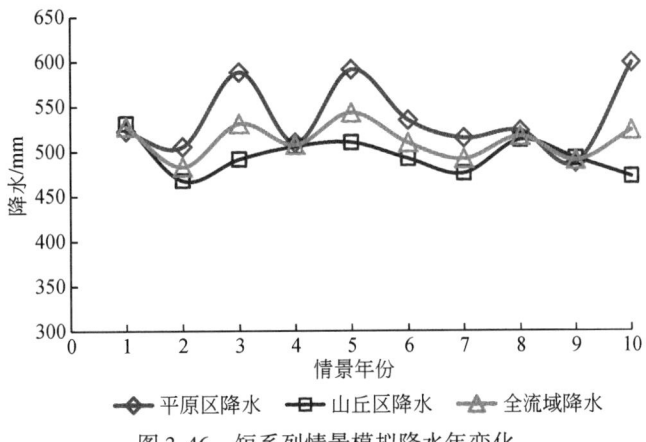

图 3-46 短系列情景模拟降水年变化

模拟预测时以海河流域 35 个地市按山区和平原进行数据空间展布。

表 3-18 长系列方案海河平原 2020 年和 2030 年水平年供用水格局

(单位：亿 m³)

方案	水平年	部门	当地地表水	浅层地下水*	外调水*	污水处理回用	其他水源*	合计
F1	2020 年	农业	57.73	124.38	46.27	17.98	0	246.36
		工业和城镇	19.09	27.97	66.35	2.3	3.24	118.95
		农村生活	0.33	10.71	0	0	0	11.04
		生态环境	4.27	0.31	5.83	0.37	0	10.78
		合计	81.42	163.37	118.45	20.65	3.24	387.13
	2030 年	农业	52.96	109.53	57.82	20.46	0	240.77
		工业和城镇	18.62	27.65	85.6	0	3	134.87
		农村生活	0.33	10.22	0	0	0	10.55
		生态环境	4.67	0.51	8.57	0.47	0	14.22
		合计	76.58	147.91	151.99	20.93	3	400.41

续表

方案	水平年	部门	当地地表水	浅层地下水*	外调水*	污水处理回用	其他水源*	合计
F2	2020年	农业	66.47	120.33	57.62	0.01	0	244.43
		工业/城镇	17.55	22.46	62.92	22.77	2.97	128.67
		农村生活	0.01	10.29	0.79	0	0	11.09
		生态环境	1.57	0.11	1.56	8.49	0	11.73
		合计	85.6	153.19	122.89	31.27	2.97	395.92
	2030年	农业	61	97.67	83.14	0.01	0	241.82
		工业/城镇	11.47	15.54	72.69	29.66	1.83	131.19
		农村生活	0	9.55	0.96	0	0	10.51
		生态环境	2.21	0.11	1.91	10.32	0	14.55
		合计	74.68	122.87	158.7	39.99	1.83	398.07
F3	2020年	农业	64.07	120.48	59.62	0.02	0	244.19
		工业/城镇	12.4	26.97	60.95	23.57	1.74	125.63
		农村生活	0.01	10.28	0.81	0	0	11.1
		生态环境	1.57	0.1	1.52	8.6	0	11.79
		合计	78.05	157.83	122.9	32.19	1.74	392.71
	2030年	农业	61.22	115.01	63.58	0.01	0	239.82
		工业/城镇	15.5	19.22	68.27	22.75	2.6	128.34
		农村生活	0	9.64	0.86	0	0	10.5
		生态环境	2.38	0.23	1.92	10.03	0	14.56
		合计	79.1	144.1	134.63	32.79	2.6	393.22

*浅层地下水含4.06亿 m^3 农业微咸水利用；外调水含引黄水51.2亿 m^3；其他水源为海水淡化、集雨利用等。

表3-19 短系列方案海河平原2020水平年和2030水平年供用水格局

(单位：亿 m^3)

方案	水平年	部门	当地地表水	浅层地下水*	外调水*	污水处理回用	其他水源*	合计
F21	2020年	农业	49.98	108.54	54.68	0	0	213.2
		工业/城镇	17.5	48.19	64.35	0.07	0.78	130.89
		农村生活	0	10.27	0.83	0	0	11.1
		生态环境	3.7	0.13	7.15	0.85	0	11.83
		合计	71.18	167.13	127.01	0.92	0.78	367.02
	2030年	农业	47.51	104.08	69.57	0	0	221.16
		工业/城镇	16.87	33.69	80.27	0.63	1.46	132.92
		农村生活	0	9.62	0.89	0	0	10.51
		生态环境	3.68	0.12	7.48	3.26	0	14.54
		合计	68.06	147.51	158.21	3.89	1.46	379.13

续表

方案	水平年	部门	当地地表水	浅层地下水*	外调水*	污水处理回用	其他水源*	合计
F31	2020年	农业	49.98	102.49	57.46	0.36	0	210.29
		工业和城镇	14.93	36.89	61.06	0.06	0.78	113.72
		农村生活	0	10.26	0.83	0	0	11.09
		生态环境	3.52	0.18	7.78	0.38	0	11.86
		合计	68.43	149.82	127.13	0.8	0.78	346.96
	2030年	农业	50.82	106.54	57.25	1.56	0	216.17
		工业和城镇	19.49	39.18	68.7	0.62	1.47	129.46
		农村生活	0	9.67	0.83	0	0	10.5
		生态环境	3.27	0.44	8.7	1.54	0	13.95
		合计	73.58	155.83	135.48	3.72	1.47	370.08

*浅层地下水含4.06亿 m³ 农业微咸水利用；外调水含引黄水 51.2 亿 m³；其他水源为海水淡化、集雨利用等。

海河平原2020年、2030年不同部门用水量对比如图3-47所示。长系列农业用水量变化为239.82亿~246.36亿 m³，短系列变化为210.29亿~216.17亿 m³，长、短系列相差约30亿 m³。工业和城镇生活用水量在两个水文系列方案下无显著差异，长系列平均128亿 m³，短系列平均127亿 m³，主要为不同情景（水平年）差异。如长系列方案F1 2020水平年工业和城镇用水量最小，为118.95亿 m³；2030年最大，为134.87亿 m³，两者相差约15亿 m³。短系列方案F31 2020水平年工业和城镇用水量最小，为113.72亿 m³，2030年最大，为132.92亿 m³，两者相差约20亿 m³。其他农村生活、生态环境用水量在各个情景中所占比例较小，变化不显著。

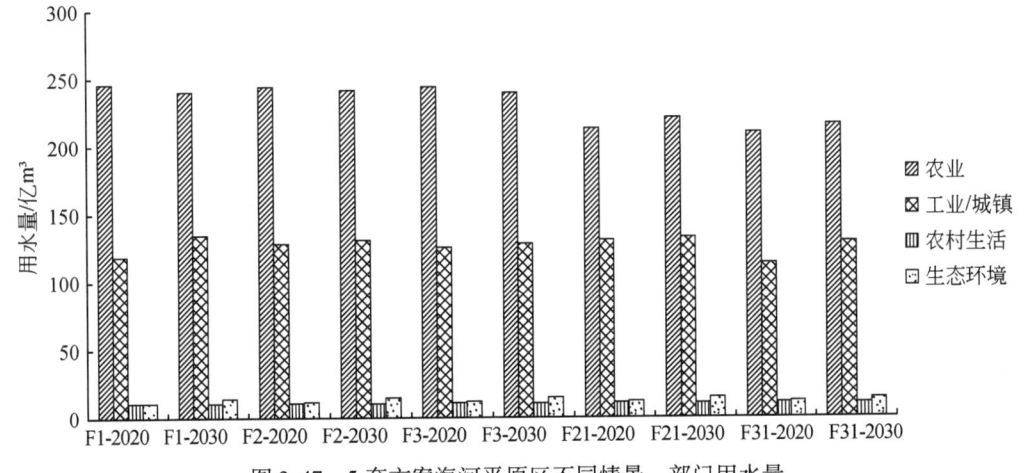

图3-47　5套方案海河平原区不同情景、部门用水量

3.4.1.3　其他模拟情景

其他模拟条件主要为初始地下水位设置。2020水平年，各情景方案均采用2010年末

实测地下水位；2030水平年，各情景方案的初始地下水位均采用相应方案2020水平年情景模拟完成后输出的模拟计算地下水位。

3.4.2 供水格局变化下海河平原水平衡分析

供水格局变化后海河平原区各方案情景水平衡模拟分析结果见表3-20。

表3-20 各方案海河平原水平衡模拟统计结果

水文系列	方案情景	水平年份	补给量/亿 m³					排泄量/亿 m³						蓄变量/亿 m³			
			降水	山区来水*	外调水	其他水源	地下水边界流入	农田蒸散发	非农田区蒸散	工业生活等消耗	灌溉系统蒸发	地下水边界流出	入海	土壤蓄变	地表蓄变	浅层蓄变	深层蓄变
长系列	F1	2020	724.9	89.6	118.5	3.2	1.4	522.5	197.9	74.0	23.9	0.4	94.8	14.6	15.6	-8.0	1.8
		2030	724.9	87.1	152.0	3.0	1.3	521.4	199.7	84.0	24.3	0.4	108.3	14.7	15.1	-0.6	1.0
	F2	2020	724.9	84.4	122.9	3.0	1.4	525.3	196.3	84.9	24.0	0.3	75.8	14.8	16.7	-3.7	2.1
		2030	724.9	90.7	158.7	1.8	1.3	523.6	199.2	81.9	25.3	0.4	111.3	14.8	13.4	6.1	1.4
	F3	2020	724.9	85.1	122.9	1.7	1.4	523.7	196.5	83.9	23.9	0.3	80.1	14.6	16.3	-4.9	2.0
		2030	724.9	94.8	134.6	2.6	1.3	523.9	197.4	81.4	23.7	0.4	106.4	14.8	13.5	-4.5	1.2
短系列	F21	2020	690.6	74.1	127.0	0.8	2.1	491.3	188.0	88.5	20.6	0.2	94.0	16.6	14.0	-19.8	1.2
		2030	690.6	72.2	158.2	1.5	2.3	496.0	190.5	82.5	22.1	0.2	108.8	17.3	13.4	-6.9	0.7
	F31	2020	690.6	70.6	127.1	0.8	1.9	491.4	188.8	80.0	20.7	0.2	84.9	16.4	14.2	-7.3	1.7
		2030	690.6	69.0	135.5	1.5	2.1	495.3	189.9	80.4	21.2	0.3	93.9	17.0	14.4	-14.5	0.7

* 山区来水包括山区河道自然进入平原区的水量及平原区从山区的取用水量。

在水分补给端，长系列水文条件下海河平原区降水量约725亿 m³，短系列约691亿 m³，短系列比长系列少约34亿 m³，但比2001~2010年平均多约11亿 m³。除外调水量的差异，山区来水也是不同情景平原区水分来源变化的因素之一。

在水分排泄端，由于水文气象条件对自然蒸散发量的控制作用，相同系列情景的自然蒸散发量（包括农田区和非农田区）基本相同，但长系列比短系列平均蒸散发量多29亿 m³。除F1-2020情景外，各情景下不受水文气象条件控制的人工消耗量比较接近，变化幅度约小于10亿 m³。

海河平原长、短系列不同情景下蓄变量有显著的差异。除F2-2030情景外，其他情景浅层地下水均为负均衡（负蓄变量），其中长系列方案负蓄变约在8亿 m³以下，短系列则在7亿~20亿 m³波动。深层地下水因在各情景中设置为禁采，而略有恢复。虽然规划水平年大部分情景下海河平原区地下水仍处于负蓄变状态，但相对于2001~2010年年均50亿~60亿 m³的浅、深层地下水总负蓄变来说有较大的改善。

3.4.3 供水格局变化下海河平原地下水循环响应

不同方案情景下海河平原区降水入渗量长系列约133亿~140亿 m³，短系列约121亿~

129 亿 m³，与 2001~2010 年相近；河道渗漏补给量长、短系列差异不明显，约 40 亿~50 亿 m³；灌溉渗漏补给量长系列约 24.79 亿~26.33 亿 m³，短系列为 19.07 亿~20.78 亿 m³，均大于 2001~2010 年平均值，主要因为地表水灌溉量比例增加；地下水总补给量长系列比短系列多约 12 亿 m³，其中降水入渗补给量和灌溉渗漏量的增加为主要影响因素（表 3-21）。

表 3-21　各方案海河平原浅层地下水年均补给-排泄-蓄变量关系（单位：亿 m³）

水文系列	方案	水平年份	降水入渗	河道渗漏	灌溉渗漏	浅层侧向	补给量合计	农业开采	其他开采	潜水蒸发	基流	越流	排泄量合计	蓄变量
长系列	F1	2020	140.31	48.59	24.98	1.08	214.97	124.38	38.99	47.52	10.39	1.84	223.12	-8.15
		2030	138.83	46.34	25.56	1.09	211.82	109.52	38.37	54.66	8.73	1.24	212.52	-0.70
	F2	2020	134.34	42.46	24.93	1.11	202.84	120.33	32.85	43.53	10.89	1.98	209.59	-6.74
		2030	135.39	37.14	26.33	1.14	199.99	97.67	25.20	57.69	11.73	1.60	193.89	6.11
	F3	2020	133.19	42.60	24.88	1.13	201.80	120.48	37.35	40.09	10.50	1.89	210.30	-8.50
		2030	134.84	40.79	24.79	1.15	201.57	115.01	29.08	50.20	10.35	1.42	206.07	-4.51
短系列	F21	2020	121.67	50.28	19.07	1.45	192.46	108.54	58.57	34.54	7.92	0.75	210.32	-17.86
		2030	129.17	46.02	20.78	1.56	197.52	104.08	43.42	45.08	8.89	0.42	201.88	-4.36
	F31	2020	121.29	46.51	19.39	1.34	188.53	102.48	47.32	36.28	8.36	1.34	195.79	-7.26
		2030	126.64	45.34	20.06	1.49	193.53	106.54	49.29	42.40	8.22	0.43	206.87	-13.35

不同情景下海河平原浅层地下水开采量均不同程度地小于 2001~2010 年平均开采量，其中农业浅层地下水开采量长系列大于短系列，但其他开采量（包括工业/城镇、生活、生态等）则长系列明显小于短系列。浅层地下水开采量最小的是方案 F2 2030 年情景，仅 122.67 亿 m³，最大的是方案 F21 2020 年情景，为 167.11 亿 m³，但都小于 2001~2010 年平均值 172 亿 m³。潜水蒸发量不同情景波动较大，长系列平均为 49 亿 m³，最小 40.09 亿 m³，最大 57.69 亿 m³；短系列平均为 39 亿 m³，最小 34.54 亿 m³，最大 45.08 亿 m³；综合而言，潜水蒸发量长系列大于短系列 9 亿~10 亿 m³，主要位于以潜水蒸发为主要排泄途径的滨海平原。基流排泄不同情景相差不大，约 8 亿~12 亿 m³。浅层地下水向深层地下水越流排泄量长系列略大于短系列，变化很小。

不同情景下浅层地下水负蓄变量长系列明显小于短系列，长系列方案 F1 2030 年情景负蓄变量年均约-0.7 亿 m³，方案 F2 2030 年情景则呈现年均正蓄变量，表明浅层地下水趋向于采补平衡。在所有情景中浅层地下水负蓄变量最大的是短系列方案 F21 2020 年情景，年均-17.86 亿 m³，因浅层地下水开采量在所有情景中最大。从总体上看，每个方案 2030 水平年的浅层地下水蓄变状况均好于 2020 水平年，仅方案 F31 例外，因该方案山前平原的地下水开采量 2030 年大于 2020 年。

3.5　海河平原区地表水向地下水转化的空间分布和强度

2001~2010 年海河平原河道入渗补给集中于河流出山口区域，高值区出现在永定河、滹沱河、滏阳河和漳河出山口区域,黑龙港及运东平原和徒骇马颊河几乎没有河道入渗补给;渠系入渗补给高值区出现在滦河平原及冀东沿海诸河、北四河平原、大清河淀东平原、漳卫河平原西部及徒骇马颊河。

南水北调工程通水后,引江水量主要通过衬砌渠道和管道输送到用水户,故河道渗漏补给量变化不大,且长、短系列差异不明显,仅在河流下游因城镇和生活排水略有增加,河道渗漏补给量为 40 亿~50 亿 m³,渠系渗漏补给量为 10 亿~15 亿 m³,与 2001~2010 年相比,二者共增加约 10 亿 m³（表 3-22）。以方案 F1 为例,2020 年和 2030 年地表水入渗补给强度空间分布如图 3-48 和图 3-49 所示。

表 3-22 地表水渗漏补给量变化（方案 F1） （单位：亿 m³）

时段	河道渗漏	渠系渗漏	合计
2001~2010 年	46.03	6.86	52.89
2020 年	48.59	13.79	62.38
2030 年	46.34	15.70	62.04

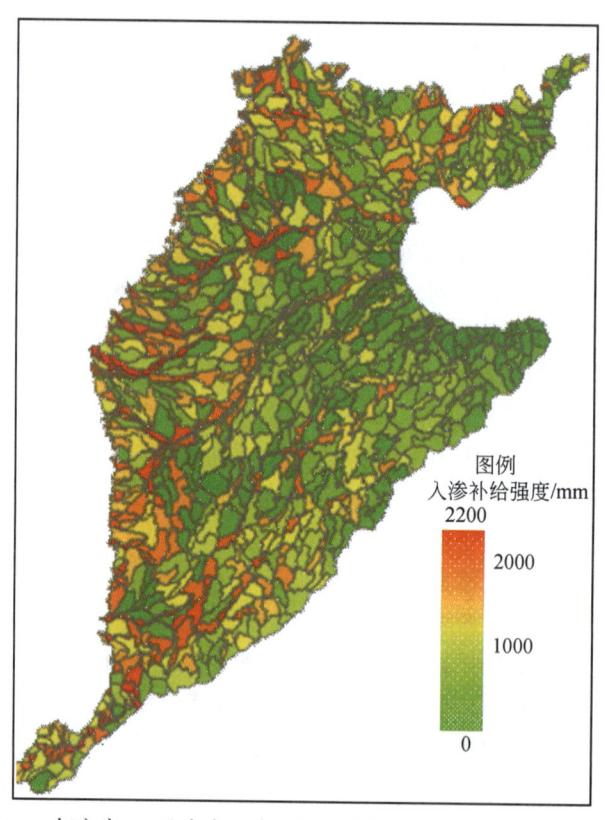

图 3-48 2020 年方案 F1 地表水入渗补给（含河道入渗、渠系入渗）空间分布

| 第3章 | 海河流域地下水与环境的响应模拟

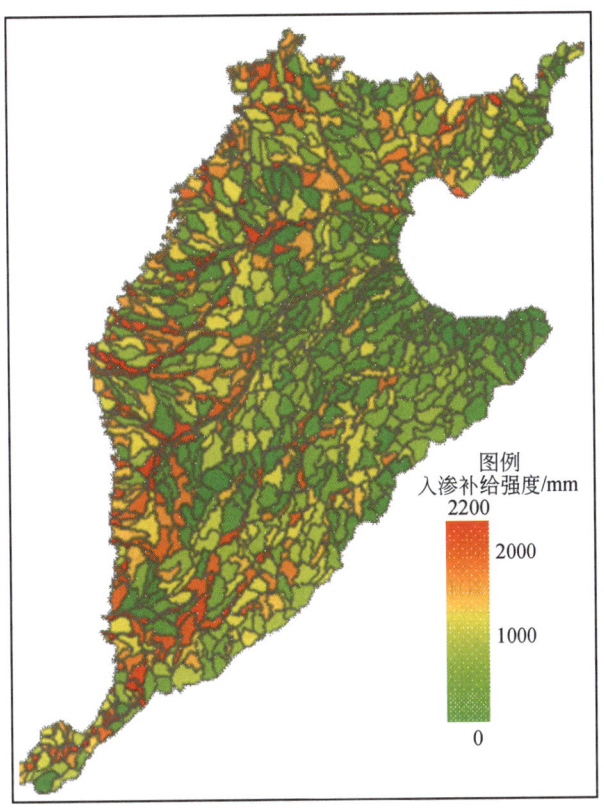

图 3-49　2030 年方案 F1 地表水入渗补给（含河道入渗、渠系入渗）空间分布

3.6　小　　结

本次采用 2001～2010 年实测资料，研究建立了海河流域水资源转化动态模拟模型 MODCYCLE，以海河平原区为重点，深入辨析近 10 年来流域水资源形成转化规律和水量平衡，平原区地下水补排特征、地表-地下水转化关系及地下径流特征等，开展了南水北调东、中线工程达效后 5 套配置方案在 2020 年、2030 年两个水平年共 10 个情景的流域水循环通量变化和水平衡分析，平原区地下水补排条件变化、未来不同情景下地下水位和埋深变化等预测分析。

（1）海河平原区地下水系统对不同外界因素变化响应的定量结果

降水量。2001～2010 年平原区降水量约 679.3 亿 m^3，规划水平年长系列（1956～2000 年）各情景约 725 亿 m^3，短系列（1980～2005 年）约 691 亿 m^3，长系列比短系列多 34 亿 m^3 左右，短系列比 2001～2010 年平均多 11 亿 m^3 左右。

山区来水量。2001～2010 年平均约 43 亿 m^3，规划水平年各情景增加约 46 亿～74 亿 m^3 左右，其中长系列增加的水量较多。除了水文条件影响外，主要由于山丘区地表用水量的减少以及山区退水量的增加。

自然蒸散发量（包括农田区和非农田区）。2001~2010年平均约684.2亿m³，规划水平年长系列增加约60亿m³，短系列增加约30亿m³。

人工消耗水量。2001~2010年人工消耗水量66.8亿m³，规划水平年随着引江水量的增加，除方案F1 2020年情景与现状基本持平外，其他情境均增加到100亿m³左右，变化幅度约在10亿m³。

地下水蓄变量。2001~2010年平原区浅层地下水平均为-50亿~-60亿m³，除方案F2 2030规划水平年情景外，其他情境均呈现负蓄变，其中长系列方案约-9亿m³，短系列方案约-4亿~-18亿m³，与近十年相比有较大的改善。深层地下水因在各情景中完全禁采，略有恢复。

降水入渗补给量。2001~2010年平均降水入渗补给量127.5亿m³，规划水平年长系列约133亿~140亿m³，短系列约121亿~129亿m³，与近十年相近。

河道渗漏补给量。2001~2010年平均46亿m³，规划水平年长系列和短系列都在40亿~50亿m³，由于引江水量主要通过衬砌渠道和管道输送到用水户，故与近十年差异不明显。但在山区和平原区下游因工业和城镇生活退水量增加略有增加。

灌溉渗漏补给量。2001~2010年平均约17亿m³，规划水平年随着地下水灌溉开采比例减少、地表水灌溉比例增加，长系列增加7亿~10亿m³，短系列增加约3亿m³。

地下水总补给量。2001~2010年平均约190亿m³，规划水平年长系列增加12亿m³左右，短系列与近十年接近。主要为降水入渗量和灌溉渗漏量的增加。

潜水蒸发量。2001~2010年平均约33亿m³，规划水平年长系列40亿~57亿m³，平均约49亿m³，短系列34亿~45亿m³，平均约39亿m³。综合而言长系列比短系列多9亿~10亿m³，短系列比2001~2010年平均多3亿~12亿m³左右。主要增加在滨海平原。

基流排泄量。不同情景与2001~2010年平均基流排泄量接近，约8亿~12亿m³。

浅层地下水向深层地下水补给量。2001~2010年平均约8亿m³。规划水平年随着深层地下水禁采，浅层向深层补给量迅速减小，长系列约1.2亿~1.9亿m³，短系列约0.4亿~1.0亿m³。

（2）地表水向地下水资源转化的空间分布和强度变化定量结果

南水北调工程通水后，海河平原河道入渗补给仍将集中于河流出山口区域，高值区出现在永定河、滹沱河、滏阳河和漳河出山口区域，黑龙港及运东平原和徒骇马颊河几乎没有河道入渗补给；渠系入渗补给高值区出现在滦河平原及冀东沿海诸河、北四河平原、大清河淀东平原、漳卫河平原西部及徒骇马颊河。由于引江水量主要通过衬砌渠道和管道输送，故规划水平年河道渗漏补给量变化不大，均为40亿~50亿m³，渠系渗漏补给量为10亿~15亿m³，与2001~2010年相比，二者共增加约10亿m³。

第 4 章 平原区地下水补排变化与动态模拟研究

4.1 水文地质概念模型

水文地质概念模型将含水层边界、内部结构、渗透性质、水力特征和补给、排泄条件进行合理概化,是建立地下水流数值模拟模型的基础。

4.1.1 模型范围和边界条件

本次建立地下水模型范围为海河平原区,总面积为 13.1 万 km^2。根据研究区边界与周围区域的关系,可以概括为以下几类边界(图 4-1)。

(1) 通用水头边界

起始于秦皇岛,沿太行山前自北向南终止于河南焦作以南,为山前侧渗边界。边界以外为山区,边界以内为渗流区。区域内外的水头差构成边界流场,形成区域外向渗流区的地下水径流。在模型中定义该边界为通用水头边界。采用 GHB 软件包模拟。边界地下水位采用相应年的地下水位观测平均值。1980~2005 年海河平原区浅层山前多年平均侧向补给量 17.31 亿 m^3。

(2) 海岸线边界

内陆淡水、微咸水在海岸线附近融合为混合流,由于海平面的水头主要受潮汐作用控制,且最高潮潮水位和最低潮潮水位基本保持常年不变,因此,将海岸线定义为定水头边界。在模型中采用 Special Head 软件包模拟,如果地下水位高于定水头值,则排泄入海,否则海水入侵。

(3) 河流边界

黄河水位高于下伏地下水水位,不断补给地下水,使地下水自黄河向两侧流动和运移。从东阿至渤海湾定义为河流边界。根据山东省水文水资源局的研究成果,黄河在山东段的多年平均补给地下水量为 1.08 亿 m^3。

(4) 垂向边界

浅层含水层自由水面为系统的上边界,通过该边界,潜水与系统外界发生垂向水量交换,如接受大气降水入渗补给、灌溉回渗补给、蒸发排泄等。

浅层和深层含水层通过越流进行水量交换,其越流量由上、下层的水位差和垂向渗透系数决定;模型的底边界视为不透水边界。

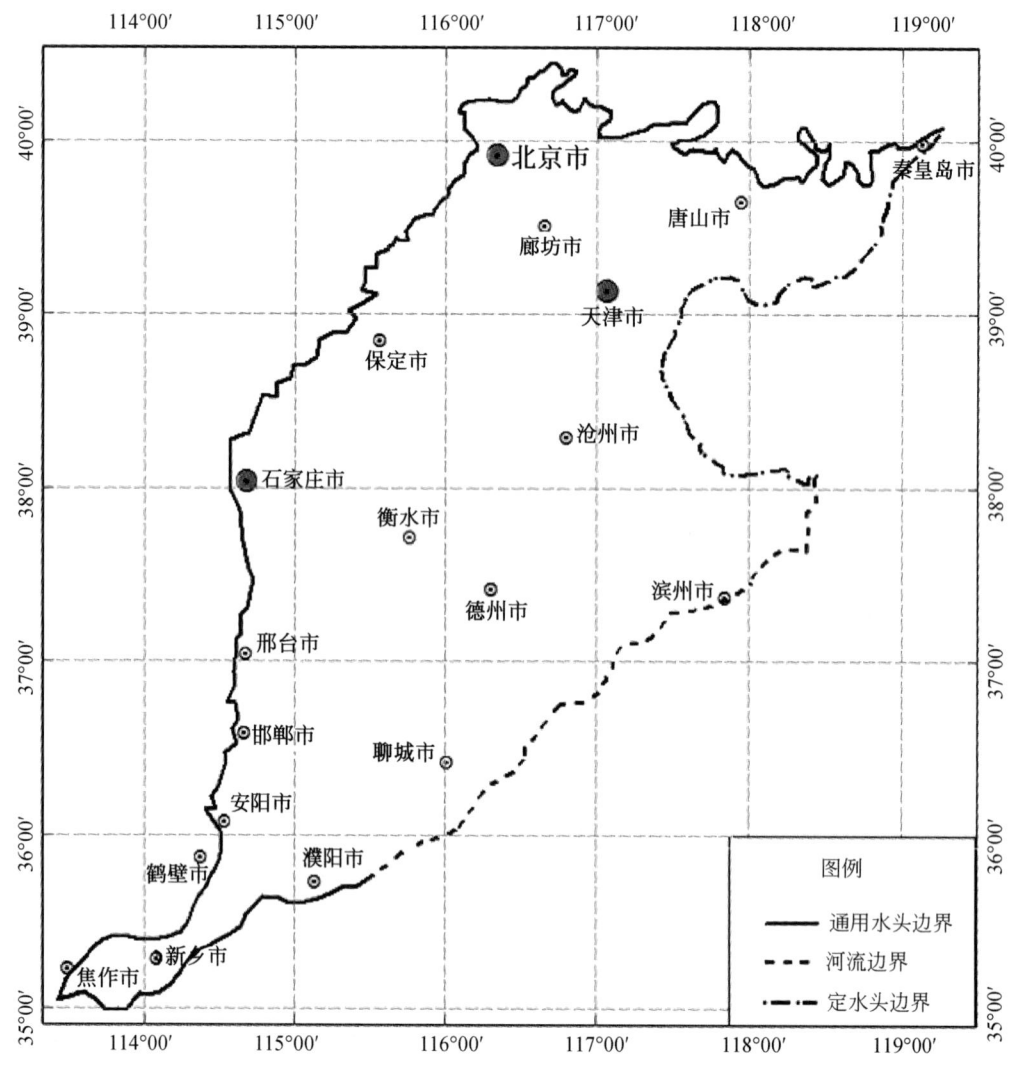

图 4-1　海河平原区地下水边界类型

4.1.2　含水层结构特征

根据地下水的埋藏条件、水理性质、含水层的组合特征及开采条件等，参考以往地下水分层及长期以来的开采条件，对第四系以来松散岩类孔隙水进行概化和分层，划分为浅层潜水含水层组和深层承压含水层组。

浅层潜水含水层组，包括上更新统及中更新统上段含水砂层，含水层从山前到滨海依次呈扇状、舌状、条带状分布，岩性由砂砾石变为粉细砂，总厚度由薄变厚，层次由少变多，单层厚度由厚变薄，地下水赋存条件由好变坏。由于对浅层地下水与深层地下水的混合开采，山前平原浅层地下水系统现状实际上已延伸到 120～150m。

深层承压含水层组，为下更新统砂砾石层，其范围比孔隙潜水含水层分布范围小，包括第Ⅱ含水岩组和第Ⅲ含水岩组，顶界深度为 80～150m，底板深度一般为 140～350m。潜水含水层与承压含水层之间为相对稳定的弱透水层，主要是由中更新统的淤泥质亚砂土、亚黏土组成。上述的潜水含水层和承压含水层具有统一的水力联系，构成了一个统一的三维渗流系统。

浅层含水层和深层含水层的底板高程等值线如图 4-2 所示。

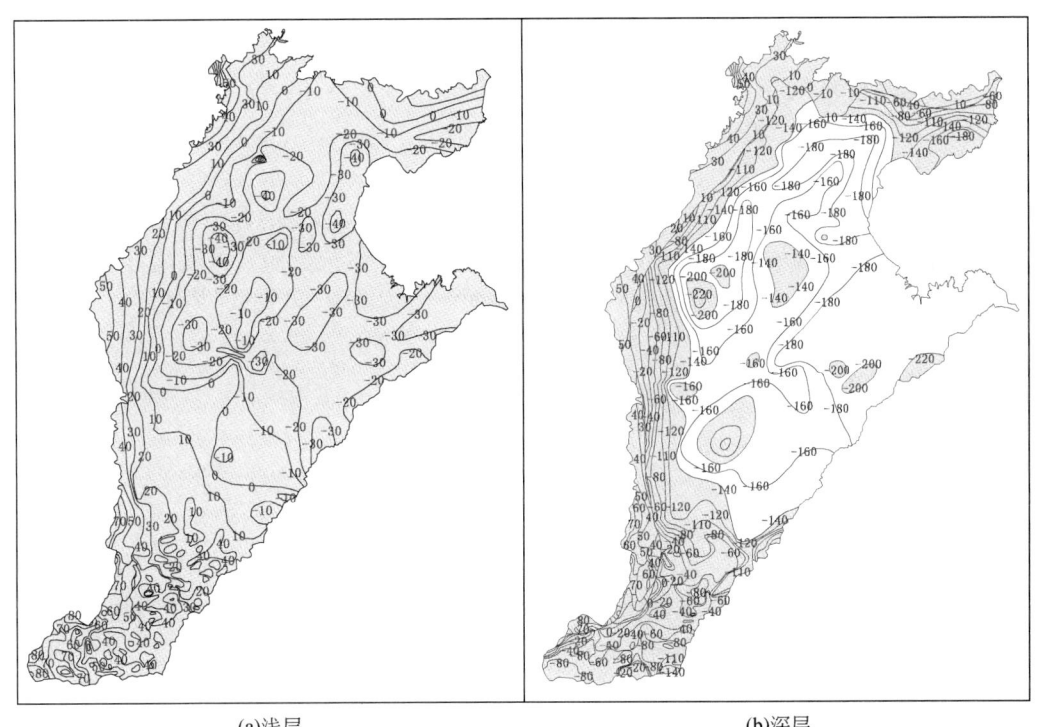

(a)浅层　　　　　　　　　　　　(b)深层

图 4-2　浅层、深层含水层组底板高程等值线图（单位：m）

4.2　平原区地下水数值模型

在水文地质概念模型基础上，运用地下水模型软件 GMS 建立模拟区地下水流数值模型，并求解方程组，通过流场和典型观测孔水位过程线的拟合，识别水文地质条件和参数，分析模拟区地下水均衡状况。

4.2.1　数学模型

上述水文地质概念模型可通过以下微分方程的定解问题来描述。

$$\begin{cases} S\dfrac{\partial h}{\partial t} = \dfrac{\partial}{\partial x}\left(K_x\dfrac{\partial h}{\partial x}\right) + \dfrac{\partial}{\partial y}\left(K_y\dfrac{\partial h}{\partial y}\right) + \dfrac{\partial}{\partial z}\left(K_z\dfrac{\partial h}{\partial z}\right) + \varepsilon & x,\ y,\ z \in \Omega,\ t \geqslant 0 \\ \mu\dfrac{\partial h}{\partial t} = K_x\left(\dfrac{\partial h}{\partial x}\right)^2 + K_y\left(\dfrac{\partial h}{\partial y}\right)^2 + K_z\left(\dfrac{\partial h}{\partial z}\right)^2 - \dfrac{\partial h}{\partial z}(K_z + p) + p & x,\ y,\ z \in \Gamma_0,\ t \geqslant 0 \\ h(x,y,z,t)\big|_{t=0} = h_0 & x,\ y,\ z \in \Omega,\ t \geqslant 0 \\ K_n\dfrac{\partial h}{\partial \boldsymbol{n}}\bigg|_{\Gamma_1} = q(x,y,z,t) & x,\ y,\ z \in \Gamma_1,\ t \geqslant 0 \\ \dfrac{(h_r - h)}{\sigma} - K_n\dfrac{\partial h}{\partial z}\bigg|_{\Gamma_2} = 0 & x,\ y,\ z \in \Gamma_2,\ t \geqslant 0 \end{cases}$$

式中，Ω 为渗流区域；$h = h(x, y, z)$，为含水层的水位标高（m）；h_r 为黄河及其他地表水体的水位标高（m）；K_x、K_y、K_z 分别为 x、y、z 方向的渗透系数（m/d）；K_n 为边界面法向方向的渗透系数（m/d）；S 为自由面以下含水层储水系数；μ 为潜水含水层在潜水面上的重力给水度；σ 为河流底部弱透水层的阻力系数（m/d）；ε 为含水层的源汇项（1/d）；p 为潜水面的蒸发和降水入渗强度等（m/d）；h_0 为含水层的初始水位分布（m），$h_0 = h_0(x, y, z)$；Γ_0 为渗流区域的上边界，即地下水的自由表面；Γ_1 为渗流区域的二类边界（通用水头边界）；Γ_2 为渗流区域的三类边界（河流边界）；$\boldsymbol{n}$ 为边界面的法线方向；$q(x, y, z, t)$ 为定义为二类边界的单位面积的流量 $[\text{m}^3/(\text{d}\cdot\text{m}^2)]$，流入为正，流出为负，隔水边界为 0。

4.2.2 模型结构

4.2.2.1 空间离散

各层均采用 4000m×4000m 的剖分格式，将模拟区剖分为 167 行、132 列规则矩形网格，有效单元（平原区边界内网格，又称活动网格）16 550 个。含水层水平、垂向网格剖分情况如图 4-3、图 4-4 所示。

4.2.2.2 应力期确定

本次数值模型的模拟期为 2001 年 1 月到 2010 年 12 月。将整个模拟期划分为 10 个应力期，每个应力期为一个相应的自然年，计算时间步长为月。在每个应力期内，所有外部源汇项的强度保持不变。

4.2.2.3 定解条件

初始水位条件：以 2001 年 1 月初水位作为初始水位。

边界条件：根据水文地质条件，外部边界按流量边界处理。将边界流入流出量直接赋值到模型边界的弧段上，通过边界附近流场的拟合，适当调整流入流出量。

潜水含水层自由水面为系统的上边界，通过上边界，潜水与周围环境发生垂向水量交换，如接受河流入渗补给、灌溉回渗补给、大气降水入渗补给、蒸发排泄等。两个含水层之间也存在着垂向的交换量。

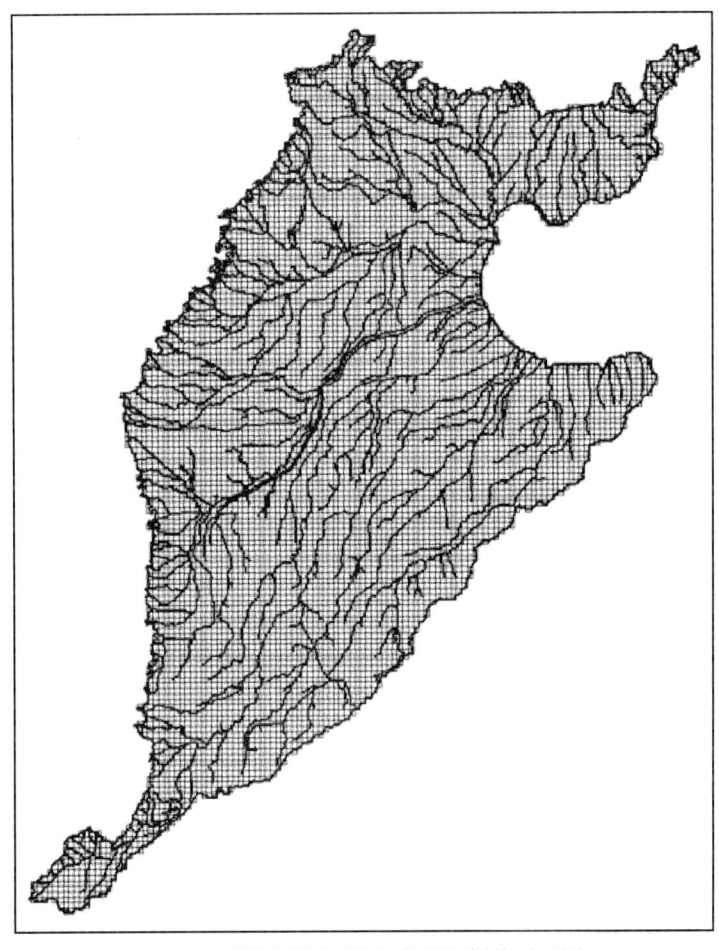

图 4-3　海河平原区地下水网格剖分平面图

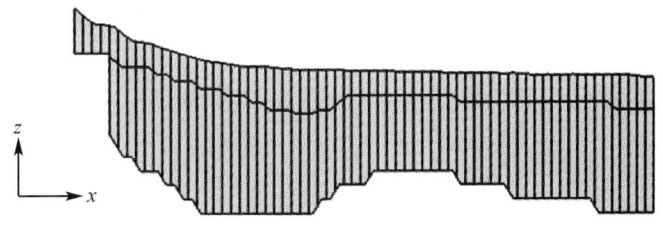

图 4-4　海河平原区地下水垂向网格剖分图

4.2.2.4　源汇项的处理

将前述所涉及的源汇项,包括大气降水入渗、灌溉回渗、人工开采等,按照软件要求输入模型。采用 MODCYCLE 模型按网格输出的各类补给量和排泄量,采用相应的子程序包进行处理。

4.2.2.5 水文地质参数的处理

将各项参数分区初值输入到模型中,通过拟合地下水流场和典型孔的水位动态曲线,识别含水层的参数,最后确定各参数分区值。

4.2.3 模型的识别与验证

模型的识别与检验过程是反复调整参数和校核源汇项的过程,以达到较为理想的拟合结果。这种识别与检验的方法称为试估-校正法,是反求参数的方法之一。

4.2.3.1 识别和验证原则

模型识别与验证分为率定期和验证期,率定期为 2001～2005 年,验证期为 2006～2010 年,主要遵循以下原则:①地下水动态模拟过程与实测过程基本相似,即模拟与实测地下水位过程线形状相似;②地下水模拟流场要与实际流场基本一致,即地下水模拟等值线与实测等值线形状相似,以客观反映地下水流动的趋势;③地下水模拟均衡与实际均衡基本相符;④识别出的水文地质参数要符合实际水文地质条件。

根据上述原则,运行计算程序,模拟计算给定水文地质参数和各源汇项条件下的地下水位时空分布,进而通过拟合同时期的流场和长观孔的历时曲线,识别水文地质参数、边界通量和其他源汇项,使建立的模型符合研究区的水文地质条件,以便较准确地定量研究模拟区的补、排关系,预测供水格局变化后的地下水位。

4.2.3.2 参数识别

水文地质参数是表征含水介质储水、释水和地下水运动性能的指标。辨识水文地质参数是地下水资源计算与评价的重要环节之一,其准确与否直接影响地下水资源计算与评价的精度。

经过多次调参和模拟计算,率定出主要水文地质参数。

4.2.3.3 水位过程线拟合

利用 2001～2005 年地下水水位观测数据进行模型率定,2006～2010 年数据进行验证。水位过程线拟合情况大致分为两类:一类是拟合情况较好,计算水位和实际观测水位相差较小,能够较好反映出该点水位动态趋势;另一类,计算水位值与实测水位值有一定的差距,但变化趋势始终一致。经分析,产生误差的主要原因与各源汇项统计误差、地层资料的精度以及控制点分布不均等因素有关。此外,因模拟范围大,源汇项众多,一定程度的模型概化也不可避免地导致误差。

（1）率定结果

根据模型区水位观测点的分布情况，选择山前、中部、滨海平原3个浅层水位拟合孔和2个深层拟合孔为代表展示水位动态过程拟合结果（图4-5～图4-9）。

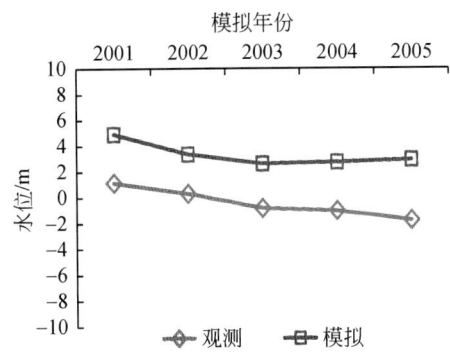

图4-5 石家庄县前浅层观测孔拟合结果

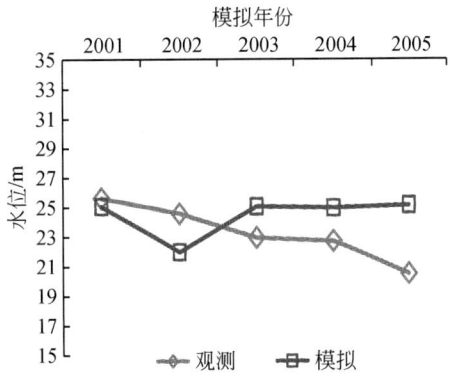

图4-6 邯郸市贾堡浅层观测孔拟合结果

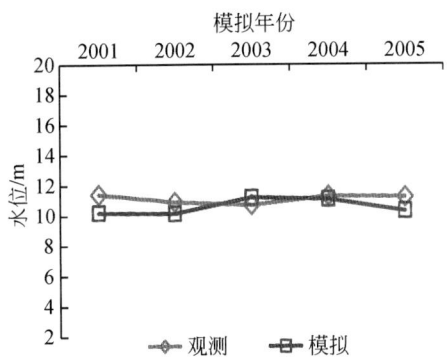

图4-7 秦皇岛市围杆庄浅层观测孔拟合结果

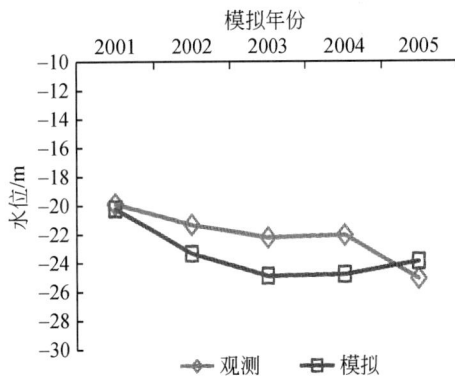

图4-8 北京朝阳区八里桥村深层观测孔拟合结果

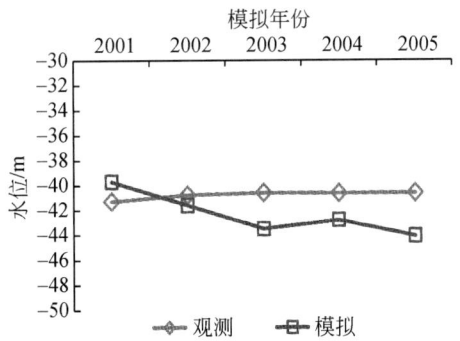

图4-9 天津大港区分层标房深层观测孔拟合结果

（2）验证结果

2006～2010年模型验证期代表性观测孔水位过程拟合结果如图4-10所示。

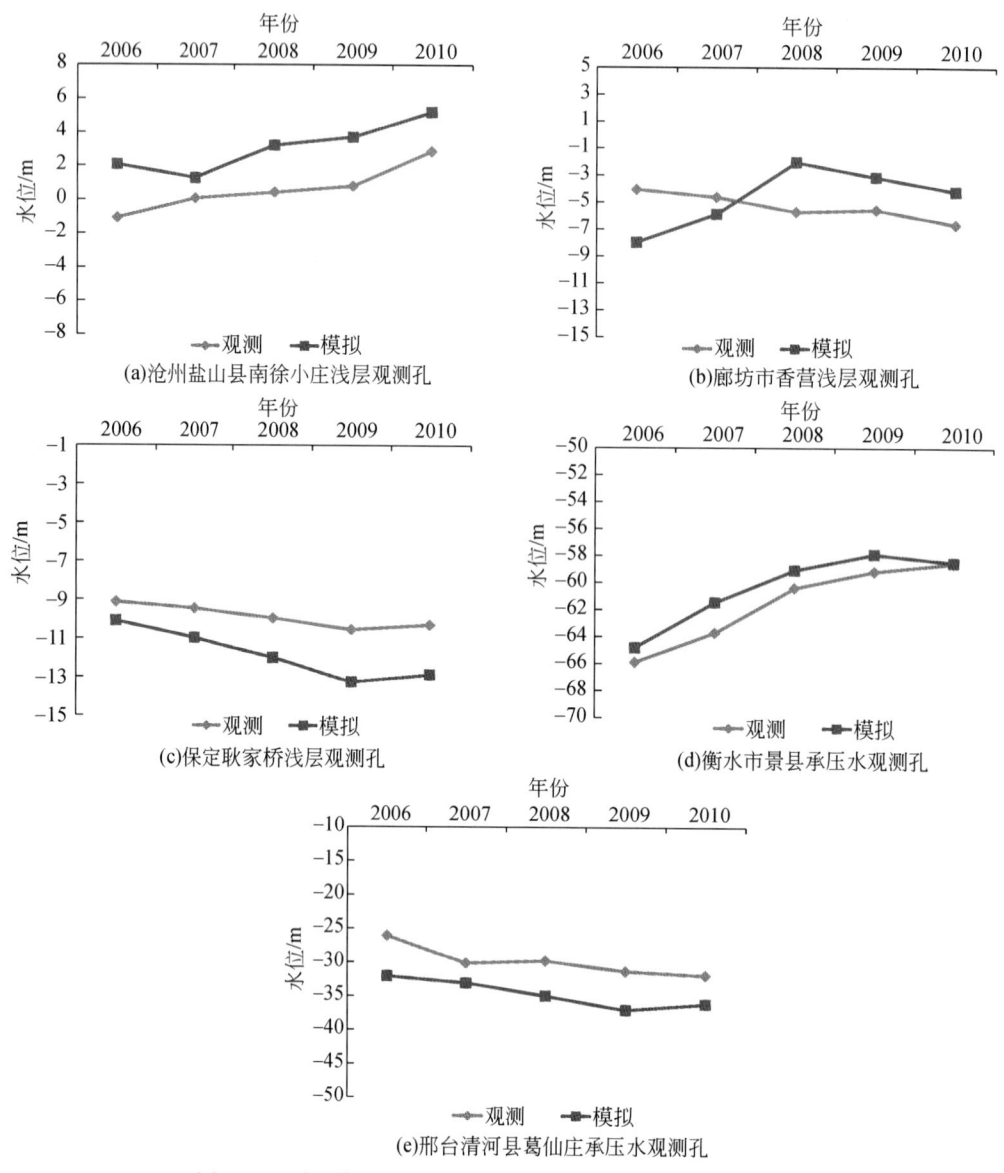

图 4-10 验证期浅层和深层地下水长观孔水位过程拟合曲线

4.2.3.4 流场拟合

浅层含水层模拟流场与实测流场形态相似，可基本上反映地下水流动的趋势和规律（图 4-11）。从总体上看，地下水由西南流向东北方向，在山前地带水力坡度较大，等水位线密集。靠近河道地带模拟效果不好，可能由于输入的河流补给量较大。

深层承压含水层模拟流场如图 4-12 所示，由于缺少足够的实测值，无法进行等值线图对比。模拟结果表明，深层地下水降落漏斗主要位于沧州、衡水和天津，2001 年衡水、沧州深层地下水漏斗中心模拟水位-60～-70m，2010 年模拟结果达到-90m，与 2010 年实际水位较为接近。

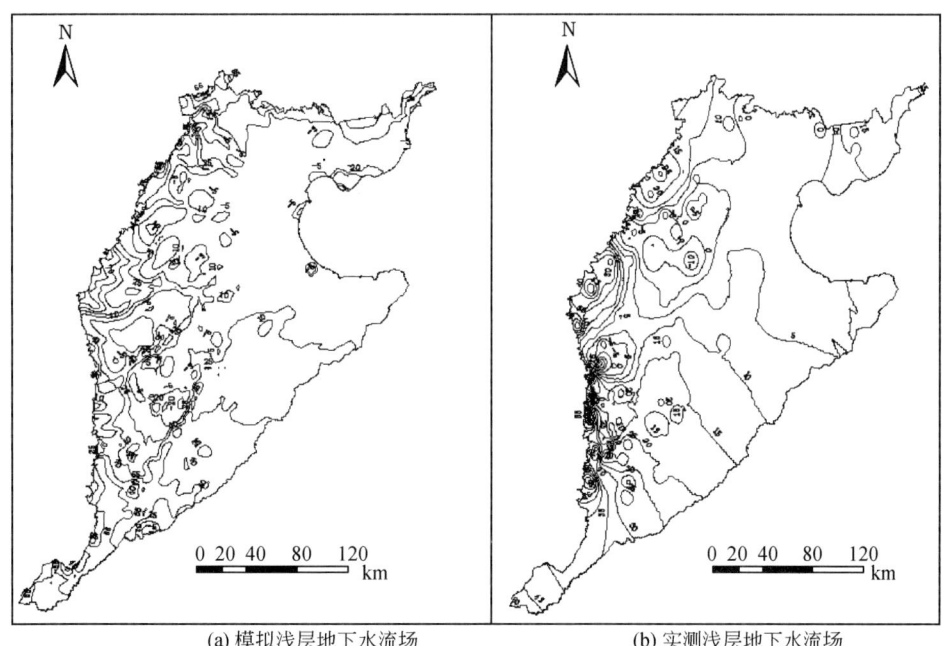

(a) 模拟浅层地下水流场　　　　　　(b) 实测浅层地下水流场

图 4-11　2010 年浅层地下水流场拟合图

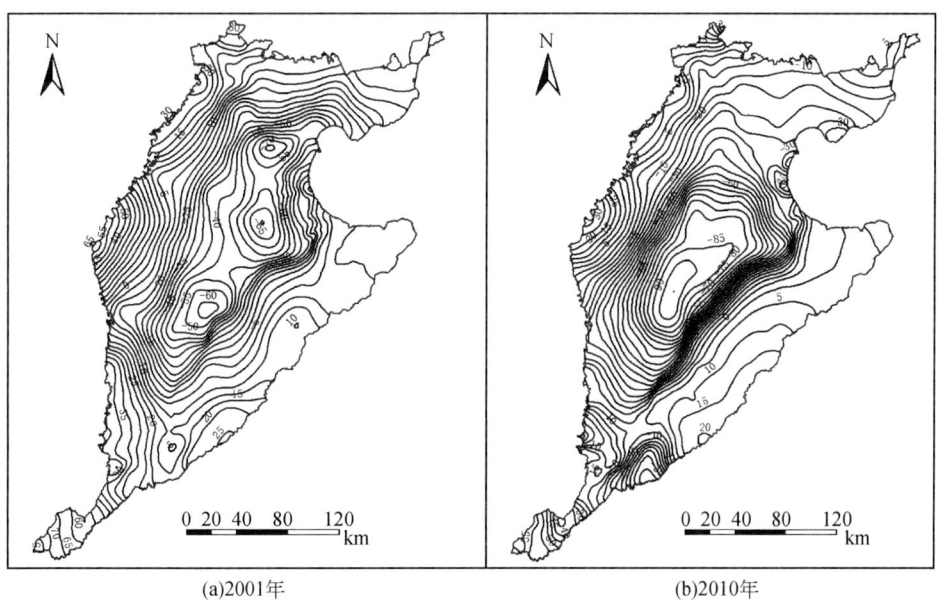

(a) 2001年　　　　　　　　　　(b) 2010年

图 4-12　深层承压水地下水流场模拟图

4.3　地下水补给、开采与水位响应关系

在海河平原区，降水入渗补给量和人工开采量是影响区域地下水系统水量均衡状态的关键源汇项。在以地下水作为主要供水水源、农业开采量占主体的地区，深入认识降水

量、开采量与地下水位的关系,对于提高区域地下水供给安全保障程度具有重要意义。本次以地下水严重超采区为重点,揭示在现状经济社会用水结构条件下降水量、开采量、地下水补给量及其水位的动态变化关系,解析年补给量、开采量对地下水水位的影响。

4.3.1 开采量、地下水位与补给量互动关系

以地市为单元,统计分析 2001~2010 年期间年地下水补给量、开采量和年末浅层地下水位,结果表明,近 10 年海河平原浅层地下水开采量与补给量之间大体上呈互逆变化过程(图 4-13)。在降水偏枯的 2001 年、2002 年、2006 年和 2007 年,地下水补给量偏小,开采量偏高;而在降水偏丰的 2004 年、2008 年和 2010 年,地下水补给量增加,开采量回落为低值。

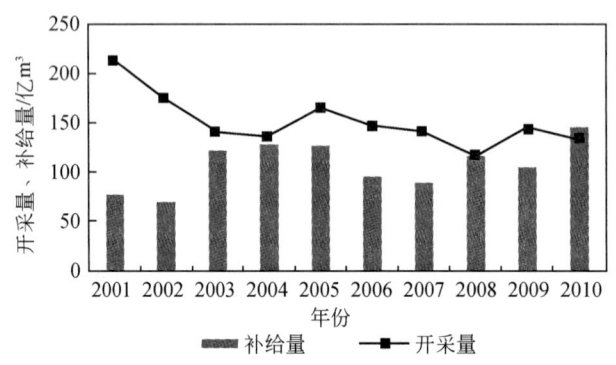

图 4-13 2001~2010 年平原区年开采量与补给量互动过程

选择石家庄、邯郸、邢台、保定等地下水开采量较大的城市,分析 2001~2010 年的开采量、补给量与地下水位的动态过程表明,开采量与年补给量密切互动,并与年末浅层地下水位成逆向动态变化(图 4-14):浅层地下水补给增多,开采量减小,浅层地下水水位升高;浅层地下水补给减少,开采量增大,浅层地下水水位下降。

石家庄:2001~2003 年年补给量增加了 43%,地下水开采量减少 27%,同期地下水位累计上升 2.22 m;2005~2007 年年补给量减少 21.3%,而开采量增加 8.8%,同期的地下水位下降 2.01m,这期间的年降水量处于偏枯状态,以致地下水位出现下降 [图 4-14(a)]。

邢台:2001~2003 年年补给量增加 69.4%,地下水开采量减少 38.5%,同期的地下水位累计上升 2.8m;2005~2007 年年补给量减少 25.4%,地下水开采量增加 17.9%,同期的地下水位下降 1.9 m [图 4-14(b)]。

邯郸:2001~2003 年年补给量增加 65.2%,地下水开采量减少 46.3%,同期的地下水位累计上升 1.04m;2005~2007 年年补给量减少 16.2%,地下水开采量增加 21.9%,同期的地下水位下降 1.19 m [图 4-14(c)]。

保定:2001~2003 年年补给量增加 79.5%,地下水开采量减少 32.2%,同期的地下水位累计上升 0.92m;2005~2007 年年补给量减少 16.44%,地下水开采量增加 7.03%,同期的地下水位下降 0.11 m [图 4-14(d)]。

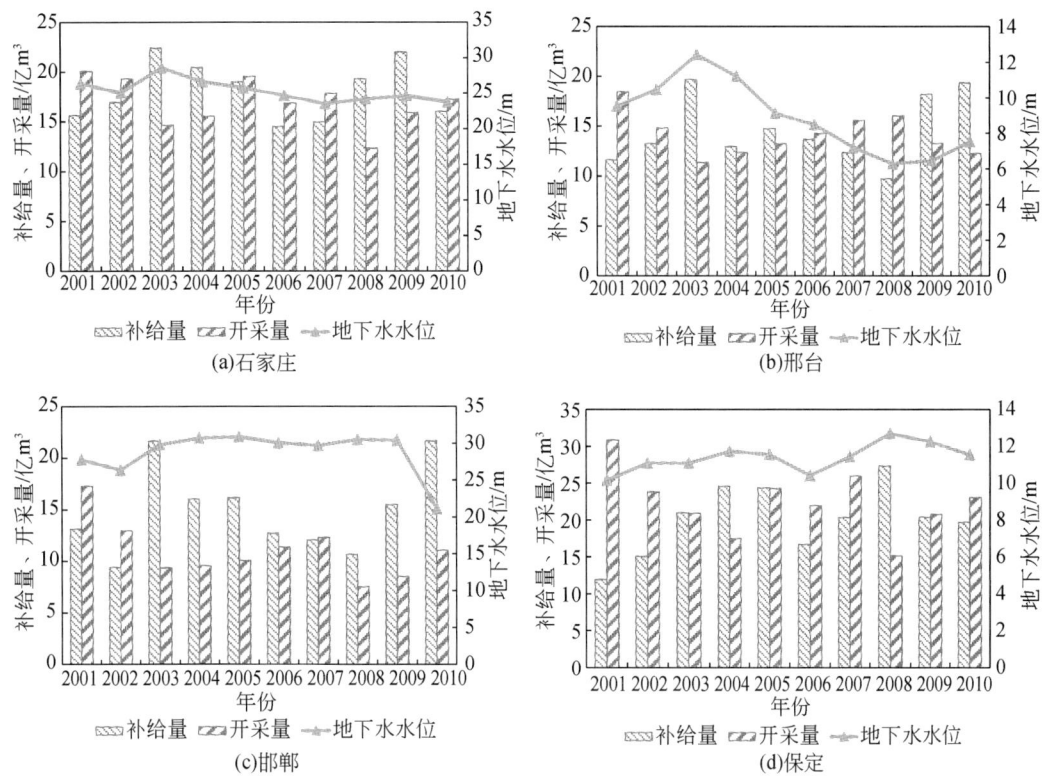

图 4-14 2001~2010 年典型城市年补给量、开采量与年末地下水位关系

4.3.2 补给量和开采量相关特征

选择石家庄、唐山、廊坊、沧州 4 个典型研究区分析 2001~2010 年开采量与补给量相关特征及规律（图 4-15）。石家庄市开采量与补给量的变化率为 -1.08，均衡点的年补给量和年开采量分别为 266.85mm 和 253.18mm，开采量约占补给量的 95%；唐山市年开采量与年降水量的变化率为 -0.32，均衡点的年补给量和开采量分别为 186.37mm 和 170.53mm，开采量约占补给量的 84%；廊坊市年开采量与年降水量的变化率为 -0.27，均衡点的年补给量和开采量分别为 148.82mm 和 92.47mm，开采量约占补给量的 62%；沧州市年开采量与年降水量的变化率为 -0.17，均衡点的年补给量和开采量分别为 130.95mm 和 51.02mm，开采量约占补给量的 39%。从总体上看，从西部山前向中东部平原，2001~2010 年地下水采补平衡时，地下水可开采量占地下水总补给量的比例变化于 39%~95%，地下水可开采量比例逐渐减小，这与中、东部浅层咸水面积大、潜水蒸发损失大、可利用浅层淡水量少的实际情况相符。

另一方面，以石家庄为例，在现状地下水灌溉面积和用水水平条件下，年补给量每增加（或减少）50mm，地下水开采量减少（或增加）46.45~61.74mm（相当于 3.05 亿~4.06 亿 m³）；年补给量每增加（或减少）100mm，地下水开采量减少（或增加）6.6 亿~

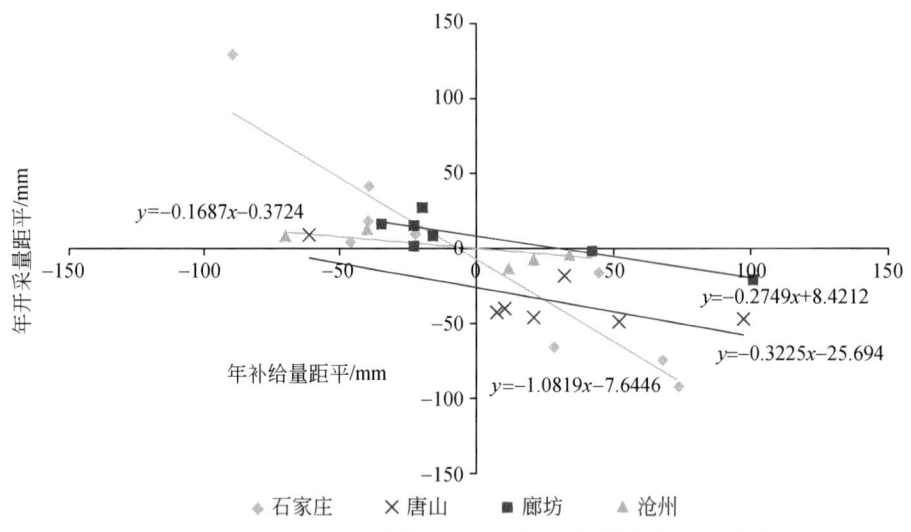

图 4-15 2001~2010 年 4 个典型研究区年开采量与补给量相关关系

7.6 亿 m^3；年补给量每增加（或减少）200mm，地下水开采量减少（或增加）13.7 亿~14.7 亿 m^3（表 4-1）。

表 4-1 补给量与实际开采量变化（2001~2010 年）

补给量 变化量/mm	开采量变化							
	石家庄		唐山		廊坊		沧州	
	变化量/mm	比例/%	变化量/mm	比例/%	变化量/mm	比例/%	变化量/mm	比例/%
-200	208.73	82.4	166.19	97.5	54.98	59.5	33.36	65.4
-100	100.54	39.7	84.39	49.5	35.91	38.8	16.5	32.3
-50	46.45	18.3	43.49	25.5	22.17	24.0	8.06	15.8
50	-61.74	-24.4	-38.3	-22.5	-5.32	-5.8	-8.8	-17.2
100	-115.83	-45.8	-79.2	-46.4	-19.07	-20.6	-17.24	-33.8
200	-224.02	-88.5	-161	-94.4	-46.6	-50.4	-34.11	-66.9
均衡点开采量	253.18	—	170.53	—	92.47	—	51.02	—
均衡点补给量	266.85	—	186.37	—	148.82	—	130.95	—

由于城镇生活和工业用水基本稳定，实际开采量随地下水补给量的变化，主要折射的是农业用水量随降水量的变化。从山前到中、东部平原，随着地下水位埋深的减小，农作物根系可吸取水量增加，降水量增减对农业用水量减增的影响量降低。

4.4 供水格局变化后海河平原区地下水响应分析

运用建立的地下水动态模拟模型，预测供水格局变化下不同水平年地下水动态变化趋势，评估地下水调控方案的可行性和对环境的影响。

4.4.1　1956~2000年系列

在1956~2000年降水系列条件下,海河平原区浅层地下水2020年总体呈现负均衡,地下水位较2010年呈下降趋势;2030年总体呈现正均衡,地下水位较2020年有明显的回升趋势(表4-2、图4-16),3套方案浅层地下水补、排状况如下。

表4-2　规划年浅层地下水蓄变量(1956~2000年系列)　　(单位:亿m³)

地市	2010年	方案F1 2020年	方案F1 2030年	方案F2 2020年	方案F2 2030年	方案F3 2020年	方案F3 2030年
北京	-3.91	-0.31	24.28	-0.43	20.34	0.77	9.41
廊坊	0.5	-4.56	-2.90	-3.16	-3.62	-6.01	-1.99
保定	-5.12	-2.64	18.41	-0.2	13.3	-0.75	6.47
石家庄	-13.75	-4.88	0.07	-3.79	0.54	-2.98	0.99
衡水	-0.73	0.06	0.85	-5.19	-2.19	-5.38	-3.53
德州	-1.11	-3.58	-6.80	-2.97	-3.12	-1.28	-0.83
邢台	-6.86	1.18	10.91	3.69	5.73	1.60	6.22
聊城	-0.59	-8.33	-2.27	-1.28	-1.27	-0.17	0.52
邯郸	-4.17	-3.15	-2.06	-5.45	-4.63	-3.57	-1.54
安阳	0.7	-0.03	0.94	0.8	0.88	0.53	1.63
鹤壁	0.86	0.56	0.76	2.19	0.98	1.86	1.85
济南	0.64	-1.31	-0.94	-0.9	-0.82	-0.25	0.29
滨州	4.49	-2.68	-2.08	-3.8	-1.73	-0.39	0.90
沧州	3.52	-6.12	-4.19	-6.82	-5.13	-8.14	-3.34
天津	5.56	-7.64	-3.87	0.8	-2.96	-2.99	-2.22
唐山	-3.24	-2.65	-4.07	0.45	-2.37	-3.28	0.63
秦皇岛	0.06	1.20	0.36	1.51	0.22	-1.71	2.92
焦作	0.07	-0.56	0.26	-0.17	-0.52	0.21	0.39
新乡	0.55	1.04	1.01	0.47	1.31	1.71	1.46
濮阳	-1.19	-1.22	-0.34	-1.71	-1.12	-1.06	-1.61
东营	1.73	-0.60	-0.93	-1.22	-1.14	-1.10	-0.71
平原区总计	-21.99	-46.22	27.40	-27.18	12.68	-32.38	17.90

1)方案F1:2020水平年浅层地下水总补给量为132.23亿m³,总排泄量为178.45亿m³,均衡差-46.22亿m³,地下水总体仍处于负均衡,与现状浅层地下水蓄变量-21.99亿m³相比,负均衡程度增加。2030水平年浅层地下水总补给量为201.31亿m³,总排泄量为173.91亿m³,均衡差27.4亿m³,地下水总体处于正均衡,与现状浅层地下水蓄变量相比,蓄变量增加约49亿m³。

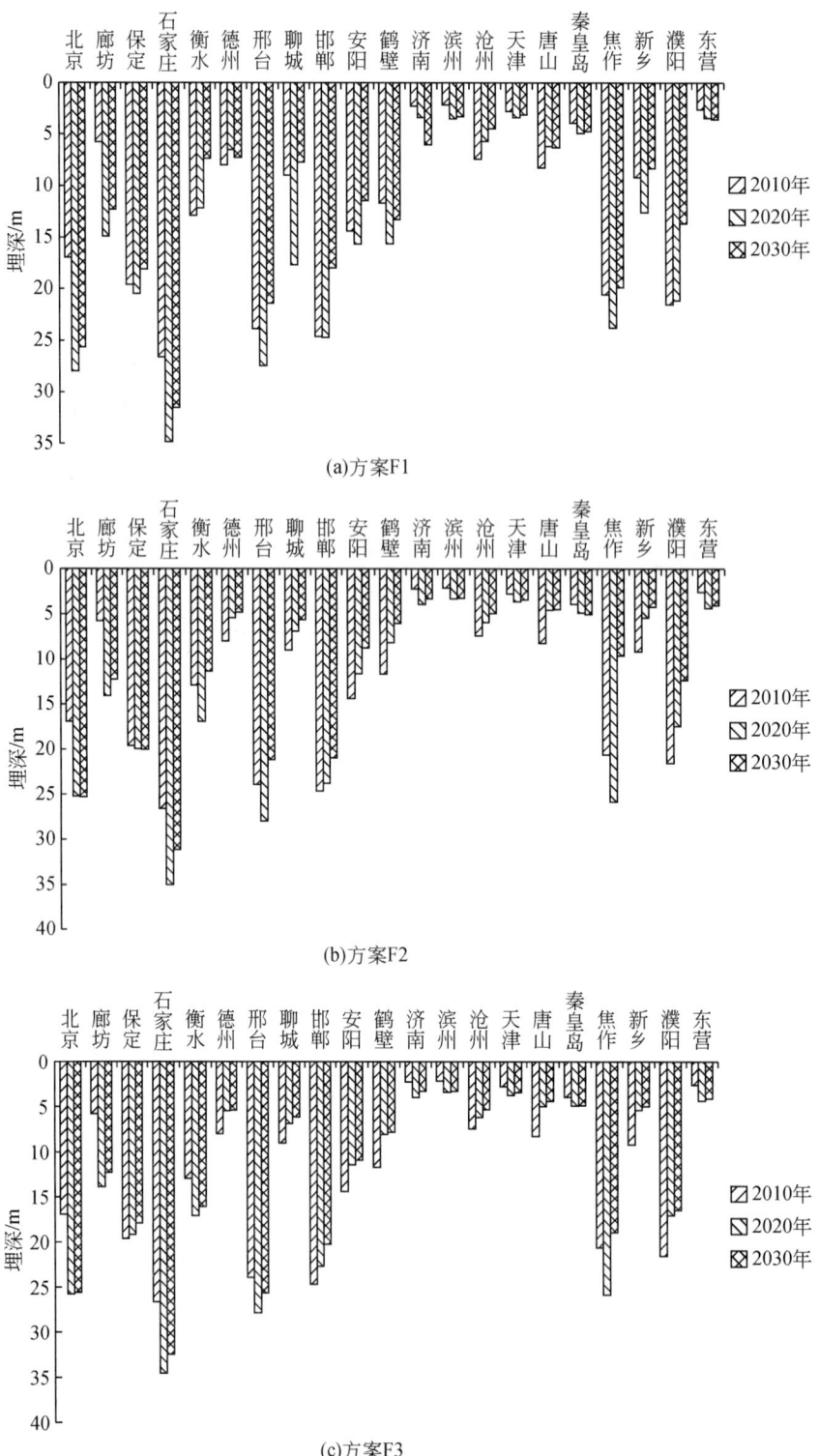

图4-16 1956~2000年系列规划水平年浅层地下水埋深变化

2）方案 F2：2020 水平年浅层地下水总补给量为 138.53 亿 m³，总排泄量为 65.71 亿 m³，均衡差-27.18 亿 m³，地下水总体处于负均衡。2030 水平年浅层地下水总补给量为 164.05 亿 m³，总排泄量为 151.37 亿 m³，均衡差 12.68 亿 m³，地下水总体处于正均衡。

3）方案 F3：2020 水平年浅层地下水总补给量为 141.76 亿 m³，总排泄量为 174.13 亿 m³，均衡差-32.38 亿 m³，地下水总体处于负均衡。2030 水平年浅层地下水总补给量为 192.09 亿 m³，总排泄量为 174.19 亿 m³，均衡差 17.9 亿 m³，地下水总体处于正均衡。

但沧州、天津、衡水、廊坊、德州等浅层地下水仍处于负均衡状态。

4.4.2　1980~2005 年系列

在 1980~2005 年降水系列条件下，海河平原区浅层地下水总体呈现负均衡（表4-3），2020年、2030年地下水位较2010年呈下降趋势，部分地区呈上升趋势（图4-17），两套方案浅层地下水补、排状况如下。

表 4-3　规划年浅层地下水蓄变量（1980~2005 年系列）　　（单位：亿 m³）

地市	2010 年	方案 F21 2020 年	方案 F21 2030 年	方案 F31 2020 年	方案 F31 2030 年
北京	-3.91	-3.25	2.80	-2.98	1.12
廊坊	0.5	-1.47	-1.99	-2.39	-0.26
保定	-5.12	-3.33	4.57	-1.62	4.05
石家庄	-13.75	-5.68	-2.85	-2.80	-1.32
衡水	-0.73	-1.97	-0.87	-1.43	-1.29
德州	-1.11	-2.83	-1.62	-2.99	0.44
邢台	-6.86	0.74	3.34	-0.02	4.81
聊城	-0.59	-2.20	-2.37	-2.21	-0.90
邯郸	-4.17	-4.87	-2.08	-2.90	-0.92
安阳	0.7	2.41	2.03	2.42	2.20
鹤壁	0.86	1.92	2.00	1.58	2.09
济南	0.64	-0.62	-0.38	-0.63	-0.51
滨州	4.49	-1.42	0.10	-1.53	-0.55
沧州	3.52	-8.77	-2.53	-6.51	-3.81
天津	5.56	-12.82	-8.31	-12.19	-7.20
唐山	-3.24	-9.66	-5.89	-8.35	-4.64
秦皇岛	0.06	-2.28	0.77	-0.64	0.74
焦作	0.07	0.17	-0.34	0.17	-0.64
新乡	0.55	0.34	1.37	1.09	1.43
濮阳	-1.19	-0.30	-0.43	-0.61	-0.64
东营	1.73	-1.19	-1.05	-0.44	-1.10
平原区总计	-21.99	-57.07	-13.73	-44.99	-6.89

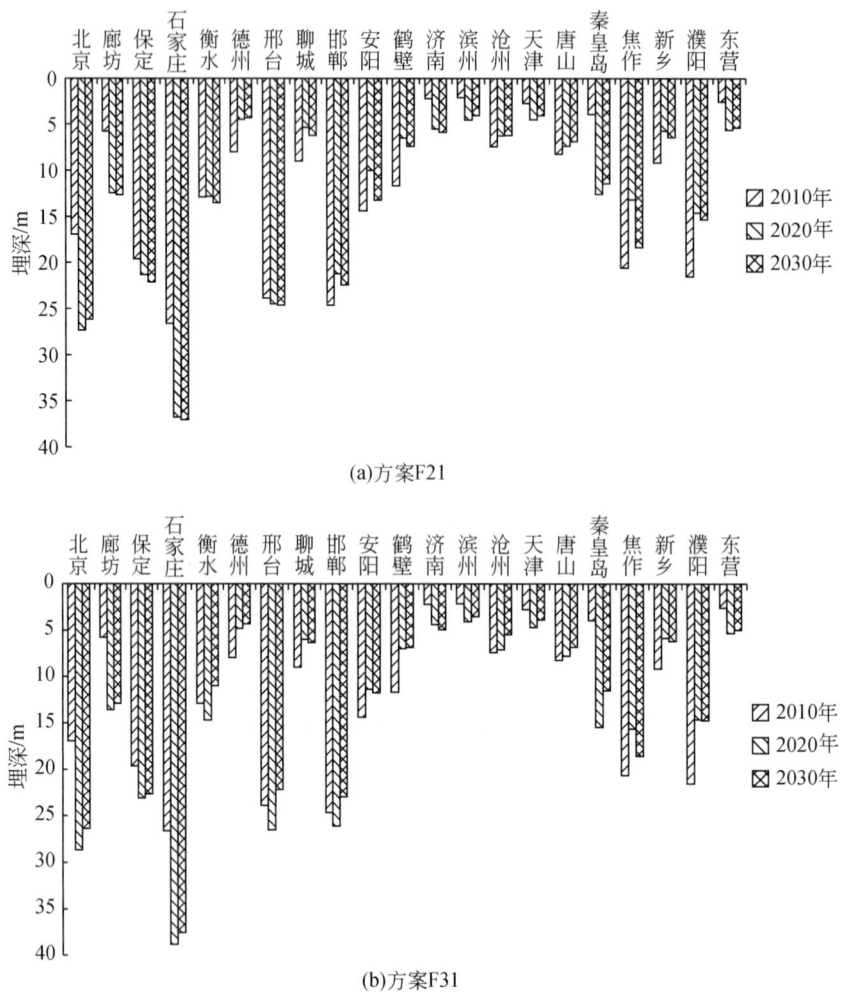

图 4-17 1980~2005 年系列规划水平年浅层地下水埋深变化

1）方案 F21：2020 水平年浅层地下水总补给量为 129.93 亿 m^3，总排泄量为 187.01 亿 m^3，均衡差-57.07 亿 m^3，地下水总体处于负均衡。2030 水平年浅层地下水总补给量为 156.59 亿 m^3，总排泄量为 170.32 亿 m^3，均衡差-13.73 亿 m^3，地下水总体处于负均衡。

2）方案 F31：2020 水平年浅层地下水总补给量为 125.62 亿 m^3，总排泄量为 170.61 亿 m^3，均衡差-44.99 亿 m^3，地下水总体处于负均衡。2030 水平年浅层地下水总补给量为 168.59 亿 m^3，总排泄量为 175.47 亿 m^3，均衡差-6.89 亿 m^3，地下水总体处于负均衡。

4.5 小　　结

本次采用 2001~2010 年实测资料，研究建立了海河平原区地下水数值模型，以地市为单元，对近十年地下水补给量、开采量和年末浅层地下水位统计分析表明，平原区浅层地下水开采量与补给量之间大体上呈互逆变化过程（图4-13），地下水可开采量占地下水总补给量的比例从西部山前向中东部平原由95%（石家庄）、84%（唐山）减少为62%（廊坊）、39%（沧州），这与中、东部浅层咸水面积大、潜水蒸发损失大、可利用浅层淡水量少的实际情况相符。农业用水量与降水量关系为年补给量每增加（或减少）50mm，农业用水量减少（或增加）18%~24%（相当于3.05亿~4.06亿 m^3）；年补给量每增加（或减少）100mm，农业用水量减小（或增大）40%~45%（相当于6.6亿~7.6亿 m^3），详见表4-1。据此可根据降水量宏观估算地下水可开采量和农业用水量。

第 5 章　海河流域地下水功能区划

地下水是水资源的有机组成部分，是支撑经济社会发展的重要自然资源，也是生态与环境的重要组成部分。地下水具有服务于经济社会发展、维持环境地质平衡和维护地表生态系统的重要功能。我国特别是北方平原地区如海河流域，地下水在生活饮水、农田灌溉、工业生产、城市发展和维系良好生态与环境方面发挥了十分重要的作用。但是，由于过量开采地下水，导致地下水水位持续下降和部分地下含水层被疏干，引发了地面沉降、海水入侵、土地沙化等一系列生态与环境问题；一些地区由于废污水过量排放和非点源污染的不断加剧，导致地下水水质恶化，给地下水的可持续利用和生态系统带来负面影响，并制约了区域经济社会的发展。为充分发挥地下水的多种功能，合理开发利用和保护地下水资源，加强地下水管理，需要客观分析和评价各地区各层位的地下水功能，建立地下水管理制度的基础技术平台。

5.1　地下水功能区划研究现状

目前，未见国外地下水功能区划分方面的研究文献和工作报道，可资借鉴的经验很少。但在国外很多国家的地下水资源保护具体工作中，对地下水与地表水、地下水与生态系统的关系十分重视，也遵循基于地下水功能的保护思路。

5.1.1　国外相关研究情况

目前，尽管国外没有地下水功能区划分方面的研究报道，但在地下水资源保护中，大多都充分考虑地下水在基流维持、地面稳定、河岸植被保护等方面的重要作用和功能，在优先保证基本生活用水和生态用水基础上，再进行水量的经济性分配，尽管没有以功能进行分区命名，但实质上，也是一种基于地下水功能的理念进行管理。下面以南非和美国为例，介绍地下水分区研究成果。

2000 年前后，南非水务和林业部制定了资源保护方面的手册，分别针对河流、河口、地下水、湿地等生态系统，提出了水资源保护、利用、分配、监测等方面的技术方法和规定。在地下水手册中，突出强调了地下水管理中必须考虑的四大因素：①维持地表生态系统需要的水质和水量；②人类基本需求所需水量和水质；③地下水资源完整性保护；④下游地区用水需求。

在地下水资源管理中突出强调地下水作为水文循环的一个环节，而不是孤立地考虑地下水问题，重视地下水在水文系统中的很多重要作用，包括：①地下水系统一般为河流、河口和湿地提供重要的基流；②地下水为地表植被提供水源保证；③地下水是理想的蓄水空间和场所，具有多年调节能力。

地下水不是孤立的水资源系统，应该认识到，水质水量之间、地表水和地下水之间、饱和带和非饱和带之间以及地下水和流域整个生态系统之间的关系十分密切（Braune，1997）。

认识到地下水是水循环的一个有机组成部分，且与生态系统等有紧密的关系，南非将水文地质类型分区作为地下水管理的基础平台。南非的水文地质类型分区不同于我国的地下水资源评价分区，是紧密结合地下水的作用和功能，划分相应类型的区域，因此，实际上相当于功能区。分类依据的是 Braune 和 Dziembowski（1997）的工作成果，分了三大类和十小类水文地质类型区（图 5-1）。这三大类型区包括：①系统完整性保护区。地下水是水文循环及生态系统的组成部分，应从大系统的角度出发，重视地下水的作用。如果地下水动态变化太大，流域内水文系统的完整性会受到威胁，生态系统会发生变异和退化。因此，这些水文地质区中的地下水开采应进行控制，避免出现系统性生态风险。②排泄完整性保护区。这些水文地质区的具体作用是地下水排泄到河道，维持着河流生态廊道的基流或以泉水的形式排泄。必须保持这个排泄过程，维持相应的功能，确定需要维持的最小流量。地下水排泄量不是"浪费"，而是下一级利用的开始。过度开发可能会导致排泄方式的显著变化，如由河道排泄或泉水排泄转变为井排、坑排等，并由此引发不利的影响。③生态完整性保护区。地下水是保持生态系统的一种重要水源。地下水位必须控制在一定的水平。在降水较少的干旱和半干旱地区，非地带性植被和绿洲的保护主要依靠地下水。

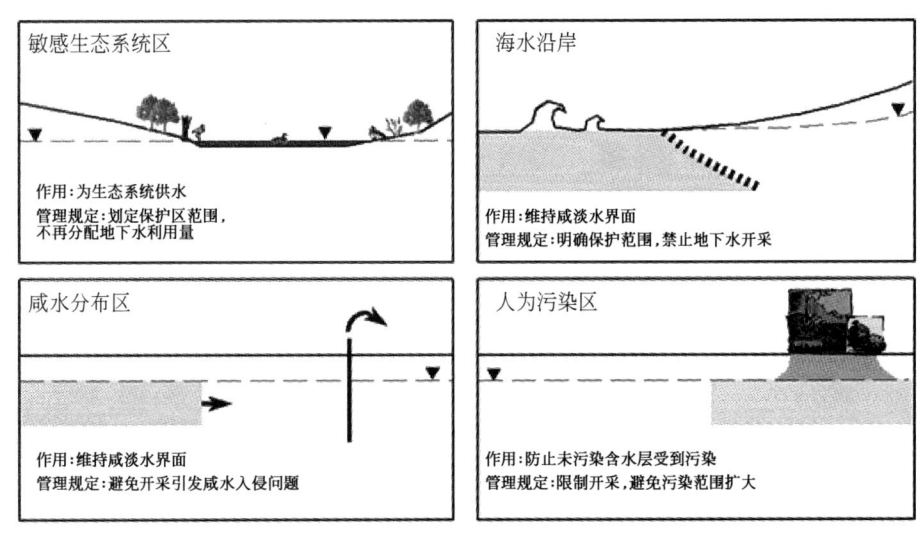

(a)系统完整性保护区

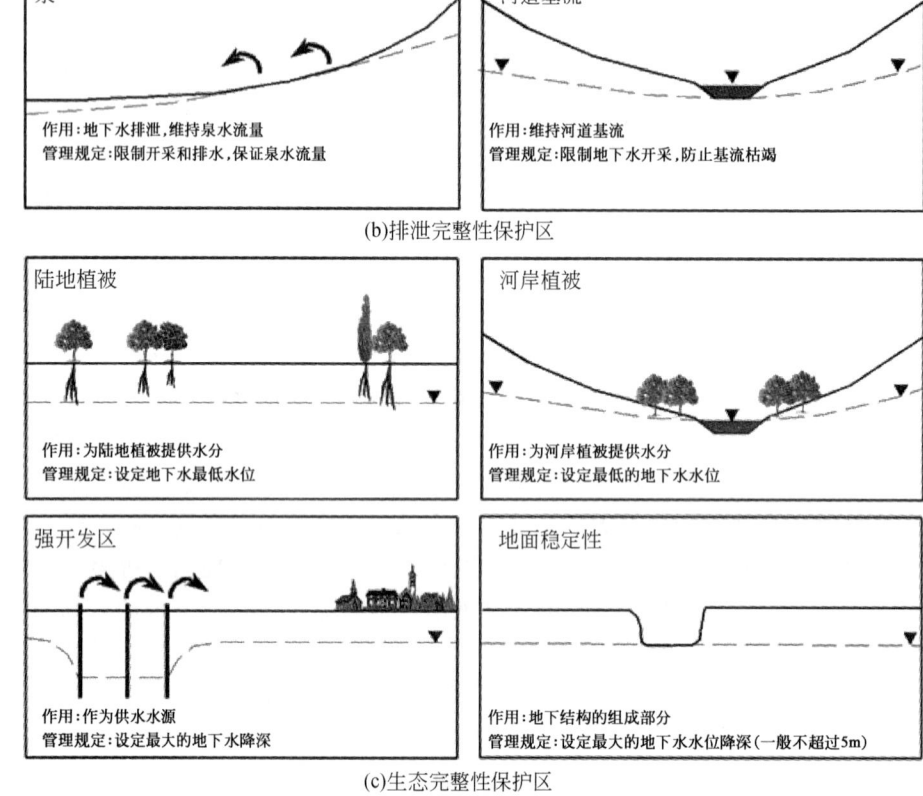

图 5-1 南非地下水水文地质类型分区示意图

十小类区分别是:系统完整性保护类型区中包括敏感的生态系统保护区、沿海地区、咸水分布区、人为污染区;排泄完整性保护类型区中包括泉水保护区和河道基流保护区两个;生态完整性保护类型区中包括陆地植被保护区、河岸植被保护区、强开发区及地面稳定保护区。

按照上述分区方法,南非水资源保护手册针对典型的水文地质单元进行了案例分析和介绍,其中格拉法—瑞内特水文地质区划分了3个小单元(表5-1),每个单元再细分为水文地质类型区,如河岸植被区、集中开采区等。

表 5-1 南非案例-N13A 单元格拉法—瑞内特水文地质区

边界及分区类型		管理等级		补给量			可开采量	
单元序号	水文地质区类型	目前状态等级*	管理等级**	面积/km²	有效面积/km²	年补给量/万 m³	地下水可开采量/万 m³	可靠性
单元 1	陆地植被区	B	a	208	208	324	382	高
	河岸植被区	A	a	37	37	58		

续表

边界及分区类型		管理等级		补给量			可开采量	
单元序号	水文地质区类型	目前状态等级*	管理等级**	面积/km²	有效面积/km²	年补给量/万 m³	地下水可开采量/万 m³	可靠性
单元2	陆地植被区	B	a	85	85	48	92	高
	河岸植被区	A	a	43	43	24		
	集中开采区	E	c	35	35	20		
单元3	陆地植被区	A	a	22	22	12	12	高
总计						486	486	

＊ 状态等级分 A、B、C、D、E 五级，A 为天然状态，B 为轻微干扰的状态，E 为严重干扰不可持续的状态；
＊＊ 管理等级相当于管理目标，a 级为天然状态，c 级为人类干扰较明显但可持续利用的状态。

尽管未检索到美国开展地下水功能分区的报道，但在美国地下水管理和保护中，同样遵循系统性的理念，在水文地质单元分区（美国全国共划分了 25 个主要水文地质单元）基础上，考虑地表水（基流）保护、生态系统保护、海水入侵预防、地面稳定性维持等，为地下水可持续利用提供基础信息支持。

针对五大湖区地下水对湖泊的影响、大西洋沿岸的地下水开采与海水入侵、西南干旱区的生态退化等进行专题研究并介绍各地保护地下水的工作经验。

海水入侵区：美国大西洋沿岸的地下水开采引发海水入侵问题较普遍，新泽西州更突出一些。美国地质调查局沿大西洋沿岸的新泽西州、马里兰州、特拉华州、弗吉尼亚州、南卡罗来纳州、佐治亚州和佛罗里达州进行地下水监测，划定海水淡水边界，为防止海水入侵提供信息支持。

生态敏感区：美国西南地区的加利福尼亚州、内华达州、犹他州、亚利桑那州、新墨西哥州处于干旱半干旱的地区，地下水开采对生态系统的影响较显著，包括植被退化、地面沉降等。尽管没有划分生态保护区等，但重视地下水和地表水以及河岸生态系统之间的关系，研究水量的相互转换机理并为地下水管理提供基础决策依据。

地下水超采区：美国地质调查局根据水文地质分区，进行地下水资源开发利用评价，对水位持续下降的分区进行重点监测。

5.1.2 国内地下水功能区划

国内开展地下水功能区划分始于 21 世纪初。开展这项工作的部门主要有水利部和国土资源部，从事这方面研究的人员也基本上隶属于这两个部门。地下水功能区划的有关学术论文也大多基于水利和国土部门的相关工作编写的。

5.1.2.1 水利部门的地下水功能区划

(1) 地下水功能区分类体系

2005 年开始，在水利部主持下，水利水电规划设计总院牵头组织技术力量开展了全国范围内的地下水功能区划工作。地下水功能区划体系分两级建立，一级功能区划分为开发区、保护区、保留区 3 类，主要协调经济社会发展用水和生态与环境保护的关系，体现国家对地下水资源合理开发利用和保护的总体部署（表5-2）。

表5-2 地下水功能区划分级分类系统

地下水一级功能区		地下水二级功能区	
名称	代码	名称	代码
开发区	1	集中式供水水源区	P
		分散式开发利用区	Q
保护区	2	生态脆弱区	R
		环境地质灾害易发区	S
		地下水水源涵养区	T
保留区	3	不宜开采区	U
		储备区	V
		应急水源区	W

开发区：主导功能是日常供水，地下水含水层具有较好的开采条件和一定规模的可开采量，水质可满足用水需求。在开发中兼顾生态保护和环境地质安全问题。

保护区：当地存在重要的地表生态系统，这些生态系统对地下水动态变化较敏感，一旦地下水动态发生显著变化，生态系统将出现不可逆的退化和灾害，因此该地区优先保护生态系统和环境的安全，开发利用必须受到更严格的控制，不得对生态系统产生负面影响。

保留区：当地没有重要和对地下水动态十分敏感的生态系统，地下水开采条件或水质很差难以利用，或开采条件良好水质优良但日常不开采，保留作为应急情况下或子孙后代利用。

在地下水一级功能区的框架内，根据地下水的具体功能类型，划分为 8 个地下水二级功能区，主要协调地区之间、用水部门和行业之间、代际的关系，考虑功能的具体化和独特性，进行进一步的划分。

开发区：进一步划分为集中式供水水源区和分散式开发利用区，协调城乡之间或工农用水之间的关系。

保护区：按照生态类型进一步划分为生态脆弱区、环境地质灾害易发区和地下水水源涵养区。生态脆弱区重点是保护生态系统；环境地质灾害易发区重点是维持地质安全，防治地面塌陷、地面沉降、海水入侵等；地下水水源涵养区重点是维系水资源系统的良性循环，保护河川基流和名泉等。

保留区：划分为不宜开采区、储备区和应急水源区，并且明确了各功能区的划分原则、具体的划分量化指标以及各功能区的保护目标。储备区与应急水源区都是开采条件良好、水质优良的地区，但日常不需要开发利用，应急水源区在应急情况下需要启用，储备区一般人烟稀少，不存在应急供水问题，因此，应急水源区需要建设基础供水设施，而储备区不需要规划建设任何设施。

在上述区划体系与方法指导下，各省已经完成了地下水功能区划及评价工作。其中，山东、云南、河南、福建、北京等省市的成果已经在学术刊物上公开发表。

（2）地下水功能区划指标

在区划指标方面，水利部门的地下水功能区划按照地下水资源状况、开发利用需求、生态系统的敏感性、环境地质灾害易发性等，确定了多项指标。例如，集中式供水水源区要求满足如下指标要求：①资源状况。地下水可开采量模数不小于10万 $m^3/(a·km^2)$。②开采条件。单井出水量不小于 $30m^3/h$。③水质状况。含有生活用水的集中式供水水源区，地下水矿化度不大于 $1g/L$，地下水现状水质不低于《地下水质量标准》（GB/T 14848—93）规定的Ⅲ类水的标准值或经治理后水质不低于Ⅲ类水的标准值，工业生产用水的集中式供水水源区，水质符合工业生产的水质要求。④规划需求。现状或规划期内，日供水量不小于1万 m^3 的地下水集中式供水水源地。

生态脆弱区的划分按照如下指标确定：①生态系统的重要性。国际重要湿地、国家重要湿地和有重要生态保护意义的湿地。②空间范围。国家级和省级自然保护区的核心区和缓冲区。③生态敏感性。干旱半干旱地区天然绿洲及其边缘地区、有重要生态意义的绿洲廊道。

湿地与自然保护区的核心区或缓冲区面积有重叠时，取湿地与自然保护区核心区或缓冲区边界线的外包线作为该生态脆弱区的范围。

上述区划指标优点是考虑地下水的主导功能，目标清晰，指标包括水质、水量、水位等，既考虑现状条件，也考虑未来需求。但也有不足之处。

1）功能层次单一，主导功能先入为主，缺乏对其他辅助功能的识别和保护的需求考虑。例如，开发区同样存在生态或环境保护功能，需要在保护和管理中兼顾；保护区也有开采条件较好的地区，可以在保护生态的前提下，适度开发利用，满足饮水安全等经济社会需求。

2）功能区划分指标缺乏科学依据。对不同地区的具体情况兼顾不足。

（3）地下水功能区保护标准

地下水功能区保护标准按照水位、水量和水质三方面确定。水位标准按照最大和最小埋深，界定不同类型区的水位安全阈值。水质标准按照主导功能的需求，同时考虑水质的天然和人为影响和可恢复性，客观确定保护目标。水量标准实际上与水位保护标准相互有密切的关系，水位保护标准确定后，可持续的开采量就可以确定出来。

5.1.2.2 国土资源部门

2006年6月中国地质调查局印发了《地下水功能评价与区划技术要求》（GWI—D5，2006版），该技术要求规定了地下水功能评价工作的基本理念、基本原则、主要工作内容及评价标准、所需资料要求、评价指标体系的构建、评价方法与步骤，以及地下水功能区划的基本原则和要求，并在地下水功能评价的基础上进行地下水功能区划分。该技术要求主要适用于我国西北地区、华北地区和东北地区的平原区第四系地下水系统。

(1) 区划体系

地下水功能评价的对象应该是一个完整的流域尺度地下水循环系统，其中包括由驱动因子群、状态因子群和响应因子群，它们组成地下水功能的"驱动力-状态-响应"（DSR）体系。"驱动因子"是指地下水系统变化的影响因子，如降水量变化、地表水径流变化、开采地下水和土地利用等。"状态因子"是指描述地下水系统状态的因子，如地下水水位、水量和水质等性状。"响应因子"是指由于地下水系统状态变化而引起水资源能力和环境等方面变化的因子。

地下水功能评价分为地下水的目标功能评价和主导功能评价。地下水的目标功能评价是指选择地下水系统中某一功能作为研究目标（对象），系统地表征它在流域尺度地下水循环系统中各区带的状况和分布特征，集中反映地下水某一功能的区位特征。地下水的主导功能评价时将所有地下水功能都作为研究目标（对象），综合反映流域尺度地下水循环系统各区带主导功能和脆弱功能的区位特征。

地下水功能评价体系是由系统 A 层、功能 B 层、属性 C 层和要素指标 D 层组成的地下水功能评价体系（图5-2）。在应用中 A、B 和 C 层保持不变，D 层可根据工作区研究程度和资料实际情况，适度增减。D 层指标偏多，增加评价工作量；D 层指标偏少，影响评价结果的可靠性。

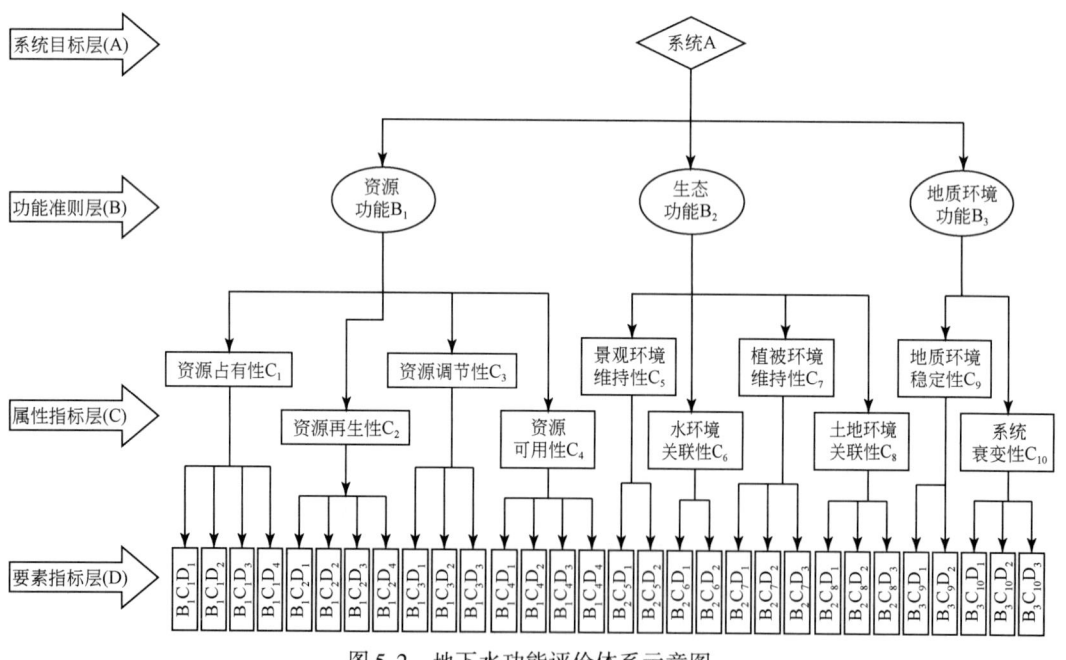

图 5-2 地下水功能评价体系示意图

地下水功能评价的标准分为"系统层综合评价分级标准"、"功能层综合评价分级标准"和"属性层综合评价分级标准"，如表 5-3 所示。

表 5-3 地下水功能评价的分级标准

系统层综合评价分级标准		功能层综合评价分级标准			属性层状况评价分级标准	
系统指数值	状况分级	功能指数值	状况分级	级别代码	属性指数值	状况分级
0.8~1.0	可持续性强	0.84~1.0	强	I	0.8~1.0	强
0.6~0.8	可持续性较强	0.67~0.84	较强	II	0.6~0.8	较强
0.4~0.6	可持续性一般	0.34~0.67	一般	III	0.4~0.6	一般
0.2~0.4	可持续性较弱	0.17~0.34	较弱	IV	0.2~0.4	较弱
0~0.2	可持续性弱	0~0.17	弱	V	0~0.2	弱

为解决由于不合理开采地下水而引起的生态-地质环境恶劣日趋严重的问题，在我国北方广泛开展了地下水功能评价与区划工作。对于如何理解和选用地下水功能评价体系中属性指标（C 层）组成及其内涵，张光辉等（2008）详尽阐述了地下水功能评价体系中属性指标的组成、特性、内涵及选用等需要关注的要点。提出属性指标主要由地下水的资源占有性、资源再生性、资源调节性、资源可用性、地下水的景观环境维持性、水环境关联性、植被环境维持性、土地环境关联性、地质环境稳定性、地下水系统衰变性组成。属性指标是地下水功能评价体系的核心体系，具有承上启下作用，对其内涵及组成缺乏正确理解和合理选用，将会导致地下水功能评价结果的较大偏误。因此，在开展区域地下水功能评价中，需要重视属性指标层的组成和选用。

地下水功能区划分为 3 级。

1）一级功能区。按照地下水的综合功能状况，确定地下水功能的可持续性，按照综合指数 0~1 的值，划分为可持续性弱（0~0.2）、可持续性较弱（0.2~0.4）、可持续性一般（0.4~0.6）、可持续性较强（0.6~0.8）和可持续性强（0.8~1）五个一级区。

2）二级功能区。分别按照资源功能（B_1 类）、生态功能（B_2 类）、地质环境功能（B_3 类）进行五级分区，由强到弱。

3）三级功能区。三级区是在二级区基础上，根据地下水功能的属性评价结果，进行区划。例如，资源功能区可以再进一步划分为补给涵养区、水资源供给区、利用脆弱区；生态功能区再划分为植被保护区、景观保护区、土地保护区等。地质环境功能区再划分为地质环境稳定区和危机保护区。

（2）区划方法

为辅助专业人员进行地下水功能评价与区划，聂正龙等（2007）以区域下水功能评价理论为依据，在 Visual Basic 6.0 环境中，开发研制了地下水功能评价的可视化平台。通过数据输入、数学运算和数据输出等功能模块，实现地下水生态功能、资源功能和地质环境评价过程的自动化和可视化，并在华北平原滹沱河流域示范应用。

分区方法采用水文地质单元基础上的空间网格剖分为主，然后为每个剖分网格赋各功能要素的分值，确定资源、生态、环境地质方面的指数值。

（3）功能区评价

在分区各类功能评价基础上，国土部门的功能区划技术要求提出了目标功能评价分级。资源功能、生态功能、地质环境功能都划分为强、较强、一般、较弱、弱，共 5 级。某类功能分级指数值超过 0.67（0~1 取值），则以该功能作为主导功能或优势功能，0.67~0.34 为辅助功能，0.34 以下为弱势功能。

5.1.2.3 相关研究报道

地下水功能区划概念最早于 2004 年由唐克旺等提出，主要是针对我国地下水过度开发利用产生的众多生态环境问题背景下如何进行地下水的合理开发与保护提出的一种较新的管理理念（唐克旺和杜强，2004；唐克旺等，2012）。这种方法的出发点是以地下水的服务功能为基础，也就是地下水的资源供给功能、生态环境保护功能、地质安全保障功能 3 种主要功能，建立了地下水的功能区划体系，4 个一级分区和 11 个二级分区。4 个一级区分别是开发利用区、生态环境保护区、地质灾害防治区及保留区。并且指出了地下水功能区与地表水功能区之间的相互协调关系。最后提出了以地下水功能区划为基础的地下水保护整个工作程序，具体包括地下水功能区划、建立地下水功能区评价指标体系、研究建立地下水保护的标准体系、制定和实施地下水保护方案、加强监测和管理 5 个步骤。

2005 年及 2006 年水利及国土部门先后开展地下水功能区划以后，陆续有学者发表了地下水功能区划方面的文章，主要的技术方法及指标体系与水利、国土部门的技术大纲要求基本一致。

乔光建（2009）认为，地下水主要有 3 类功能，即资源供给、生态环境保护和地质安全保障，并按照这 3 类功能，划分了 4 个地下水一级功能区，分别是开发利用区、生态环境保护区、地质灾害防治区和保留区。开发利用区按照开采强度，分城镇集中式供水水源区和农村分散式开发利用区 2 个二级功能区。生态环境保护划分为河岸植被保护区、陆地植被保护区、地表基流保护区、泉水保护区和湿地保护区，共 5 个二级功能区。地质灾害防治区划分为海水入侵防治区、地面沉降防治区、污染防治区、土壤盐碱化防治区、咸淡水混合区，共 5 个二级功能区。保留区主要是人烟稀少的地区或需要作为应急储备保留的地区。该作者利用该功能区划体系，将邢台地下水分布区进行了功能区划，划分了 23 个功能区，百泉和石鼓泉域划分为泉水保护区。

罗小勇等（2008）根据水利部颁发的地下水功能区划技术大纲，将云南省划分为 88 个地下水一级功能区，其中开发区 22 个、保护区 38 个、保留区 28 个，二级功能区 216 个。

丁元芳等（2009）按照水利部的地下水功能区划技术大纲，对松辽流域进行了地下水功能区划。根据规定的划分原则、方法及依据，按照一般平原区、山间平原区和山丘区三种地貌类型分别进行划分，最后得到松辽流域地下水功能区划分成果。其中在一般平原区划分 294 个地下水二级功能区，在山间平原区划分了 114 个地下水二级功能区，在山丘区划分了 293 个地下水二级功能区。

曹阳等（2011）针对泉州市地下水资源的特征，依据全国地下水功能区划分技术要求，选取了地下水中具有代表性的地下水资源可开采量、开发利用现状、供给能力以及水质和环境变化因子等进行分析，将地下水功能区划分为开发区、保护区和保留区，并以完整的水文地质单元为基础，以防止泉州地下水污染和海水入侵为控制目标，依据地下水的生态水位阈值与产生环境地质灾害的水位阈值理论，划定泉州地区地下水管理水位，结合当地地下水资源特点及地下水管理与保护的实际需求，借鉴国内外类似地区地下水管理的经验，研究提出地下水红、黄、蓝管理分区，为防止泉州市地下水污染和海水入侵以及指导地下水资源合理开发利用提供参考。

范庆莲等（2009）参照水利部编发的《全国地下水功能区划分技术大纲》的要求进行了北京市地下水功能区划分。将北京市平原区地下水可开采模数分区图、平原区地下水总补给模数分区图、平原区浅层地下水溶解性总固体质量类别分区图、平原区浅层地下水质量类别分区图、平原区地下水富水性分区图和平原区 1955~2005 年地面累积沉降量图在 ArcGIS 桌面绘图软件中进行叠加，同时考虑大型水源地、应急水源地及重要湿地、岩溶水分布等，参照地下水功能区的划分依据，以完整的水文地质单元的界线为基础，结合区域地下水主导功能进行划分，在此基础上再对相应的功能分区以地级行政区的界线进行分割，作为地下水功能区的基本单元，以地级行政区套水资源二级区为汇总单元，平原区和山丘区分别进行统计，将北京市划分为 3 类地下水一级功能区和 7 种地下水二级功能区，共 62 个二级分区。

总之，地下水管理要综合考虑地下水系统与地表水及生态系统的相互关系，不仅要依据地下水的循环特征进行水文地质分区，也应按照地下水的特性，考虑其动态变化对外部的影响，进行进一步的分区，这有助于地下水的分类管理。因此，无论是国外还是国内，都普遍接受地下水的多功能观点，在地下水保护和管理的理念上，遵循系统性原则，进行分区管理。

5.2 海河地下水功能区划体系

为便于地下水资源的分级管理和监督，根据区域地下水自然资源属性、生态与环境属性、经济社会属性和规划期水资源配置对地下水开发利用的需求以及生态与环境保护的目标要求，地下水功能区按两级划分，且主要针对浅层地下水。对于深层承压水，由于补给极其缓慢更新困难，且一旦超采会产生地面沉降等不可逆的生态环境问题，因此，深层承压水不再单独划分功能区，而作为储备区或应急水源区，日常禁止大规模开采。

5.2.1 一级功能区

地下水一级功能区划分为开发区、保护区、保留区 3 类，主要协调经济社会发展用水和生态与环境保护的关系，体现国家对地下水资源合理利用和保护的总体部署。

5.2.2 二级功能区

在地下水一级功能区的框架内，根据地下水资源的主导功能，划分为 8 种地下水二级功能区，主要协调地区之间、用水部门之间和不同地下水功能之间的关系。其中，开发区划分为集中式供水水源区和分散式开发利用区 2 种二级功能区，保护区划分为生态脆弱区、地质灾害易发区和地下水水源涵养区 3 种二级功能区，保留区划分为不宜开采区、储备区和应急水源区 3 种二级功能区。

5.2.3 基本要求和原则

地下水功能区划分以完整的水文地质单元界线为基础，地下水二级功能区边界不宜跨水资源二级区、地级行政区以及山丘区和平原区的界线。某一区域地下水有多种使用功能时，统筹考虑地下水资源及其开发利用状况、区域生态与环境保护目标要求，合理确定其主导功能，以主导功能划分地下水功能区，同时考虑其他功能的要求，不同地下水功能区之间不能重叠。

在进行地下水功能区划时，应遵循以下基本原则。

(1) 人水和谐、可持续利用

地下水功能区划分时，要协调经济社会发展和生态与环境保护的关系，确定地下水合理开发利用和保护的目标，确保地下水资源的可持续利用。

(2) 保护优先、合理开发

地下水系统对外界扰动的响应具有滞后性，遭到破坏后，治理修复难度大，应以保护为主。地下水污染易导致地下水使用功能丧失，应全面保护；地表植被对地下水水位变化敏感的地区，应控制合理水位，保障良好的生态与环境；在不引起生态与环境恶化的前提下进行地下水开发利用。

(3) 统筹协调、全面兼顾

统筹协调不同用水（生活、生产、生态）之间、需求与供给之间、开发利用与保护之间、不同区域之间的关系；统筹考虑地下水补给—径流—排泄的特征以及与地表水的转换关系；统筹协调地下水不同使用功能之间的关系。在地下水功能区划分时，要考虑地下水的开发利用现状、存在问题和规划期水资源配置对地下水开发利用的要求。

(4) 以人为本、优质优用

为更好地发挥地下水在经济社会发展中的供水作用，在补给条件、开采条件和水质较好的地下水赋存区域，以生态与环境保护为约束，优先划分为对水量水质要求较高的地下水功能区。

(5) 因地制宜、突出重点

不同区域地下水的水文地质条件、开发利用现状及存在的问题和资料条件差异较大，应根据实际情况，将人类活动比较集中的区域作为地下水功能区划分工作的重点。

(6) 可操作性强、服务管理

地下水功能区划分是地下水开发利用与保护规划和地下水管理的基础，地下水功能区边界除考虑区域水文地质特点外，还应结合水资源分区和行政区划界线，科学合理地划分；各功能区的地下水开发利用和保护治理目标要具体明确，既易于操作，又方便管理。

(7) 水量、水位和水质并重

在划分地下水功能区和确定地下水功能区开发利用与保护目标时，要全面考虑水量、水质和生态水位的控制要求。

5.3 区划标准

地下水功能区划分的主要依据包括地下水补给条件、含水层富水性及开采条件、地下水水质状况、生态环境系统类型及其保护的目标要求、地下水开发利用现状、区域水资源配置对地下水开发利用的需求、国家对地下水资源合理开发利用及保护的总体部署等。

5.3.1 开发区

开发区指地下水补给、赋存和开采条件良好，地下水水质满足开发利用的要求，当前及规划期内地下水以开发利用为主，且在多年平均采补平衡条件下不会引发生态与环境恶化现象的区域。开发区应同时满足以下条件。

1）补给条件良好，多年平均地下水可开采量模数一般不小于 2 万 $m^3/(a·km^2)$。
2）地下水赋存及开采条件良好，单井出水量一般不小于 $10m^3/h$。
3）地下水矿化度不大于 $2g/L$。
4）地下水水质能够满足相应用水户的水质要求。
5）多年平均采补平衡条件下，一定规模的地下水开发利用不引起生态与环境问题。
6）现状或规划期内具有一定的开发利用规模。

按地下水开采方式、地下水资源量、开采强度、供水潜力和水质等条件，开发区划分为集中式供水水源区和分散式开发利用区两类二级功能区。

集中式供水水源区指现状或规划期内供给生活饮用或工业生产用水为主的地下水集中式供水水源地。满足以下条件，划分为集中式供水水源区。

1）地下水可开采量模数一般不小于 10 万 $m^3/(a·km^2)$。
2）单井出水量一般不小于 $30m^3/h$。
3）含有生活用水的集中式供水水源区，地下水矿化度不大于 $1g/L$，地下水现状水质不低于《地下水质量标准》（GB/T 14848—93）规定的Ⅲ类水的标准值或经治理后水质不低于Ⅲ类水的标准值，工业生产用水的集中式供水水源区，水质符合工业生产的水质要求。

集中式供水水源区的范围根据规划地下水供水量和地下水可开采量模数划定，以地下水汇水漏斗的外包线确定。

分散式开发利用区指现状或规划期内以分散的方式供给农村生活、农田灌溉和小型乡镇工业用水的地下水赋存区域，一般为分散型或者季节性开采。

开发区中除集中式供水水源区外的其余部分划分为分散式开发利用区。

5.3.2 保护区

保护区指区域生态与环境系统对地下水水位、水质变化和开采地下水较为敏感，地下水开采期间应始终保持地下水水位不低于其生态控制水位的区域。

保护区划分为生态脆弱区、地质灾害易发区和地下水水源涵养区3类二级功能区，对于面积较小的地下水二级功能区，可考虑与其他地下水功能区合并。

生态脆弱区指有重要生态保护意义且生态系统对地下水变化十分敏感的区域，包括干旱半干旱地区的天然绿洲及其边缘地区、具有重要生态保护意义的湿地和自然保护区等。符合下列条件之一的区域，划分为生态脆弱区。

1）国际重要湿地、国家重要湿地和有重要生态保护意义的湿地。
2）国家级和省级自然保护区的核心区和缓冲区。
3）干旱半干旱地区天然绿洲及其边缘地区、有重要生态意义的绿洲廊道。

湿地与自然保护区的核心区或缓冲区面积有重叠时，取湿地与自然保护区核心区或缓冲区边界线的外包线作为该生态脆弱区的范围。

地质灾害易发区指地下水水位下降后，容易引起海水入侵、咸水入侵、地面塌陷、地下水污染等灾害的区域。符合下列条件之一的区域，划分为地质灾害易发区（不包括因深层承压水开采而引起地质灾害的区域）。

1）沙质海岸或基岩海岸的沿海地区，其范围根据海岸区域咸淡水分布界线确定，沙质海岸以海岸线以内30km的区域为易发生海水入侵的区域，基岩海岸根据裂隙的分布状况，合理确定海水入侵范围。
2）由于地下水开采而易引发咸水入侵的区域，以地下水咸水含水层的区域范围来确定咸水入侵范围。
3）由于地下水开采、水位下降易发生岩溶塌陷的岩溶地下水分布区，根据岩溶区水文地质结构和已有的岩溶塌陷范围等，合理划定易发生岩溶塌陷的区域。
4）由于地下水水文地质结构特性，地下水水质极易受到污染的区域。

地下水水源涵养区是为了保持重要泉水一定的喷涌流量或为了涵养水源而限制地下水开采的区域。符合下列条件之一的区域，划分为地下水水源涵养区。

1）观赏性名泉或有重要生态保护意义泉水的泉域。
2）有重要开发利用意义的泉水的补给区域。
3）有重要生态意义且必须保证一定的生态基流的河流或河段的滨河地区。

除局部有开发利用功能或易发生地质灾害地区外，山丘区（包括山丘区内的自然保护区）原则上宜划分为地下水水源涵养区。

5.3.3 保留区

保留区指现状及规划期内由于水量、水质和开采条件较差，开发利用难度较大或虽有一定的开发利用潜力但规划期内暂时不安排一定规模的开采，作为储备未来水源的区域。

保留区划分为不宜开采区、储备区和应急水源区3类二级功能区。对于面积较小的地下水二级功能区，可考虑与其他功能区合并。

不宜开采区指由于地下水开采条件差或水质无法满足使用要求，现状或规划期内不具备开发利用条件或开发利用条件较差的区域。符合下列条件之一区域，划分为不宜开采区。

1）多年平均地下水可开采量模数小于2万 m³/(a·km²)。
2）单井出水量小于10m³/h。
3）地下水矿化度大于2g/L。
4）地下水中有害物质超标导致地下水使用功能丧失的区域。

储备区指有一定的开发利用条件和开发潜力，但在当前和规划期内尚无较大规模开发利用活动的区域。符合下列条件之一的区域，划分为储备区。

1）地下水赋存和开采条件较好，当前及规划期内人类活动很少、尚无或仅有小规模地下水开采的区域。
2）地下水赋存和开采条件较好，当前及规划期内，当地地表水能够满足用水的需求，无需开采地下水的区域。

应急水源区指地下水赋存、开采及水质条件较好，一般情况下禁止开采，仅在突发事件或特殊干旱时期应急供水的区域。

5.4 区 划 成 果

5.4.1 一级功能区

海河流域浅层地下水一级功能区划总面积321 033km²（表5-4），其中开发区面积137 278km²，占42.8%；保护区面积114 709km²，占35.7%；保留区面积69 046km²，占21.5%。

按地貌类型分，山丘区一级功能区划总面积171 452km²，其中开发区面积24 283km²，占14.2%；保护区面积113 471km²，占66.2%；保留区面积33 698km²，占19.6%。平原区一级功能区划总面积149 581km²，其中开发区面积112 995km²，占75.5%；保护区面积1238km²，占0.8%；保留区面积35 348km²，占23.7%。

5.4.2 二级功能区

地下水二级功能区共417个，其中山丘区187个，平原区230个。集中式供水水源区92个，面积2850km²；分散式开发利用区134个，面积134 428km²；生态脆弱区15个，面积1978km²；地质灾害易发区6个，面积291km²；地下水水源涵养区74个，面积112 440km²；不宜开采区86个，面积68 983km²；储备区5个，面积16km²；应急水源区5个，面积46km²。在各二级功能区中，分散式开发利用区的数量最多、分布面积最大。如表5-4、图5-3所示。

各地下水二级功能区面积介于0.86~16 918km²，Ⅰ~Ⅲ类水分布面积占总参评面积的31.7%，平原区年均总补给量模数为1.19万~299万 m³/(a·km²)，可开采量模数为2万~299万 m³/(a·km²)，2005年实际开采量模数为0~672万 m³/(a·km²)，见表5-5。

表 5-4 海河流域浅层地下水功能区划

一级区	二级区	滦河及冀东沿海诸河 数量/个	滦河及冀东沿海诸河 面积/km²	海河北系 数量/个	海河北系 面积/km²	海河南系 数量/个	海河南系 面积/km²	徒骇马颊河 数量/个	徒骇马颊河 面积/km²	全流域 数量/个	全流域 面积/km²	北京 数量/个	北京 面积/km²	天津 数量/个	天津 面积/km²	河北 数量/个	河北 面积/km²	山西 数量/个	山西 面积/km²	河南 数量/个	河南 面积/km²	山东 数量/个	山东 面积/km²	内蒙古 数量/个	内蒙古 面积/km²	辽宁 数量/个	辽宁 面积/km²
开发区	集中式供水水源区	6	318	31	635	34	1 300	21	597	92	2 850	16	109	0	0	23	719	17	434	10	545	21	597	5	447	0	0
开发区	分散式开发利用区	12	10 818	39	30 441	75	70 836	8	22 333	134	134 428	15	6 629	5	3 935	57	64 310	34	23 985	12	10 370	5	20 342	6	4 858	0	0
保护区	生态脆弱区	3	290	7	591	4	868	1	229	15	1 978	5	85	0	0	3	615	3	759	0	0	1	229	3	290	0	0
保护区	地质灾害易发区	1	122	4	90	0	0	1	79	6	291	4	90	0	0	1	122	0	0	0	79	0	0	0	0	0	0
保护区	地下水水源涵养区	19	41 667	29	37 581	26	33 192	0	0	74	112 440	11	9 825	1	727	40	88 026	4	93	4	4 086	0	0	12	7 973	0	0
保留区	不宜开采区	3	2 307	25	14 033	53	42 869	5	9 774	86	68 983	0	0	14	7 258	24	17 833	40	33 862	3	256	5	9 774	0	0	0	0
保留区	储备区	0	0	4	12	1	4	0	0	5	16	5	16	0	0	0	0	0	0	0	0	0	0	0	0	0	0
保留区	应急水源区	0	0	4	43	1	3	0	0	5	46	5	46	0	0	0	0	0	0	0	0	0	0	0	0	0	0
合计		44	55 522	143	83 426	194	149 073	36	33 012	417	321 033	61	16 800	20	11 920	148	171 624	98	59 133	30	15 336	32	30 942	26	13 568	2	1 710

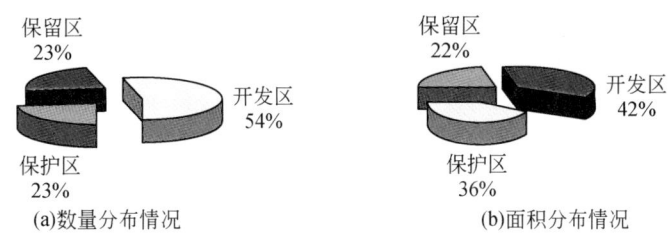

图 5-3 海河流域地下水一级功能区分布情况

表 5-5 海河流域浅层地下水功能区基本情况

地下水二级功能区	不同水质类别分布面积/km²				平原区模数/[万 m³/(a·km²)]	
	Ⅰ~Ⅲ	Ⅳ	Ⅴ	未评价	可开采模数	实际开采模数
集中式供水水源区	1 667	484	699	0	8.59~299	2.7~672
分散式开发利用区	24 625	40 571	67 349	1 883	5.08~43	0~47.4
生态脆弱区	1 066	8	844	60	5.23~39.9	4.8~18.3
地质灾害易发区	5	286	0	0	7.4~40.1	10.2~38.1
地下水水源涵养区	52 302	38 901	7 327	13 911	2	2.1
不宜开采区	22 176	6 061	40 746	0	3.2~18.4	0~20
储备区	0	0	0	16	—	—
应急水源区	43	0	0	3	23.3~112	47.5~473
全流域	101 885	86 311	116 964	15 873	2~299	0~672

5.5 功能区保护目标

地下水功能区保护目标是指在规划期内能够正常发挥其各项供水和生态与环境功能时应该达到的目标要求。在地下水功能区划分的基础上，根据其主导功能，兼顾其他功能用水的目标要求，结合区域生态与环境特点，确定地下水功能区的保护目标。

5.5.1 基本原则

确定地下水功能区保护目标时，遵循以下基本原则。
1) 地下水系统具有脆弱性，制定地下水功能区保护目标应从严掌握。
2) 某一地下水功能区的地下水资源有多种使用功能时，按照对水量水质要求最高的功能来确定该功能区的保护目标。
3) 地下水功能区保护目标应定量化，并便于监测、考核和监督管理。
4) 一个水文地质单元内同一种属性的地下水二级功能区的保护目标应协调一致。

5.5.2 目标体系

地下水功能区的保护目标包括地下水开采量、地下水水质和地下水水位3类，其中水量、水质目标的确定以平原区、地下水开发利用程度较高和有开发利用与保护意义的山丘区为重点，水位目标的确定以平原区为重点。

平原区地下水开采量以可开采量和开采区地下水补给条件合理确定，实现区域地下水的采补平衡；山丘区地下水开采量根据现状开采状况、经济社会发展对地下水的需求、生态与环境保护要求等合理确定。水质目标根据主导功能的水质要求确定，避免地下水水质恶化。地下水水位根据地下水功能区生态与环境保护目标的要求，合理确定。

5.5.3 分区保护目标

根据地下水功能区的功能属性、区域水文地质特征、规划期水资源配置对地下水开发利用和保护的要求，结合地下水开发利用和保护中存在的问题等，确定地下水功能区具体保护目标。

(1) 集中式供水水源区、分散式开发利用区

水量标准：年均开采量不大于可开采量。

水质标准：具有生活供水功能的区域，水质标准不低于国家标准《地下水质量标准》（GB/T 14848—93）的Ⅲ类水的标准值，现状水质优于Ⅲ类水时，以现状水质作为保护目标；工业供水功能的区域，水质标准不低于国家标准《地下水质量标准》（GB/T 14848—93）的Ⅳ类水的标准值，现状水质优于Ⅳ类水时，以现状水质作为保护目标；地下水仅作为农田灌溉的区域，现状水质或经治理后的水质要符合农田灌溉有关水质标准，现状水质优于Ⅴ类水时，以现状水质作为保护目标。

水位标准：根据现状水位及规划期内的开采状况、生态环境保护要求等合理确定。

(2) 生态脆弱区、地质灾害易发区

水量标准：年均开采量不大于可开采量。

水质标准：水质良好的地区，维持现有水质状况；受到污染的地区，原则上以污染前该区域天然水质作为保护目标。

水位标准：生态脆弱区，维持合理生态水位，不引发湿地退化和绿洲荒漠化；地质灾害易发区，维持合理生态水位，不引发海水入侵、咸水入侵、地面塌陷、地面沉降及地下水污染等灾害。

(3) 地下水水源涵养区

水量、水位标准：限制地下水开采，维持较高的地下水水位，始终保持泉水出露区一定的喷涌流量或维持河流的生态基流。

水质标准：现状水质良好的地区，维持现有水质状况；受到污染的地区，原则上以污染前该区域天然水质作为保护目标。

(4) 不宜开采区

水量标准：微咸水分布区一般取 2030 年规划开采量，其他地区基本维持现状。

水质、水位标准：基本维持地下水现状。

(5) 储备区

基本维持地下水现状。

(6) 应急水源区

一般情况下严禁开采，严格保护。

各二级功能区保护目标见表 5-6。

表 5-6 海河流域浅层地下水功能区保护目标

地下水二级功能区	水量目标/亿 m³	水质目标	平原区水位埋深目标/m
集中式供水水源区	11.3	Ⅰ~Ⅳ	2~43
分散式开发利用区	134	Ⅱ~Ⅳ	2~40
生态脆弱区	0.28	Ⅱ~Ⅴ	1~23
地质灾害易发区	0.53	Ⅲ~Ⅳ	3~31
地下水水源涵养区	18.1	Ⅱ~Ⅳ	3
不宜开采区	5.89	Ⅱ~Ⅴ	2~15
储备区	0	Ⅱ~Ⅳ	—
应急水源区	0.20	Ⅲ	15~27
全流域	170	—	

注：水量目标为各二级功能区水量目标的合计值。

5.6 功能区现状达标情况

根据浅层地下水功能区开发利用现状及功能区保护目标，进行功能区现状达标分析。达标的判别标准为：当现状开采量不大于水量目标时视为水量达标，当现状水质优于水质目标时视为水质达标。

在参加评价的 402 个功能区（部分山丘区及平原咸水区的功能区因未评价可开采量而未参与达标评价）中，水量达标的个数为 226 个，达标率为 56%。按功能区类别统计，水量达标率最高的是生态脆弱区，达标率为 87%；达标率最低的是应急水源区，达标率为零。

在参加评价的 388 个功能区（部分山丘区的功能区因无现状水质资料而未参与达标评价）中，水质达标的个数为 258 个，达标率为 66%。按功能区类别统计，水质达标率最高的是生态脆弱区和应急水源区，达标率为 100%；达标率最低的是分散式开发利用区，达标率为 32%，见表 5-7。

表 5-7　海河流域浅层地下水功能区现状达标情况

地下水二级功能区	水量达标情况 参评个数	水量达标情况 达标个数	水量达标情况 达标率/%	水质达标情况 参评个数	水质达标情况 达标个数	水质达标情况 达标率/%
集中式供水水源区	92	47	51	92	61	66
分散式开发利用区	134	60	45	129	41	32
生态脆弱区	15	13	87	12	12	100
地质灾害易发区	6	2	33	6	5	83
地下水水源涵养区	67	37	55	59	55	93
不宜开采区	78	63	81	86	80	93
储备区	5	4	80	—	—	—
应急水源区	5	0	0	4	4	100
全流域	402	226	56	388	258	66

5.7　变化条件下的地下水功能调整

海河流域水资源处于严重超载的状态，在这种情况下，地下水主要承担经济社会服务功能，以供水为主。例如，浅层地下水水质满足用水要求的地下水分布区基本都以开采为主，属于开发类区域。甚至对补给量少、更新极其缓慢的深层承压水也片面强调其供水功能，农业灌溉、城市供水等甚至工业企业都大肆开采深层承压水，结果导致深层承压水的地质环境保护功能受到破坏，地面沉降日益严重。海河平原已经成为中国地面沉降最严重的地区，地面沉降对经济社会发展产生的危害也最大。

目前的功能区划考虑到未来供水格局变化后海河地下水的功能调整，将不适宜作为日常供水的地下水分布区如深层承压水分布区、重要湿地区、沿海易发生海水入侵的地区划分为储备区、生态脆弱区或涵养区等。

考虑到未来南水北调后一些地区的供水改为地表水源，地下水井逐步封存备用，因此，原开发功能初步转变为储备功能，作为应急水源区。

第6章 供水格局变化后的地下水开采调控模式研究

南水北调一期工程达效后,海河平原受水区的水源条件将会有很大的改善,主要表现为外流域调入水量增加,同时伴随着再生水量的增加。2020 水平年海河平原区将新增 79.2 亿 m^3 引江水量,成为城市水资源配置的主要水源之一,届时城乡可利用水量将显著增加。平原受水区需相应调整当地地表水、地下水、再生水和外流域调水等水源与生活、生产和生态等用水行业之间的水量配置关系和时空布局,以实现南水北调工程预期的生态效益及社会效益。

6.1 南水北调工程通水后地下水需求变化

海河平原区的供水格局变化后,将对地下水产生 3 个方面的影响:一是地表水增加,可在一定程度上减少地下水开采量,有利于地下水位的回升。二是非城区除南水北调工程直接供水的工业企业外,其他用水部门(主要是农业)可利用从城市生活和工业用水中置换出来的当地地表水及其增加的再生水等,有利于农村的地下水压采率提高。三是随着南水北调工程通水后受水区供用水格局的变化,地下水的补排关系也将发生变化。

6.1.1 经济社会发展预测

6.1.1.1 人口预测

人口的社会和生物双重特性决定了分析上的复杂性、决策上的多样性和预测上的困难性。人口预测作为一项基础工作,对分析人口变动原因,控制人口自身发展,促进人口、社会、经济、资源、环境相互协调、持续发展都具有重要的意义和作用。预计未来随着流域经济社会的发展,海河流域对流域外人口仍有较强的吸引作用。

采用《海河流域水资源综合规划》中总人口及城镇人口预测成果,以海河平原区水资源三级区为单元进行统计。预计海河平原区 2015 年总人口将达到 9836 万人,其中城镇人口 5344 万人;2020 年总人口将达到 10 270 万人,其中城镇人口 6281 万人;2030 年总人口将达到 10 824 万人,其中城镇人口 7430 万人(表 6-1)。

表 6-1 海河平原区总人口及城镇人口预测 （单位:万人）

水资源三级区	2010 年		2015 年		2020 年		2030 年	
	总人口	城镇人口	总人口	城镇人口	总人口	城镇人口	总人口	城镇人口
滦河平原及冀东沿海诸河	462	170	477	202	492	241	498	284

续表

水资源三级区	2010年 总人口	2010年 城镇人口	2015年 总人口	2015年 城镇人口	2020年 总人口	2020年 城镇人口	2030年 总人口	2030年 城镇人口
北四河平原	2 167	1 671	2 335	1 876	2 516	2 106	2 846	2 473
大清河淀西平原	865	383	900	447	936	522	969	614
大清河淀东平原	1 066	601	1 127	697	1 191	810	1 284	952
子牙河平原	959	352	990	420	1 022	501	1 034	589
漳卫河平原	778	298	806	373	835	466	880	554
黑龙港及运东平原	1 400	514	1 445	613	1 491	731	1 509	860
徒骇马颊河	1 725	567	1 756	716	1 787	904	1 804	1 104
合计	9 422	4 556	9 836	5 344	10 270	6 281	10 824	7 430

6.1.1.2 经济发展预测

规划水平年（2015年，2020年，2030年）经济社会发展指标，采用《海河流域水资源综合规划》成果作为基本方案（方案F1），其他方案采用海河973计划项目课题八"海河流域水循环多维临界整体调控阈值与模式研究"中推荐方案的发展指标，GDP和农田有效灌溉面积分别见表6-2和表6-3。

6.1.2 国民经济需水预测

规划水平年（2015年，2020年，2030年）国民经济需水量，采用《海河流域水资源综合规划》成果作为基本方案（方案F1），其他方案采用海河973计划项目课题八"海河流域水循环多维临界整体调控阈值与模式研究"中推荐方案的需水预测指标，其中，生活需水量见表6-4，工业及三产需水量见表6-5，农业需水量见表6-6，河道外生态需水量见表6-7，总需水量见表6-8。

6.1.3 地下水需求变化分析

根据国务院南水北调工程建设委员会办公室发布的建设目标，南水北调东线一期工程将于2013年通水，中线一期工程将于2014年汛后通水；根据《海河流域水资源综合规划》，2020年东线二期工程通水，2030年中线二期和东线三期工程通水。综合考虑以上因素，本次研究以2010年、2015年、2020年、2030年为水平年，划分为4个阶段：第一阶段2010~2015年，第二阶段2016~2020年，第三阶段2021~2030年，第四阶段2031~2050年。

海河平原区规划水平年的地下水需求变化分析，以水资源三级区为单元，将《海河流域水资源综合规划》成果作为方案F1。预计在2015年、2020年、2030年3个水平年，海河平原区不包括地下水源的各种水源可供水量将分别达到211.3亿m^3、229.1亿m^3和258.8亿m^3。

将海河平原区经济社会需水预测值（表6-8）扣除不包括地下水源的各类水源的可供水量预测值（表6-9和表6-10）后，得到海河平原区水资源三级区不同水平年对地下水资源的需求量，见表6-11。方案F1 2015年对地下水需求量约164.6亿m^3，2020年约154.9亿m^3，

第6章 | 供水格局变化后的地下水开采调控模式研究

表 6-2 海河平原区规划水平年 GDP 预测

(单位：万亿元)

<table>
<tr><th rowspan="3">水资源三级区</th><th colspan="12">1956~2000 年系列</th><th colspan="12">1980~2005 年系列</th></tr>
<tr><th colspan="4">方案 F1</th><th colspan="4">方案 F2</th><th colspan="4">方案 F3</th><th colspan="4">方案 F21</th><th colspan="4">方案 F31</th></tr>
<tr><th>2010 年</th><th>2015 年</th><th>2020 年</th><th>2030 年</th><th>2010 年</th><th>2015 年</th><th>2020 年</th><th>2030 年</th><th>2010 年</th><th>2015 年</th><th>2020 年</th><th>2030 年</th><th>2010 年</th><th>2015 年</th><th>2020 年</th><th>2030 年</th><th>2010 年</th><th>2015 年</th><th>2020 年</th><th>2030 年</th></tr>
<tr><td>滦河平原及冀东沿海诸河</td><td>0.09</td><td>0.12</td><td>0.17</td><td>0.32</td><td>0.11</td><td>0.17</td><td>0.25</td><td>0.40</td><td>0.11</td><td>0.17</td><td>0.25</td><td>0.40</td><td>0.09</td><td>0.11</td><td>0.12</td><td>0.15</td><td>0.11</td><td>0.15</td><td>0.21</td><td>0.41</td></tr>
<tr><td>北四河平原</td><td>1.06</td><td>1.55</td><td>2.28</td><td>4.30</td><td>0.82</td><td>1.27</td><td>1.98</td><td>3.12</td><td>0.82</td><td>1.27</td><td>1.98</td><td>3.10</td><td>0.81</td><td>1.21</td><td>1.82</td><td>2.87</td><td>0.82</td><td>1.25</td><td>1.91</td><td>3.03</td></tr>
<tr><td>大清河淀西平原</td><td>0.21</td><td>0.31</td><td>0.44</td><td>0.82</td><td>0.23</td><td>0.36</td><td>0.55</td><td>0.87</td><td>0.23</td><td>0.35</td><td>0.54</td><td>0.87</td><td>0.21</td><td>0.26</td><td>0.33</td><td>0.46</td><td>0.23</td><td>0.33</td><td>0.48</td><td>0.88</td></tr>
<tr><td>大清河淀东平原</td><td>0.33</td><td>0.48</td><td>0.69</td><td>1.28</td><td>0.29</td><td>0.44</td><td>0.66</td><td>1.03</td><td>0.29</td><td>0.43</td><td>0.65</td><td>1.02</td><td>0.27</td><td>0.35</td><td>0.47</td><td>0.71</td><td>0.29</td><td>0.42</td><td>0.60</td><td>1.04</td></tr>
<tr><td>子牙河平原</td><td>0.18</td><td>0.25</td><td>0.36</td><td>0.66</td><td>0.23</td><td>0.35</td><td>0.52</td><td>0.84</td><td>0.23</td><td>0.34</td><td>0.51</td><td>0.83</td><td>0.19</td><td>0.22</td><td>0.25</td><td>0.31</td><td>0.23</td><td>0.32</td><td>0.44</td><td>0.86</td></tr>
<tr><td>漳卫河平原</td><td>0.12</td><td>0.17</td><td>0.24</td><td>0.44</td><td>0.15</td><td>0.23</td><td>0.34</td><td>0.63</td><td>0.15</td><td>0.23</td><td>0.34</td><td>0.63</td><td>0.14</td><td>0.20</td><td>0.27</td><td>0.55</td><td>0.15</td><td>0.21</td><td>0.30</td><td>0.62</td></tr>
<tr><td>黑龙港及运东平原</td><td>0.26</td><td>0.37</td><td>0.52</td><td>0.97</td><td>0.34</td><td>0.51</td><td>0.77</td><td>1.22</td><td>0.34</td><td>0.50</td><td>0.75</td><td>1.21</td><td>0.28</td><td>0.32</td><td>0.36</td><td>0.45</td><td>0.34</td><td>0.46</td><td>0.64</td><td>1.25</td></tr>
<tr><td>徒骇马颊河</td><td>0.36</td><td>0.55</td><td>0.84</td><td>1.55</td><td>0.43</td><td>0.66</td><td>1.02</td><td>1.76</td><td>0.43</td><td>0.66</td><td>1.02</td><td>1.76</td><td>0.42</td><td>0.65</td><td>1.01</td><td>1.75</td><td>0.43</td><td>0.66</td><td>1.01</td><td>1.76</td></tr>
<tr><td>合计</td><td>2.61</td><td>3.80</td><td>5.53</td><td>10.34</td><td>2.59</td><td>3.97</td><td>6.09</td><td>9.88</td><td>2.59</td><td>3.96</td><td>6.04</td><td>9.82</td><td>2.42</td><td>3.32</td><td>4.64</td><td>7.25</td><td>2.59</td><td>3.80</td><td>5.59</td><td>9.85</td></tr>
</table>

注：方案 F1 引自《海河流域水资源综合规划》，其他方案引自课题八"海河流域水循环多维临界整体调控阈值与模式研究"成果。

表 6-3 海河平原区规划水平年有效灌溉面积预测

(单位：10^6 亩)

<table>
<tr><th rowspan="3">水资源三级区</th><th colspan="12">1956~2000 年系列</th><th colspan="8">1980~2005 年系列</th></tr>
<tr><th colspan="4">方案 F1</th><th colspan="4">方案 F2</th><th colspan="4">方案 F3</th><th colspan="4">方案 F21</th><th colspan="4">方案 F31</th></tr>
<tr><th>2010 年</th><th>2015 年</th><th>2020 年</th><th>2030 年</th><th>2010 年</th><th>2015 年</th><th>2020 年</th><th>2030 年</th><th>2010 年</th><th>2015 年</th><th>2020 年</th><th>2030 年</th><th>2010 年</th><th>2015 年</th><th>2020 年</th><th>2030 年</th><th>2010 年</th><th>2015 年</th><th>2020 年</th><th>2030 年</th></tr>
<tr><td>滦河平原及冀东沿海诸河</td><td>2.8</td><td>2.8</td><td>2.8</td><td>2.8</td><td>4.3</td><td>4.7</td><td>5.2</td><td>5.1</td><td>4.5</td><td>4.7</td><td>4.9</td><td>4.8</td><td>3.8</td><td>3.9</td><td>4.0</td><td>3.9</td><td>3.8</td><td>3.9</td><td>4.0</td><td>4.0</td></tr>
<tr><td>北四河平原</td><td>5.8</td><td>5.7</td><td>5.6</td><td>5.5</td><td>7.5</td><td>8.1</td><td>8.7</td><td>8.7</td><td>7.7</td><td>8.1</td><td>8.6</td><td>9.0</td><td>6.7</td><td>7.1</td><td>7.5</td><td>8.1</td><td>6.5</td><td>7.0</td><td>7.5</td><td>7.7</td></tr>
<tr><td>大清河淀西平原</td><td>4.6</td><td>4.6</td><td>4.6</td><td>4.6</td><td>6.9</td><td>7.6</td><td>8.4</td><td>8.2</td><td>7.2</td><td>7.5</td><td>7.8</td><td>7.8</td><td>6.2</td><td>6.3</td><td>6.4</td><td>6.3</td><td>6.2</td><td>6.3</td><td>6.5</td><td>6.5</td></tr>
<tr><td>大清河淀东平原</td><td>5.8</td><td>5.7</td><td>5.7</td><td>5.7</td><td>8.3</td><td>9.1</td><td>9.9</td><td>9.5</td><td>8.7</td><td>9.1</td><td>9.6</td><td>9.6</td><td>7.3</td><td>7.7</td><td>8.2</td><td>8.4</td><td>7.2</td><td>7.7</td><td>8.1</td><td>8.2</td></tr>
<tr><td>子牙河平原</td><td>5.9</td><td>5.9</td><td>5.9</td><td>5.9</td><td>8.9</td><td>9.8</td><td>10.8</td><td>10.6</td><td>9.3</td><td>9.7</td><td>10.1</td><td>10.0</td><td>8.0</td><td>8.1</td><td>8.3</td><td>8.1</td><td>8.0</td><td>8.2</td><td>8.3</td><td>8.4</td></tr>
</table>

143

续表

水资源三级区	方案 F1 1956~2000 年系列			方案 F2			方案 F3			方案 F21 1980~2005 年系列			方案 F31		
	2010年	2015年	2020年	2030年	2010年	2015年	2020年	2030年	2010年	2015年	2020年	2030年	2010年	2015年	2020年	2030年
漳卫河平原	5.3	5.5	5.6	5.7	15.7	17.1	18.6	19.4	15.8	17.1	18.5	19.3	14.7	15.7	16.7	17.8	14.7	15.7	16.7	17.8
黑龙港及运东平原	8.6	8.6	8.6	8.6	13.0	14.3	15.8	15.4	13.5	14.1	14.8	14.5	11.6	11.8	12.0	11.8	11.6	11.9	12.2	12.2
徒骇马颊河	20.5	20.8	21.1	21.4	23.1	25.0	27.2	27.5	22.3	24.6	27.1	27.5	22.0	23.4	24.8	26.0	22.0	23.4	24.8	26.0
合计	59.3	59.6	60.0	60.2	87.6	95.7	104.6	104.3	88.8	94.9	101.4	102.4	80.2	83.9	87.9	90.4	80.0	83.9	88.2	90.8

注：方案 F1 引自《海河流域水资源综合规划》，其他方案引自海河 973 计划项目课题八 "海河流域水循环多维临界整体调控阈值与模式研究"成果。

表 6-4 海河平原区规划水平年年生活需水量预测

（单位：亿 m³）

水资源三级区	2010 年		2015 年		2020 年		2030 年	
	总人口需水量	城镇人口需水量	总人口需水量	城镇人口需水量	总人口需水量	城镇人口需水量	总人口需水量	城镇人口需水量
滦河平原及冀东沿海诸河	1.20	0.39	1.48	0.36	1.66	0.33	2.10	0.28
北四河平原	5.76	1.43	7.50	1.37	8.59	1.33	10.76	1.28
大清河淀西平原	1.56	1.65	2.09	1.56	2.42	1.50	2.87	1.40
大清河淀东平原	3.08	0.94	4.95	0.90	6.11	0.87	7.63	0.88
子牙河平原	2.19	1.88	3.38	1.70	4.13	1.59	4.97	1.47
漳卫河平原	1.21	1.14	1.83	1.22	2.21	1.27	2.87	1.31
黑龙港及运东平原	1.04	1.54	1.58	1.66	1.91	1.74	2.58	1.69
徒骇马颊河	2.00	3.07	3.16	2.69	3.88	2.46	5.12	2.26
合计	18.04	12.04	25.97	11.46	30.91	11.09	38.90	10.57

表 6-5 海河平原区规划水平年工业及三产需水量预测 （单位：亿 m³）

水资源三级区	1956～2000 年系列													1980～2005 年系列												
	方案 F1				方案 F2				方案 F3				方案 F21				方案 F31			
	2010年	2015年	2020年	2030年	2010年	2015年	2020年	2030年	2010年	2015年	2020年	2030年	2010年	2015年	2020年	2030年	2010年	2015年	2020年	2030年
滦河平原及冀东沿海诸河	4.3	5.5	6.4	7.0	4.3	5.9	6.9	6.0	4.3	5.6	6.4	5.6	4.9	6.5	7.5	6.5	4.9	4.9	4.8	5.9
北四河平原	14.3	18.3	20.7	22.6	14.3	21.0	25.2	23.3	14.3	20.9	25.0	23.1	17.8	22.4	25.3	22.7	17.8	21.5	23.8	22.4
大清河淀西平原	6.1	6.4	6.6	7.0	6.1	8.6	10.1	9.0	6.1	8.2	9.6	8.5	7.2	9.5	10.9	9.4	7.2	7.5	7.7	8.7
大清河淀东平原	6.8	10.8	13.3	15.2	6.8	9.7	11.5	11.0	6.8	9.6	11.3	10.7	8.6	10.6	11.8	11.1	8.6	9.8	10.5	10.9
子牙河平原	9.6	11.9	13.3	13.9	9.6	13.3	15.6	13.6	9.6	12.6	14.4	12.7	11.2	14.8	17.1	14.7	11.2	11.0	10.9	13.3
漳卫河平原	5.5	6.3	6.9	7.7	5.5	6.8	7.7	9.0	5.5	6.8	7.7	8.9	6.3	6.6	6.7	9.0	6.3	6.5	6.5	8.9
黑龙港及运东平原	3.2	4.4	5.1	5.6	3.2	4.4	5.2	4.6	3.2	4.2	4.8	4.2	3.7	4.9	5.7	4.9	3.7	3.7	3.6	4.4
徒骇马颊河	6.6	10.5	12.9	14.6	6.6	10.7	13.3	13.2	6.6	10.7	13.2	12.9	7.8	11.0	13.0	13.0	7.8	11.0	13.0	13.2
合计	56.4	74.1	85.1	93.6	56.4	80.4	95.5	89.5	56.4	78.6	92.4	86.7	67.5	86.3	98.0	91.2	67.5	75.7	80.8	87.8

注：方案 F1 引自《海河流域水资源综合规划》，其他方案引自海河 973 计划项目课题八"海河流域水循环多维临界整体调控阈值与模式研究"成果。

表 6-6 海河平原区规划水平年农业需水量预测 （单位：亿 m³）

水资源三级区	1956～2000 年系列													1980～2005 年系列												
	方案 F1				方案 F2				方案 F3				方案 F21				方案 F31			
	2010年	2015年	2020年	2030年	2010年	2015年	2020年	2030年	2010年	2015年	2020年	2030年	2010年	2015年	2020年	2030年	2010年	2015年	2020年	2030年
滦河平原及冀东沿海诸河	16.8	15.2	14.3	14.3	16.8	16.3	16.0	15.6	16.8	16.3	16.0	15.4	24.1	24.1	24.0	23.4	24.1	23.7	23.4	24.1
北四河平原	35.0	33.3	32.3	31.4	35.0	31.3	29.0	30.7	35.0	31.2	28.8	30.0	25.5	25.8	25.9	26.8	25.5	25.8	25.9	26.5
大清河淀西平原	31.4	29.0	27.5	27.3	31.4	30.3	29.6	28.9	31.4	30.2	29.5	28.7	24.1	24.1	24.0	25.3	24.1	23.7	23.4	24.1

续表

水资源三级区	1956~2000年系列 方案F1 2010年	2015年	2020年	2030年	方案F2 2010年	2015年	2020年	2030年	方案F3 2010年	2015年	2020年	2030年	1980~2005年系列 方案F21 2010年	2015年	2020年	2030年	方案F31 2010年	2015年	2020年	2030年
大清河淀东平原	19.0	19.9	20.4	19.7	19.0	18.4	18.0	17.4	19.0	18.3	17.9	17.2	14.5	14.8	14.9	15.7	14.5	14.6	14.7	15.2
子牙河平原	36.1	32.1	29.6	29.0	36.1	35.0	34.4	33.3	36.1	35.0	34.3	33.1	27.5	27.5	27.5	28.9	27.5	27.0	26.8	27.6
漳卫河平原	22.5	24.0	25.0	25.2	22.5	22.9	23.2	24.2	22.5	22.9	23.1	24.1	19.4	20.7	21.5	22.8	19.4	20.6	21.4	22.6
黑龙港及运东平原	35.9	31.1	28.2	27.2	35.9	34.8	34.2	33.1	35.9	34.8	34.0	32.9	28.1	28.1	28.1	29.6	28.1	27.7	27.4	28.2
徒骇马颊河	72.0	69.2	67.4	65.8	72.0	64.3	59.4	58.5	72.0	64.6	59.9	58.6	58.8	58.2	57.7	58.6	58.8	58.1	57.7	58.6
合计	268.7	253.9	244.7	239.6	268.7	253.3	243.6	241.8	268.7	253.2	243.5	239.8	210.6	211.8	212.5	221.1	210.6	210.0	209.6	215.5

注：方案F1引自《海河流域水资源综合规划》，其他方案引自海河973计划项目课题八"海河流域水循环多维临界整体调控阈值与模式研究"成果。

表6-7　海河平原区规划水平年河道外生态需水量预测

（单位：亿m³）

水资源三级区	1956~2000年系列 方案F1 2010年	2015年	2020年	2030年	方案F2 2010年	2015年	2020年	2030年	方案F3 2010年	2015年	2020年	2030年	1980~2005年系列 方案F21 2010年	2015年	2020年	2030年	方案F31 2010年	2015年	2020年	2030年
滦河平原及冀东沿海诸河	0.19	0.21	0.21	0.34	0.19	0.43	0.59	0.71	0.19	0.43	0.59	0.71	0.30	0.47	0.59	0.71	0.30	0.47	0.59	0.71
北四河平原	2.64	4.90	6.31	7.32	2.64	4.50	5.66	6.61	2.64	4.50	5.66	6.61	2.61	4.48	5.66	6.61	2.61	4.48	5.66	6.61
大清河淀西平原	0.28	0.82	1.17	1.29	0.28	0.72	0.99	1.14	0.28	0.72	0.99	1.14	0.45	0.78	0.99	1.14	0.45	0.78	0.99	1.14
大清河淀东平原	0.45	1.52	2.20	2.46	0.45	1.67	2.44	2.68	0.45	1.67	2.44	2.68	1.08	1.92	2.44	2.68	1.08	1.92	2.44	2.68
子牙河平原	0.47	0.65	0.76	1.02	0.47	1.04	1.40	1.69	0.47	1.04	1.40	1.69	0.71	1.13	1.40	1.69	0.71	1.13	1.40	1.69
漳卫河平原	0.38	0.30	0.25	0.36	0.38	0.32	0.28	0.38	0.38	0.32	0.28	0.38	0.37	0.32	0.28	0.38	0.37	0.32	0.28	0.38

续表

水资源三级区	方案 F1 1956~2000年系列			方案 F2 1956~2000年系列			方案 F3 1956~2000年系列			方案 F21 1980~2005年系列			方案 F31 1980~2005年系列		
	2010年	2015年	2020年	2030年	2010年	2015年	2020年	2030年	2010年	2015年	2020年	2030年	2010年	2015年	2020年	2030年	2010年	2015年	2020年	2030年
黑龙港及运东平原	0.09	0.62	0.95	1.03	0.09	0.49	0.75	0.80	0.09	0.49	0.75	0.80	0.30	0.58	0.75	0.80	0.30	0.58	0.75	0.80
徒骇马颊河	1.16	0.64	0.32	0.46	1.16	0.65	0.33	0.47	1.16	0.65	0.33	0.47	0.48	0.39	0.33	0.47	0.48	0.39	0.33	0.47
合计	5.66	9.66	12.17	14.28	5.66	9.82	12.44	14.48	5.66	9.82	12.44	14.48	6.30	10.07	12.44	14.48	6.30	10.07	12.44	14.48

注：方案F1引自《海河流域水资源综合规划》，其他方案引自海河973计划项目课题八"海河流域水循环多维临界整体调控阈值与模式研究"成果。

表6-8 海河平原区规划水平年总需水量预测

（单位：亿 m³）

水资源三级区	方案 F1 1956~2000年系列			方案 F2 1956~2000年系列			方案 F3 1956~2000年系列			方案 F21 1980~2005年系列			方案 F31 1980~2005年系列		
	2010年	2015年	2020年	2030年	2010年	2015年	2020年	2030年	2010年	2015年	2020年	2030年	2010年	2015年	2020年	2030年	2010年	2015年	2020年	2030年
滦河平原及冀东沿海诸河	22.9	22.8	22.8	24.0	22.9	24.8	26.1	25.4	22.9	24.5	25.5	24.8	19.6	21.9	23.4	23.7	19.6	20.0	20.3	22.5
北四河平原	59.1	65.3	69.2	73.3	59.1	65.4	69.3	71.9	59.1	65.2	69.0	71.0	53.2	61.3	66.3	67.5	53.2	60.4	64.8	66.8
大清河淀西平原	41.0	39.9	39.2	39.8	41.0	43.5	45.0	43.9	41.0	43.1	44.3	43.1	35.0	38.2	40.1	40.6	35.0	35.8	36.4	38.8
大清河淀东平原	30.2	38.0	42.9	45.9	30.2	35.2	38.3	38.8	30.2	35.0	38.0	38.2	28.3	32.7	35.5	37.2	28.3	31.8	34.0	36.4
子牙河平原	50.3	49.7	49.4	50.3	50.3	54.5	57.2	55.4	50.3	53.8	55.9	54.2	43.5	48.6	51.8	52.1	43.5	44.3	44.9	49.4
漳卫河平原	30.7	33.7	35.6	37.4	30.7	32.9	34.2	37.1	30.7	32.8	34.2	37.0	28.4	30.4	31.6	35.9	28.4	30.2	31.3	35.6
黑龙港及运东平原	41.8	39.4	37.8	38.1	41.8	42.9	43.5	42.3	41.8	42.5	43.0	41.7	34.7	36.8	38.0	39.1	34.7	35.0	35.2	37.3
徒骇马颊河	84.9	86.2	87.0	88.2	81.5	79.4	79.4	79.6	84.8	81.8	79.9	79.4	72.1	75.4	77.4	79.4	72.1	75.4	77.4	79.6
合计	360.8	375.0	384.0	396.9	360.5	380.5	392.9	394.4	360.8	378.6	389.7	389.4	314.8	345.3	364.2	375.3	314.8	332.9	344.2	366.4

注：方案F1引自《海河流域水资源综合规划》，其他方案引自海河973计划项目课题八"海河流域水循环多维临界整体调控阈值与模式研究"成果。

表 6-9　海河平原区规划水平年年际地下水外其他水源供水预测（1956~2000 年系列） （单位：亿 m³）

方案	水资源分区	2010 年 地表水和其他	2010 年 外调水	2010 年 再生水	2010 年 小计	2015 年 地表水和其他	2015 年 外调水	2015 年 再生水	2015 年 小计	2020 年 地表水和其他	2020 年 外调水	2020 年 再生水	2020 年 小计	2030 年 地表水和其他	2030 年 外调水	2030 年 再生水	2030 年 小计
F1	滦河平原及冀东沿海诸河	12.8	0.0	0.1	12.9	13.6	0.0	0.1	13.7	14.2	0.0	0.0	14.2	13.2	0.0	0.1	13.3
F1	北四河平原	18.5	0.0	3.6	22.1	22.2	11.6	7.4	41.2	24.5	13.4	8.5	46.3	22.2	20.9	8.2	51.3
F1	大清河淀西平原	12.2	0.0	0.0	12.2	13.5	6.3	0.9	20.6	14.2	6.3	0.9	21.4	13.6	7.7	1.3	22.6
F1	大清河淀东平原	9.0	0.0	0.1	9.1	10.4	11.4	4.0	25.8	11.3	12.2	4.3	27.8	13.6	14.9	3.5	32.0
F1	子牙河平原	10.6	0.2	0.8	11.5	10.8	11.7	1.5	24.0	11.0	11.7	1.5	24.2	12.6	16.1	1.3	30.0
F1	漳卫河平原	4.5	4.5	0.2	9.2	4.6	10.6	1.4	16.6	4.7	10.6	1.4	16.6	4.5	12.7	1.9	19.0
F1	黑龙港及运东平原	4.7	2.6	0.0	7.3	5.6	11.6	0.8	18.1	6.2	16.6	1.2	24.0	4.4	26.9	1.2	32.5
F1	徒骇马颊河	9.2	36.0	0.5	45.6	6.9	41.8	2.6	51.4	5.6	46.2	2.9	54.6	4.9	49.7	3.5	58.1
F1	平原区合计	81.5	43.3	5.2	129.9	87.7	104.9	18.7	211.3	91.6	116.9	20.7	229.1	89.0	148.9	20.9	258.9
F2	滦河平原及冀东沿海诸河	12.8	0.0	0.1	12.9	15.2	0.0	2.6	17.8	16.7	0.0	4.1	20.8	16.4	0.0	4.7	21.1
F2	北四河平原	18.5	0.0	3.6	22.1	21.6	12.3	9.0	42.9	23.6	14.1	10.2	47.8	19.7	20.3	11.5	51.4
F2	大清河淀西平原	12.2	0.0	0.0	12.2	15.6	6.0	2.9	24.5	17.7	6.0	2.9	26.6	16.6	8.1	4.0	28.7
F2	大清河淀东平原	9.0	0.0	0.1	9.1	8.8	10.7	4.9	24.4	8.7	11.6	5.3	25.5	6.0	14.6	6.7	27.3
F2	子牙河平原	10.6	0.2	0.8	11.5	11.3	12.7	2.6	26.7	11.8	12.7	2.6	27.2	10.6	16.7	5.2	32.5
F2	漳卫河平原	4.5	4.5	0.2	9.2	3.8	15.5	1.2	20.5	3.3	15.5	1.2	20.0	3.0	21.4	1.8	26.1
F2	黑龙港及运东平原	4.7	2.6	0.0	7.3	5.3	10.2	1.1	16.6	5.6	15.2	1.7	22.5	4.3	25.8	1.9	32.0
F2	徒骇马颊河	9.2	36.0	0.5	45.6	8.7	42.0	2.4	53.1	8.4	46.3	2.6	57.4	7.4	49.7	3.5	60.6
F2	平原区合计	81.5	43.3	5.2	129.9	90.2	109.5	26.7	226.4	95.6	121.4	30.7	247.8	84.0	156.6	39.2	279.8
F3	滦河平原及冀东沿海诸河	12.8	0.0	0.1	12.9	13.4	0.0	4.4	17.8	13.8	0.0	3.9	17.6	16.6	0.0	3.8	20.4
F3	北四河平原	18.5	0.0	3.6	22.1	20.3	12.4	9.0	41.7	21.4	14.2	10.3	45.8	20.9	17.2	10.4	48.5
F3	大清河淀西平原	12.2	0.0	0.0	12.2	15.1	6.1	2.9	24.1	16.9	6.1	2.9	25.9	17.3	7.3	2.8	27.4
F3	大清河淀东平原	9.0	0.0	0.1	9.1	7.7	10.8	5.0	23.6	7.0	11.7	5.4	24.1	8.1	12.9	5.7	26.6
F3	子牙河平原	10.6	0.2	0.8	11.5	11.0	12.5	3.0	26.5	11.3	12.5	3.0	26.8	10.9	15.2	2.9	28.9
F3	漳卫河平原	4.5	4.5	0.2	9.2	3.8	15.3	1.6	20.7	3.4	15.3	1.6	20.3	3.1	17.3	1.9	22.3
F3	黑龙港及运东平原	4.7	2.6	0.0	7.3	5.0	10.2	1.1	16.3	5.2	15.2	1.6	22.0	5.0	16.4	1.6	23.0
F3	徒骇马颊河	9.2	36.0	0.5	45.6	8.4	42.2	2.6	53.2	7.9	46.6	2.9	57.4	7.6	46.5	3.1	57.1
F3	平原区合计	81.5	43.3	5.2	129.9	84.8	109.5	29.6	223.9	86.8	121.5	31.5	239.9	89.4	132.8	32.0	254.2

表 6-10 海河平原区规划水平年除地下水外其他水源供水预测（1980~2005 年系列） (单位：亿 m³)

方案	水资源分区	2010 年 地表水和其他	2010 年 外调水	2010 年 再生水	2010 年 小计	2015 年 地表水和其他	2015 年 外调水	2015 年 再生水	2015 年 小计	2020 年 地表水和其他	2020 年 外调水	2020 年 再生水	2020 年 小计	2030 年 地表水和其他	2030 年 外调水	2030 年 再生水	2030 年 小计
F21	滦河平原及冀东沿海诸河	8.2	0.0	0.0	8.2	10.4	0.0	0.1	10.4	11.7	0.0	0.1	11.8	13.8	0.0	0.5	14.3
	北四河平原	13.6	0.0	1.1	14.7	17.3	13.3	0.3	31.0	19.7	13.9	0.4	33.9	19.7	19.2	1.5	40.4
	大清河淀西平原	8.5	0.0	0.0	8.5	10.6	6.6	0.1	17.2	11.9	6.6	0.1	18.5	11.0	8.9	0.4	20.3
	大清河淀东平原	10.0	0.0	0.1	10.0	9.4	11.4	0.1	20.9	9.0	13.4	0.2	22.6	7.8	18.3	0.7	26.8
	子牙河平原	8.9	0.2	0.2	9.3	9.1	13.5	0.0	22.6	9.3	13.5	0.0	22.8	9.0	17.1	0.1	26.2
	漳卫河平原	3.3	4.8	0.1	8.1	3.1	15.5	0.0	18.6	3.0	15.5	0.0	18.5	2.6	18.5	0.1	21.2
	黑龙港及运东平原	4.4	4.8	0.0	9.1	3.8	10.6	0.0	14.5	3.4	15.6	0.0	19.1	3.4	24.4	0.2	27.8
	徒骇马颊河	5.8	35.8	0.4	42.0	6.3	42.7	0.1	49.1	6.6	47.1	0.1	53.8	6.4	50.0	0.4	56.8
	平原区合计	62.6	45.6	1.8	109.9	69.9	113.6	0.8	184.3	74.5	125.6	0.9	201.0	73.6	156.4	3.8	233.9
F31	滦河平原及冀东沿海诸河	8.2	0.0	0.0	8.2	9.2	0.0	0.1	9.3	9.8	0.0	0.1	9.9	12.1	0.0	0.5	12.6
	北四河平原	13.6	0.0	1.1	14.7	17.5	13.2	0.3	31.0	19.9	13.8	0.3	34.0	21.5	16.1	1.3	38.9
	大清河淀西平原	8.5	0.0	0.0	8.5	10.2	7.0	0.1	17.3	11.3	7.0	0.1	18.4	11.6	7.8	0.4	19.7
	大清河淀东平原	10.0	0.0	0.1	10.0	9.4	11.4	0.1	20.9	9.0	13.4	0.1	22.5	10.5	14.3	0.6	25.4
	子牙河平原	8.9	0.2	0.2	9.3	8.8	13.0	0.0	21.8	8.7	13.0	0.0	21.7	9.4	14.8	0.1	24.3
	漳卫河平原	3.3	4.8	0.1	8.1	3.1	15.8	0.1	19.0	2.8	15.8	0.1	18.7	2.9	16.7	0.3	19.8
	黑龙港及运东平原	4.4	4.8	0.0	9.1	3.7	10.9	0.0	14.6	3.4	15.9	0.0	19.3	4.1	16.7	0.2	20.9
	徒骇马颊河	5.8	35.8	0.4	42.0	6.5	42.5	0.1	49.1	6.9	46.9	0.1	53.9	7.3	47.4	0.5	55.2
	平原区合计	62.6	45.6	1.8	109.9	68.2	113.7	0.7	183.0	71.8	125.7	0.8	198.3	79.3	133.8	3.7	216.8

表 6-11　海河平原区规划水平年对地下水资源的需水量

(单位：亿 m³)

水资源三级区	1956~2000 年系列													1980~2005 年系列										
	方案 F1				方案 F2				方案 F3				方案 F21				方案 F31			
	2010年	2015年	2020年	2030年	2010年	2015年	2020年	2030年	2010年	2015年	2020年	2030年	2010年	2015年	2020年	2030年	2010年	2015年	2020年	2030年
滦河平原及冀东沿海诸河	10.0	8.9	8.6	10.7	10.0	7.6	5.3	4.3	10.0	7.2	7.8	4.4	11.3	12.0	11.6	9.4	11.3	10.5	10.5	9.9
北四河平原	37.0	24.8	22.9	22.0	37.0	23.4	21.5	20.5	37.0	24.4	23.1	22.5	38.6	31.9	32.4	27.1	38.6	30.6	30.8	28.0
大清河淀西平原	28.9	19.0	17.8	17.2	28.9	19.7	18.3	15.1	28.9	19.6	18.4	15.8	26.6	21.6	21.7	20.3	26.6	18.3	18.0	19.1
大清河淀东平原	21.1	13.4	15.1	13.9	21.1	11.8	12.8	11.5	21.1	12.4	13.9	11.6	18.3	12.5	13.0	10.4	18.3	11.2	11.5	11.0
子牙河平原	38.7	25.4	25.2	20.3	38.7	29.1	30.0	23.0	38.7	28.3	29.1	25.3	34.1	27.0	29.0	25.9	34.1	21.9	23.2	25.2
漳卫河平原	21.5	17.5	19.0	18.4	21.5	12.3	14.2	11.0	21.5	12.1	13.9	14.7	20.3	11.4	13.1	14.6	20.3	11.0	12.6	15.7
黑龙港及运东平原	34.5	20.7	13.9	5.5	34.5	26.7	21.1	10.3	34.5	26.7	21.0	18.7	25.6	22.5	18.9	11.3	25.6	20.1	15.9	16.4
徒骇马颊河	39.2	34.9	32.5	30.1	39.2	27.7	22.0	18.9	39.2	28.0	22.5	22.3	30.2	26.7	23.7	22.6	30.2	26.7	23.6	24.4
合计	230.9	164.6	154.9	138.1	230.9	158.3	145.2	114.6	230.9	158.7	149.7	135.3	205.0	165.6	163.4	141.6	205.0	150.3	146.1	149.7

2030年约138.1亿m³，2015年和2020年地下水需求量均显著大于平原区多年平均地下水可开采量135.4亿m³，各水平年仍将存在不同程度的地下水超采现象，但超采量逐步减少并趋近于采补平衡。

6.2 海河平原区地下水开发利用多目标模型

6.2.1 多目标优化模型的建立

地下水调控主要考虑3个方面：一是要逐步稳定或遏制地下水位持续下降的局面；二是要基本保障区域经济社会可持续发展用水需求；三是要协调地下水位修复与经济社会可持续发展关系。

按水资源三级区统计，2010年海河平原区水资源三级区地下水埋深差别较大，其中子牙河平原地下水埋深最大，约27.27m，徒骇马颊河地下水埋深最小，约5.4m。根据《海河流域水资源综合规划》及综合考虑国内外学者相关的各种研究成果、资料和实验结果，海河平原区不因地下水埋深过浅引发土壤盐渍化和沼泽化、不因埋深过大引起土壤干化、沙化和天然植被衰败的理想的地下水生态水位埋深变化于4.0~5.1m（表6-12）。

表6-12 海河平原区水资源三级区2010年末地下水埋深与生态水位埋深

水资源三级区	2010年末地下水埋深/m	理想生态水位埋深/m
滦河平原及冀东沿海诸河	7.97	4.1
北四河平原	12.56	4.8
大清河淀西平原	23.71	4.6
大清河淀东平原	9.24	4.6
子牙河平原	27.27	5.1
漳卫河平原	14.10	4.0
黑龙港及运东平原	11.11	4.4
徒骇马颊河	5.40	4.2

为了保证区域地下水资源的科学分配，本次研究设置两个调控目标：①各三级区缺水率之和最小；②地下水修复年限适宜。修复年限过短会导致区域缺水率过大，制约经济社会发展，降低生活水平；过长则不利于地下水环境的修复。

目标函数表达式如下。

（1）缺水率

$$\min \sum_{j=1}^{8} \sum_{k=1}^{4} \alpha_{jk} \left(\frac{D_{jk} - Q_{jk}}{D_{jk}^{0}} \right)^2 \tag{6-1}$$

式中，α_{jk}为第j分区第k部门相对其他用水部门优先得到供给地下水的重要程度系数；D_{jk}为第j分区第k部门对地下水的需求量；Q_{jk}为地下水给第j分区第k部门的供水量；D_{jk}^{0}为

第 j 分区第 k 部门的总需水量。

（2）修复年限

$$\min \max T_j \tag{6-2}$$

式中，T_j 为第 j 分区要修复到适宜埋深需要的年限，$j=1,2,3,\cdots,8$。

（3）地下水埋深

$$\min \max \frac{h_{jt} - h_{j\min}}{h_0 - h_{j\min}} \tag{6-3}$$

式中，h_{jt} 为第 j 分区第 t 时段计算得到的地下水埋深；$h_{j\min}$ 为第 j 分区适宜的生态埋深；h_0 为 2010 年末埋深，$j=1,2,3,\cdots,8$。

约束条件如下。

（1）水量平衡约束

区域补给量主要包括降雨入渗补给量、山前侧向补给量、地表水体补给量、灌溉入渗补给量，排泄量主要包括地下水开采量、潜水蒸发量、侧向流出量。

$$\Delta V_{jt} = P_{jt} + R_{jt} + N_{jt} + M_{jt} - Q_{jt} - E_{jt} - O_{jt} \tag{6-4}$$

式中，ΔV_{jt} 为第 j 分区第 t 时段含水层地下水蓄变量；P_{jt} 为第 j 分区第 t 时段降雨入渗补给量；R_{jt} 为第 j 分区第 t 时段山前侧向补给量；N_{jt} 为第 j 分区第 t 时段地表水体补给量；M_{jt} 为第 j 分区第 t 时段灌溉入渗补给量；Q_{jt} 为第 j 分区第 t 时段地下水开采量；E_{jt} 为第 j 分区第 t 时段潜水蒸发量；O_{jt} 为第 j 分区第 t 时段侧向流出量。

（2）地下水埋深约束

$$h_{j\min} \leqslant h_{jt} \leqslant h_{j\max} \tag{6-5}$$

式中，h_{jt} 为第 j 分区第 t 时段计算得到的地下水埋深；$h_{j\min}$ 为第 j 分区允许最小地下水埋深；这里将适宜的生态埋深作为允许最小地下水埋深；$h_{j\max}$ 为第 j 分区允许最大地下水埋深。

（3）供水量约束

各分区地下水源的供水量不应多于其地下水需水量。

$$Q_j \leqslant D_j \tag{6-6}$$

（4）开采能力约束

各分区地下水源的供水量不应大于其地下水开采能力。

$$Q_j \leqslant Q_{j\max} \tag{6-7}$$

式中，$Q_{j\max}$ 为第 j 分区地下水的开采能力。

（5）非负约束

$$Q_j \geqslant 0 \tag{6-8}$$

6.2.2 基于协同进化的粒子群优化算法

粒子群优化算法（particle swarm optimization，PSO）是基于鸟类群体在空中飞行路径的一种新的群体智能随机搜索优化方法，同遗传算法类似，PSO 是一种基于群体的优化工具，系统初始化为一组随机解，通过迭代搜寻最优值。与基于达尔文"适者生存，优胜劣汰"进化思想的遗传算法不同的是，粒子群优化算法没有遗传算法的交叉以及变异操作，而是通过个体之间的协作来寻找最优解，粒子（潜在的解）在解空间追随最优的粒子进行搜索。由于粒子群优化算法调节参数少，简单易于实现，收敛速度快，同时也具有深刻的智能背景，既适合科学研究又适合工程应用。

第 i 个微粒的位置用 $X_i = (x_{i1}, x_{i2}, \cdots, x_{in})$ 来表示，其速度用 $V_i = (v_{i1}, v_{i2}, \cdots, v_{in})$ 表示，它经历的最好位置记为 pBest，整个粒子群所经历的最好位置记为 gBest。则在找到这两个最优值时，粒子根据如下的公式来更新自己的速度和新的位置：

$$v_{id}^{t+1} = w \times v_{id}^t + c_1 \times r_1 \times (x_{\text{pBest}}^t - x_{id}^t) + c_2 \times r_2 \times (x_{\text{gBest}}^t - x_{id}^t) \tag{6-9}$$

$$x_{id}^{t+1} = x_{id}^t + v_{id}^{t+1} \tag{6-10}$$

式中，w 表示惯性权重；c_1 和 c_2 分别为加速常数；r_1 和 r_2 为两个独立产生的介于（0，1）变化的均匀分布随机变量；x_{pBest}^t 为第 t 步粒子本身找到的最好解的位置；x_{gBest}^t 为第 t 步粒子群体所找到的最好解的位置。在这三部分的共同作用下，通过粒子群一代代的更新，粒子根据历史经验并利用信息共享机制，不断调整自己的位置，整个粒子群向着最好解方向运动以期望找到问题的最优解。两个随机数又起着分散种群的功能，避免了粒子群陷于局部最优。算法终止的条件通常为达到初始设定的最大迭代次数，或问题的解不再改进。

惯性权重 w 用于控制前一次迭代产生的粒子速度对本次迭代速度的影响。通常惯性权重 w 对于 PSO 算法的收敛性起到很大的作用。w 大，则速度 v 就大，有利于粒子搜索更大的空间，可能发现新的解域；而 w 小，则速度 v 就小，有利于在当前解空间里挖掘更好的解。因此，通过调整 w 的大小来控制以前速度对当前速度的影响，使其是兼顾全局搜索与局部搜索的一个折中，避免求解结果在最优解附近振荡。具体做法是：在迭代开始时设 $w = w_{\max}$，随着迭代进化的进行，w 呈线性逐步减小，直到 $w = w_{\min}$，即

$$w = w_{\max} - \text{gen} \times (w_{\max} - w_{\min})/\text{gen}_{\max} \tag{6-11}$$

式中，gen 为进化代数；$\text{gen}_{\max}$ 为最大进化代数。这样使 PSO 更好控制探索与开发，在开始优化时搜索较大的解空间，得到合适的粒子，然后在后期逐渐收缩到较好的区域进行更精细的搜索以加快收敛速度。

加速常数 c_1 和 c_2 可调整粒子的自身经验与社会（群体）经验在其运动中所起的作用。如果 $c_1 = 0$ 则粒子没有自身经验，只有"社会经验"，它的收敛速度可能较快，但在处理较复杂的问题时，容易陷入局部最优点；如果 $c_2 = 0$ 则粒子没有群体共享信息，只有"自身经验"，因为个体间没有交互，一个规模为 M 的群体等价于运行了 M 个单个微粒，因而得到解的几率非常小，一般取值范围为（0，2）。

PSO 算法的流程如图 6-1 所示。

6.2.3 优化配置结果及分析

除滦河平原及冀东沿海诸河外，海河平原区的其他 7 个水资源三级区均为南水北调受水区。根据《南水北调工程总体规划》，引江水量主要供给受水区城镇使用，在调水量有富余的情况下，可考虑供农村和生态使用。

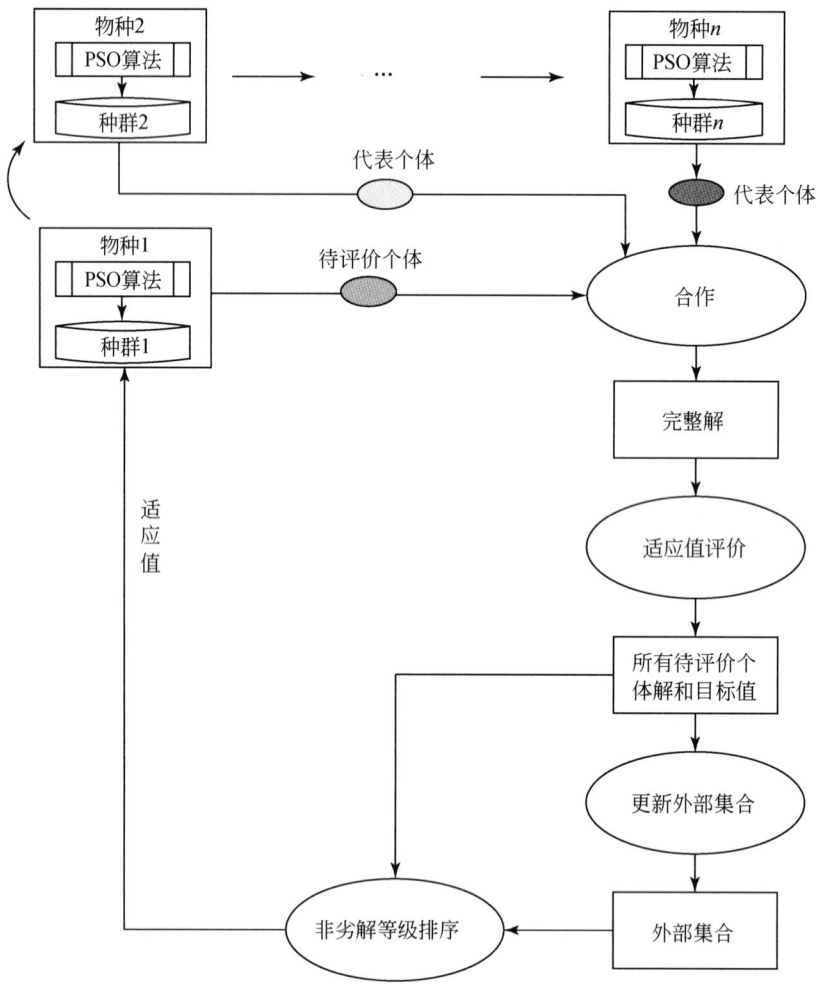

图 6-1　多目标协同进化粒子群优化算法流程图

南水北调工程对海河平原区地下水的修复是间接的。南水北调东、中线一期工程通水后，海河平原区 7 个三级区外流域调入水量 70 多亿立方米，为受水区城市减少地下水开采量提供了水源条件。工程通水后，一方面以当地地表水为主要水源的城市，可置换出一定的当地地表水量转供农业；另一方面，随着城市用水量的增长，废污水排放量增加，经处理后可增加约 20 亿 m^3 的再生水量供给农业，从而替换一部分农村地下水开采量。

6.2.3.1　规划水平年

利用 PSO 优化方法，分别求出 F1、F2、F3 和 F21、F31 5 套方案在 2010 年、2015 年、2020 年、2030 年 4 个水平年、2 个目标下的非劣解集。若为实现地下水水位回升，缺水率需在 30% 以上，则不能入选非劣解集。

以方案 F1 为例，各水资源三级区 2010 年、2015 年、2020 年、2030 水平年的非劣解集如图 6-2 所示，图中起始年为 2010 年，主要特征如下。

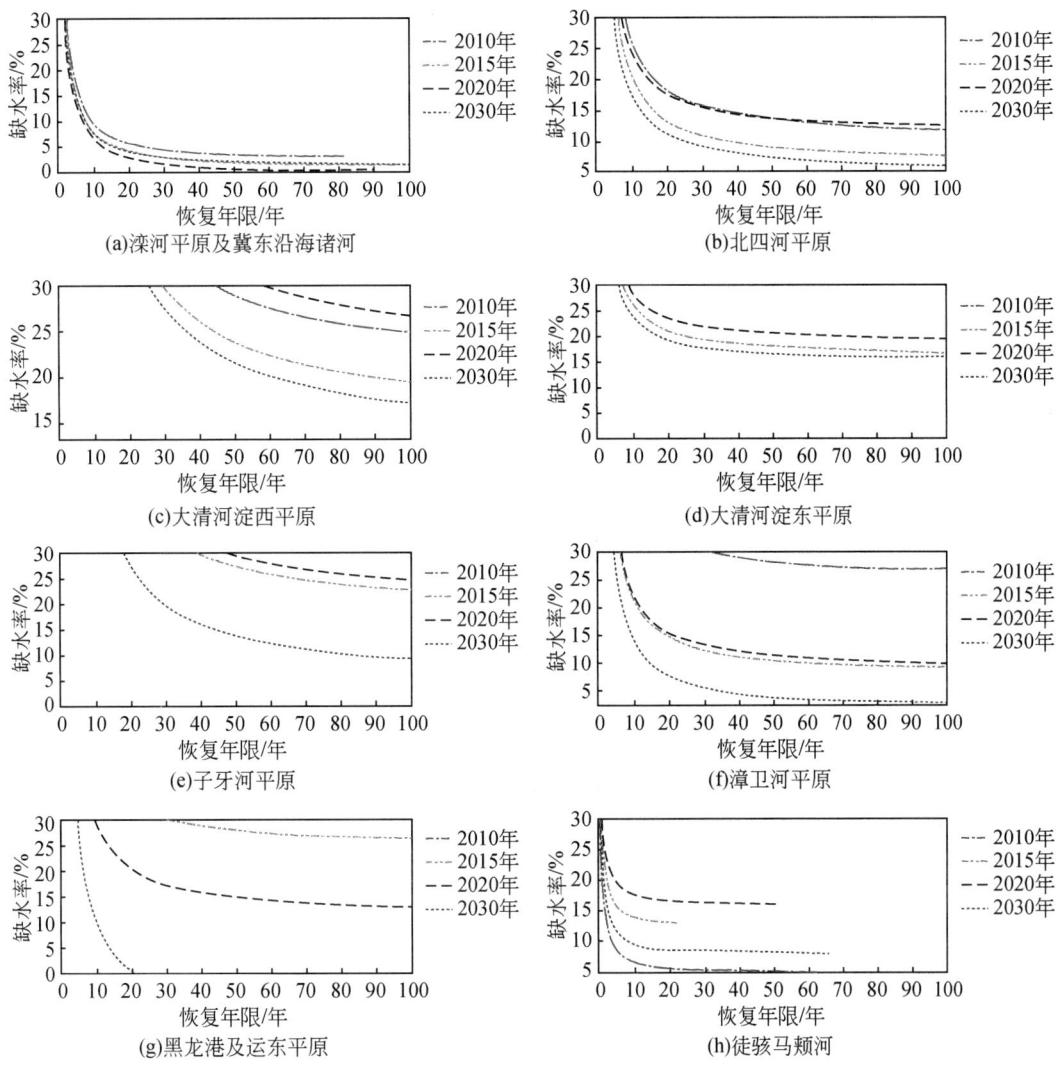

图 6-2 方案 F1 不同水平年非劣解集结果

（1）2015 水平年

滦河平原及冀东沿海诸河，缺水率控制在 2% 以内，能够在 50 年内修复到目标埋深。
北四河平原、漳卫河平原，缺水率控制在 15% 以内，能够在 50 年内修复到目标埋深。
子牙河平原、徒骇马颊河，缺水率控制在 20% 以内，能够在 50 年内修复到目标埋深。
大清河淀东平原、大清河淀西平原、黑龙港及运东平原，缺水率控制在 28% 以上，才有可能 50 年内修复到目标埋深。

(2) 2020 水平年

滦河平原及冀东沿海诸河，缺水率控制在 1% 以内，能够在 50 年内修复到目标埋深。

北四河平原、漳卫河平原，缺水率控制在 13% 以内，能够在 50 年内修复到目标埋深。

子牙河平原、徒骇马颊河，缺水率控制在 19% 以内，能够在 50 年内修复到目标埋深。

大清河淀东平原、大清河淀西平原、黑龙港及运东平原，缺水率至少在 25% 以上，才有可能 50 年内修复到目标埋深。

(3) 2030 水平年

滦河平原及冀东沿海诸河，缺水率控制在 1% 以内，能够在 50 年内修复到目标埋深。

漳卫河平原、黑龙港及运东平原，缺水率控制在 4% 以内，能够在 50 年内修复到目标埋深。

北四河平原、子牙河平原、徒骇马颊河，缺水率控制在 12% 以内，能够在 50 年内修复到目标埋深。

大清河淀东平原、大清河淀西平原，缺水率至少控制在 20% 以上，才有可能在 50 年内修复到目标埋深。

通过结果分析可知，同一区域若缺水率相同，对地下水需求量小的水平年，修复到目标埋深的年限较短；同一区域若目标修复年限相同，对地下水需求量小的水平年缺水率较小。

6.2.3.2 不同达效情景

南水北调工程的配套工程建设，是实现外调水与当地地表水、地下水和其他水源联合调配，修复地下水生态的关键措施。

根据相关省（直辖市）南水北调配套工程规划，配套工程主要包括输水工程、调蓄工程、水处理工程和配套管网工程等 4 类。覆盖范围主要为南水北调主体工程直接受水的城市及工业用户。配套工程的完善与否，决定着外调水量能否按规划输送到相应的受水地区。因此，本次对南水北调工程通水达效情况设置了 3 类情景方案：完全（100%）达效、80% 达效与 50% 达效。

利用 PSO 优化方法，分析南水北调工程不同达效情景状况，分别求出 5 套方案在南水北调工程完全达效、80% 达效与 50% 达效 3 种情形下 8 个水资源三级区的地下水修复状况。

以方案 F1 为例，各水资源三级区 2015 年、2020 年、2030 年 3 个水平年不同达效情景下的非劣解集如图 6-3～图 6-5 所示。

5 套方案 3 种达效情景下的地下水修复状况列于表 6-13 和表 6-14。可见，不同达效情景下，同一三级区的缺水率和埋深恢复年限不同。随着南水北调工程达效程度的降低，相应的引江分配水量减少，对地下水的需水量相应增加，致使经济社会缺水率和地下水恢复年限呈增加趋势。

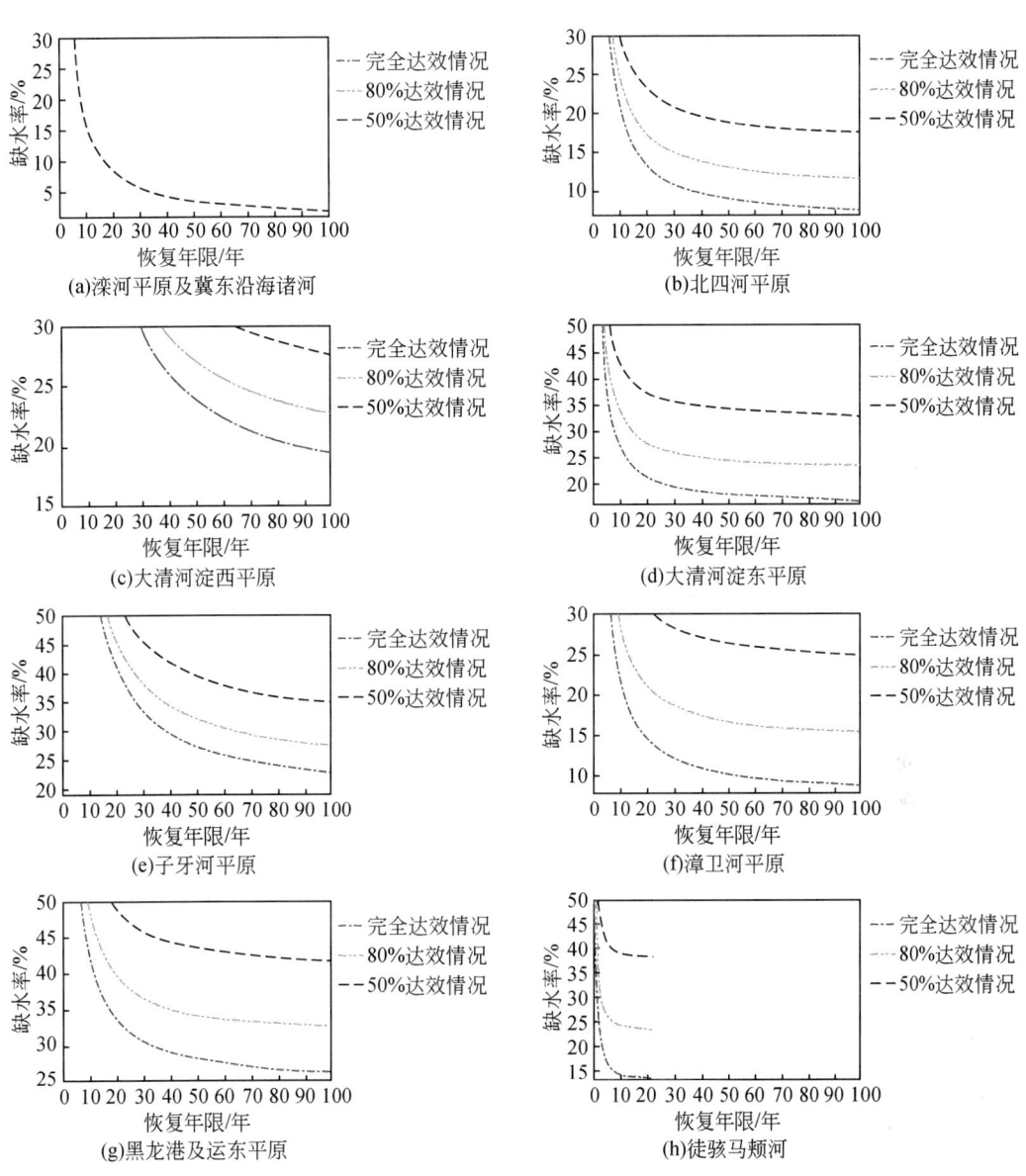

图 6-3 方案 F1 2015 水平年各分区多目标下的 Pareto 优化解集

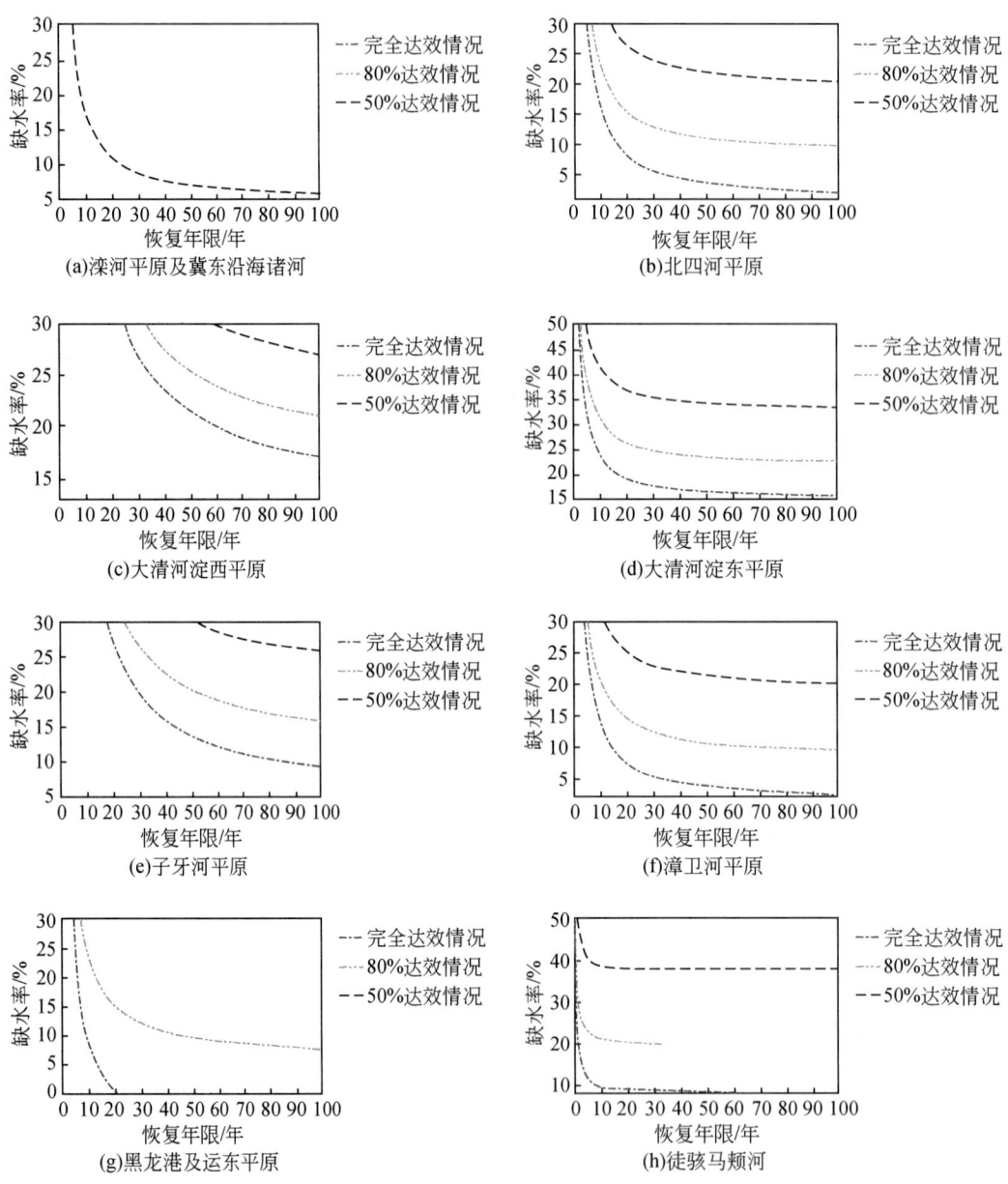

图 6-4　方案 F1 2020 水平年各分区多目标下的 Pareto 优化解集

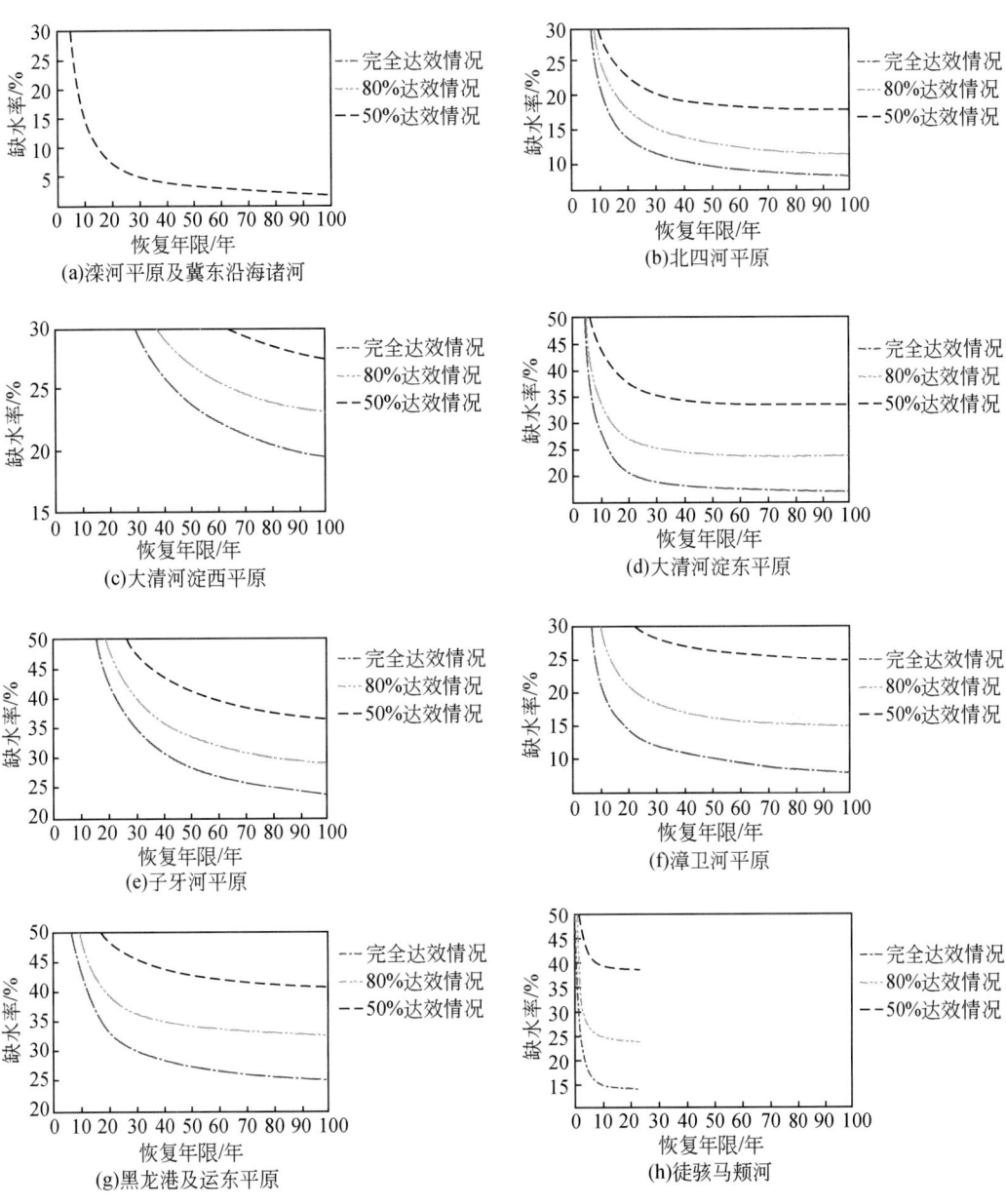

图 6-5 方案 F1 2030 水平年各分区多目标下的 Pareto 优化解集

表 6-13　海河平原区水资源三级区 3 种达效情景的地下水修复状况（1956~2000 年系列，其中年限为达到理想生态埋深年限）

方案	水资源三级区	工程完全达效 2015年 缺水率/%	2015年 年限/年	2020年 缺水率/%	2020年 年限/年	2030年 缺水率/%	2030年 年限/年	工程80%达效 2015年 缺水率/%	2015年 年限/年	2020年 缺水率/%	2020年 年限/年	2030年 缺水率/%	2030年 年限/年	工程50%达效 2015年 缺水率/%	2015年 年限/年	2020年 缺水率/%	2020年 年限/年	2030年 缺水率/%	2030年 年限/年
F1	滦河平原及冀东沿海诸河	—	—	—	—	—	—	—	—	—	—	—	—	—	—	—	—	—	—
	北四河平原	≥15	<50	≥13	<50	≥12	<50	≥18	<50	≥15	<50	≥20	<50	≥28	<50	≥27	<50	≥22	<50
	大清河西平原	≥28	<50	≥25	<50	≥20	<50	≥35	—	≥30	—	≥25	—	≥44	—	≥40	—	≥38	—
	大清河淀东平原	≥28	<50	≥25	<50	≥20	<50	≥35	—	≥30	—	≥25	—	≥44	—	≥40	—	≥38	—
	子牙河平原	≥20	<50	≥19	<50	≥12	<50	≥29	<50	≥28	<50	≥20	<50	≥44	—	≥40	—	≥38	—
	漳卫河平原	≥15	<50	≥13	<50	≥4	<50	≥18	<50	≥15	<50	≥11	<50	≥28	<50	≥27	<50	≥22	<50
	黑龙港及运东平原	≥28	<50	≥19	<50	≥4	<50	≥29	—	≥28	—	≥20	—	≥44	—	≥40	—	≥38	—
	徒骇马颊河	≥20	<50	≥19	<50	≥12	<50	≥29	<50	≥28	<50	≥20	<50	≥44	—	≥40	—	≥38	—
F2	滦河平原及冀东沿海诸河	—	—	—	—	—	—	—	—	—	—	—	—	—	—	—	—	—	—
	北四河平原	≥10	<50	≥7	<50	≥10	<50	≥15	<50	≥13	<50	≥19	<50	≥45	<50	≥41	<50	≥39	<50
	大清河西平原	≥10	<50	≥7	—	≥4	<50	≥15	<50	≥13	<50	≥8	<50	≥20	<50	≥18	<50	≥14	<50
	大清河淀东平原	≥38	—	≥30	—	≥15	—	≥42	—	≥35	—	≥24	—	≥45	—	≥41	—	≥39	—
	子牙河平原	≥22	<50	≥20	<50	≥10	<50	≥30	<50	≥25	<50	≥19	<50	≥45	<50	≥41	<50	≥39	<50
	漳卫河平原	≥10	<50	≥7	<50	≥4	<50	≥15	<50	≥13	<50	≥8	<50	≥20	<50	≥18	<50	≥14	<50
	黑龙港及运东平原	≥38	—	≥30	—	≥15	—	≥42	—	≥35	—	≥24	—	≥45	—	≥41	—	≥39	—
	徒骇马颊河	≥22	<50	≥20	<50	≥10	<50	≥30	<50	≥25	<50	≥19	<50	≥45	<50	≥41	<50	≥39	<50
F3	滦河平原及冀东沿海诸河	—	—	—	—	—	—	—	—	—	—	—	—	—	—	—	—	—	—
	北四河平原	≥7	<50	≥6	<50	≥13	<50	≥15	<50	≥13	<50	≥19	<50	≥21	<50	≥20	<50	≥18	<50
	大清河西平原	≥21	<50	≥18	<50	≥11	<50	≥15	<50	≥13	<50	≥6	<50	≥21	<50	≥20	<50	≥18	<50
	大清河淀东平原	≥40	—	≥31	—	≥25	—	≥45	—	≥39	—	≥33	—	≥50	—	≥47	—	≥45	—
	子牙河平原	≥21	<50	≥18	<50	≥13	<50	≥27	<50	≥25	<50	≥19	<50	≥50	<50	≥47	<50	≥45	<50
	漳卫河平原	≥7	<50	≥6	<50	≥2	<50	≥15	<50	≥13	<50	≥6	<50	≥21	<50	≥20	<50	≥18	<50
	黑龙港及运东平原	≥40	—	≥31	—	≥25	—	≥45	—	≥39	—	≥33	—	≥50	—	≥47	—	≥45	—
	徒骇马颊河	≥7	<50	≥6	<50	≥13	<50	≥27	<50	≥25	<50	≥19	<50	≥50	—	≥47	—	≥45	—

表 6-14 海河平原区水资源三级区 3 种达效情景的地下水修复状况（1980～2005 年系列，其中年限为达到理想生态埋深年限）

方案	水资源三级区	工程完全达效							工程 80%达效							工程 50%达效						
		2015 年		2020 年		2030 年			2015 年		2020 年		2030 年			2015 年		2020 年		2030 年	
		缺水率/%	年限/年	缺水率/%	年限/年	缺水率/%	年限/年		缺水率/%	年限/年	缺水率/%	年限/年	缺水率/%	年限/年		缺水率/%	年限/年	缺水率/%	年限/年	缺水率/%	年限/年
F21	滦河平原及冀东沿海诸河	—	—	—	—	—	—		—	—	—	—	—	—		—	—	—	—	—	—
	北四河平原	≥23	<50	≥21	<50	≥14	<50		≥30	<50	≥28	<50	≥24	<50		≥50	—	≥46	—	≥44	—
	大清河淀西平原	≥38	—	≥33	—	≥26	—		≥45	—	≥39	—	≥31	—		≥50	—	≥46	—	≥44	—
	大清河淀东平原	≥23	<50	≥21	<50	≥14	<50		≥30	<50	≥28	<50	≥24	<50		≥50	—	≥46	—	≥44	—
	子牙河平原	≥38	—	≥33	—	≥26	—		≥45	—	≥39	—	≥31	—		≥50	—	≥46	—	≥44	—
	漳卫河平原	≥10	<50	≥7	<50	≥5	<50		≥21	<50	≥19	<50	≥15	<50		≥22	<50	≥20	<50	≥21	<50
	黑龙港及运东平原	≥38	—	≥33	—	≥26	—		≥45	—	≥39	—	≥31	—		≥50	—	≥46	—	≥44	—
	徒骇马颊河	≥10	<50	≥7	<50	≥5	<50		≥21	<50	≥19	<50	≥15	<50		≥50	—	≥46	—	≥44	—
F31	滦河平原及冀东沿海诸河	—	—	—	—	—	—		—	—	—	—	—	—		—	—	—	—	—	—
	北四河平原	≥21	<50	≥20	<50	≥18	<50		≥28	<50	≥27	<50	≥25	<50		≥50	—	≥47	—	≥44	—
	大清河淀西平原	≥21	<50	≥20	<50	≥18	<50		≥28	<50	≥27	<50	≥25	<50		≥50	—	≥47	—	≥44	—
	大清河淀东平原	≥21	<50	≥20	<50	≥18	<50		≥28	<50	≥27	<50	≥25	<50		≥50	—	≥47	—	≥44	—
	子牙河平原	≥36	—	≥31	—	≥29	—		≥42	—	≥40	—	≥38	—		≥50	—	≥47	—	≥44	—
	漳卫河平原	≥10	<50	≥8	<50	≥7	<50		≥18	<50	≥16	<50	≥15	<50		≥22	<50	≥19	<50	≥18	<50
	黑龙港及运东平原	≥36	—	≥31	—	≥29	—		≥42	—	≥40	—	≥38	—		≥50	—	≥47	—	≥44	—
	徒骇马颊河	≥10	<50	≥8	<50	≥3	<50		≥18	<50	≥16	<50	≥15	<50		≥50	—	≥47	—	≥44	—

6.3 地下水开采调控方案优选评价

6.3.1 指标体系的构建

评价指标体系直接影响到决策的合理性和准确性。建立调控方案评价指标体系要以区域可持续发展为目标，全面、科学、客观、合理地反映地下水调控效果。要兼顾指标的完备性与简明性、科学性与可行性、系统性与层次性、代表性与可比性、动态性与协调性。

本次地下水调控方案的综合评价采用以下 4 个步骤。

1）综合评价指标的分解。将综合评价总目标分解成若干层次的评价指标。

2）指标体系的建立。根据评价指标体系建立原则和流域的实际情况，构造综合评价指标体系。

3）指标体系的标准化。将各项指标数值归一化处理，解决指标量纲不同问题。

4）建立模型进行综合评价。在构造评价指标体系和数据归一化处理的基础上，采用评价方法进行计算，根据评判结果，分析选出最优方案。

目前，流域可持续发展评价指标体系的建立方法主要有压力—状态—响应（pressure-state-response，PSR）方法、系统预警方法、属性细分理论、生态足迹分析法、基于流域发展协调观方法等。近几年 PSR 方法得到了广泛的应用，其基本思路是人类活动对水资源、生态环境和社会经济施加压力，改变了环境质量与自然资源质量，社会通过环境、经济、土地等政策或管理措施发生响应，减缓由于人类活动而造成的环境压力，维持生态环境健康。

本次借鉴 PSR 模型概念，结合海河平原区的实际及数据的可获得性，重点考虑地下水资源的开发利用和地下水环境修复，构建地下水调控方案评价优选指标体系框架。具体包括 3 项指标：①阶段末浅层地下水埋深（m），以区域各阶段末平均地下水埋深表示；②各单元缺水率（%），以缺水量除以需水量表示；③地下水修复年限（年），以地下水埋深修复到目标埋深需要的年数表示。

将上述 3 个指标划分为 5 个等级，用向量表示如下：

$S = \{$ Ⅰ级（较低水平），Ⅱ级（低水平），Ⅲ级（一般水平），Ⅳ级（高水平），Ⅴ级（较高水平）$\}$

评价标准的确定主要来自 4 个方面：一是国家已颁布的行业标准或规范，如地表水环境质量标准（GB3838—2002）；二是参考国内外普遍认可的指标标准，比如英克尔斯现代化指标体系；三是根据当地区域发展规划目标确定衡量标准；四是依据参考文献或者咨询专家意见确定标准。

参照以上标准，本次指标等级划分结果列于表 6-15。

表6-15 基于 PSR 方法的地下水调控方案指标体系及分级标准

指标	类型	Ⅰ级	Ⅱ级	Ⅲ级	Ⅳ级	Ⅴ级
阶段末浅层地下水埋深/m	逆	>30	30~20	20~10	10~5	<5
缺水率/%	逆	>20	20~15	15~10	10~5	<5
地下水修复年限/年	逆	>80	80~60	60~40	40~20	<20

6.3.2 评价方法

(1) 投影寻踪基本原理

投影寻踪法（projection pursuit，PP）是一种用于处理分析非线性、尤其是非正态分布的高维数据的方法。其基本思路是，将高维数据通过某种组合，投影到一维子空间上，再对投影后的数据进行分析，采用投影指标函数来衡量原始数据结构特征和分类排序的可能性大小，寻找最能反映高维数据结构和特征的投影方向，找到最佳投影。主要包括以下步骤。

1) 数据归一化处理。由于各指标量纲和指标值分布范围不同，需要对其进行归一化处理。设各指标值的样本集为 $\{x(i,j)|i=1,2,\cdots,m;j=1,2,\cdots,p\}$，其中 $x(i,j)$ 是第 i 个样本的第 j 个指标值；m、p 分别是样本个数和指标数目。

对于指标值越大越优的指标，采用式（6-12）归一。

$$x(i,j) = \frac{x(i,j) - x_{\min}(j)}{x_{\max}(j) - x_{\min}(j)} \tag{6-12}$$

对于指标值越小越优的指标，采用式（6-13）归一。

$$x(i,j) = \frac{x_{\max}(j) - x(i,j)}{x_{\max}(j) - x_{\min}(j)} \tag{6-13}$$

式中，$x_{\max}(j)$ 为第 j 个指标值的最大值；$x_{\min}(j)$ 为第 j 个指标值的最小值。

2) 构建投影目标函数。$\boldsymbol{a} = \{a(1), a(2), \cdots, a(p)\}$ 为投影方向上的单位长度向量。投影寻踪法就是把 P 维数据 $\{x(i,j)|i=1,2,\cdots,m;j=1,2,\cdots,p\}$ 投影到投影方向上，得到一维投影值。

$$z(i) = \sum_{j=1}^{p} a(j) \times x(i,j) \quad (i=1,2,\cdots,m) \tag{6-14}$$

综合投影时，要求局部投影值尽可能密集，而整体上投影点团之间尽可能散开。投影指标函数可以表达为：

$$Q(a) = S_z \times D_z \tag{6-15}$$

式中，S_z 为投影值 $z(i)$ 的标准差；D_z 为投影值 $z(i)$ 的局部密度。具体计算公式为：

$$S_z = \left\{ \sum_{i=1}^{m} [z(i) - E(z)]^2 / (m-1) \right\}^{\frac{1}{2}} \tag{6-16}$$

$$D_z = \sum_{i=1}^{m} \sum_{j=1}^{m} [R - r(i,j)] f[R - r(i,j)] \tag{6-17}$$

$$r(i,j) = |z(i) - z(j)| \tag{6-18}$$

式中，$E(z)$ 为序列 $\{z(i)|i=1,2,\cdots,m\}$ 的均值；R 为局部密度的窗口半径，一般取其为 $0.1S_z$；$r(i,j)$ 为样本之间的距离；$f(t)$ 为单位阶跃函数，当 $t \geq 0$ 时，$f(t)=1$，当 $t<0$ 时，$f(t)=0$。

3) 优化投影目标函数。当各指标值的数据给定后，投影指标函数 $Q(a)$ 只随着投影的方向 a 的变化而变化。最佳投影方向能最大可能地暴露高维数据的特征结构，对数据利用最充分，信息损失量最小。寻找最佳投影方向的问题可转化为数学上的优化问题。

$$\max Q(a) = S_z \times D_z \tag{6-19}$$

$$\text{约束条件：} \begin{cases} \sum_{j=1}^{p} a^2(j) = 1 \\ a(j) \geq 0, \ j = 1, 2, \cdots, p \end{cases} \tag{6-20}$$

式中，$a(j)$ 为决策变量。本书采用混合蛙跳算法来求解最佳投影方向。

（2）基于混合蛙跳算法优化投影方向

混合蛙跳算法（shuffled frog leaping algorithm，SFLA）是 2000 年由 Eusuff 和 Lansey 提出的一种基于群体智能的后启发式计算技术，它模拟青蛙寻找食物时按族群分类进行信息传递的过程。作为一种新的生物进化算法，它结合了基于基因进化的模因演算法和基于群体行为的粒子群优化算法的优点，具有概念简单、参数少、易于实现的特点，并已应用到多个领域。

本研究采用的蛙跳算法介绍如下。

首先从已知可行域中随机生成 F 个青蛙作为初始集，设第 i 只青蛙为 $x^i = (x_1^i, x_2^i, \cdots, x_n^i)$，计算每只青蛙的目标函数 $f(x^i)$，将每只青蛙按其目标函数值进行递减顺序排列。将整个群体划分为 S 个子群，每个子群中包含 m 只青蛙。在迭代过程中，第 1 个解进入第 1 个子群，第 2 个解进入第 2 个子群，直到第 S 个解进入第 S 个子群。然后，第 $S+1$ 个解又进入第 1 个子群，第 $S+2$ 个解又进入第 2 个子群，这样循环分配下去，直到所有的解分配完毕。

在每一个子群体中，目标函数值最好的解和最差的解分别记为 $x^b = (x_1^b, x_2^b, \cdots, x_n^b)$ 和 $x^w = (x_1^w, x_2^w, \cdots, x_n^w)$；群体中目标函数值最好的解记为 $x^g = (x_1^g, x_2^g, \cdots, x_n^g)$。每次迭代时，对 x^w 进行更新操作，此处根据文献，更新策略为

$$D_i^j = 2 \times \text{rand}() \times (x^b - x^w) \tag{6-21}$$

$$x_{\text{new}}^w = x^w + D_i^j \tag{6-22}$$

式中，$-D_{\max} \leq D_i^j \leq D_{\max}$；$\text{rand}()$ 为 0~1 的随机数；$D_{\max}$ 为青蛙的最大移动距离。如果 x_{new}^w 的目标函数值优于 x^w 的目标函数值，则用 x_{new}^w 取代子群体中原来的 x^w，如果没有改进，则将 x^g 的函数值与 x^w 函数值进行比较，如果优于原来 x^w 的函数值则用 x^g 替换 x^w，如果依然没有改进，则随机生成一个青蛙个体取代 x^w，从而完成子群体中的最差青蛙个体的更新。在设定的子群体迭代次数内继续进行以上操作，完成算法的一次迭代。

经过规定次数的局部搜索后，将各子群的青蛙个体混合在一起，按照目标函数值降序排列后，重新划分子群，这样使得青蛙个体间的信息能够得到充分交流，然后继续进行局部的搜索，如此反复直到满足收敛条件为止。

6.3.3 评价结果

通过多目标优化模型得到了 5 套方案、8 个水资源三级区、4 个水平年的调控方案集，将调控方案集代入投影寻踪模型进行方案优选，得到各方案的投影值。

地下水的生态修复依赖于水资源的需求状况和供给程度。本次研究从社会、经济、生态修复 3 个方面综合衡量，以区域缺水率和地下水埋深为控制因素，将一期工程通水后（2015 年以后）的区域缺水率控制为 5%~7.5%，以实现综合效益的最大化。南水北调工程实施后，5 套方案的调控成果见表 6-16 和表 6-17。主要特征归纳如下。

表 6-16 海河平原区水资源三级区规划水平年地下水调控结果（1956~2000 年系列）

方案	水资源分区	现状埋深/m	第一阶段（2010~2015年）开采量/亿m³	第一阶段 缺水率/%	第一阶段 阶段末埋深/m	第二阶段（2016~2020年）开采量/亿m³	第二阶段 缺水率/%	第二阶段 阶段末埋深/m	第三阶段（2021~2030年）开采量/亿m³	第三阶段 缺水率/%	第三阶段 阶段末埋深/m	第四阶段（2031~2050年）开采量/亿m³	第四阶段 缺水率/%	第四阶段 阶段末埋深/m
F1	滦河平原及冀东沿海诸河	7.97	8.8	5	7.15	7.8	5	6.08	8.0	2.5	4.58	10.4	1	4.14
	北四河平原	12.56	31.1	10	12.65	21.5	5	13.24	19.4	5	16.29	18.5	4.8	16.3
	大清河淀西平原	23.71	24.8	10	25.91	16.0	7.5	27.83	14.9	7.5	33.74	14.2	7.5	38.22
	大清河淀东平原	9.24	15.1	20	13.12	10.5	7.5	15.07	11.9	7.5	20.11	10.5	7.5	27.33
	子牙河平原	27.27	33.7	10	33.56	22.9	5	36.77	22.7	5	43.23	17.8	5	42.96
	漳卫河平原	14.1	18.4	10	17.91	15.8	5	18.8	17.2	5	20.69	16.5	5	14.85
	黑龙港及运东平原	11.11	26.1	20	16.62	18.8	5	19.69	12.0	5	21.33	5.5	5	15.14
	徒骇马颊河	5.4	32.7	7.7	4.95	28.3	7.7	6.47	25.7	7.7	10.76	23.3	7.7	10.76
	合计	—	190.7	—	—	141.5	—	—	131.8	—	—	116.7	—	—
F2	滦河平原及冀东沿海诸河	7.97	10.0	0	8.07	7.6	0	6.13	5.3	0	10.7	4.3	0	—
	北四河平原	12.56	31.1	10	12.33	20.0	5	11.24	18.0	5	10.71	19.7	1.11	10.71
	大清河淀西平原	23.71	26.8	5	26.35	17.5	7.5	25.78	17.2	2.5	25.37	15.1	0	21.1
	大清河淀东平原	9.24	15.1	20	12.9	9.1	7.5	13.7	9.9	7.5	15.87	8.6	7.5	18.74
	子牙河平原	27.27	33.7	10	33.4	26.3	5	35.71	27.2	5	39.82	20.2	5	38.81
	漳卫河平原	14.1	16.9	15	15.89	12.3	0	12.99	14.2	0	9.32	11.0	0	4.00
	黑龙港及运东平原	11.11	26.1	20	17.12	23.5	7.5	22.82	17.8	7.5	30.63	7.1	7.5	30.76
	徒骇马颊河	5.4	34.8	5.18	5.32	23.5	5.18	5.69	17.9	5.18	7.35	14.8	5.18	7.35
	合计	—	194.5	—	—	139.8	—	—	127.4	—	—	100.9	—	—
F3	滦河平原及冀东沿海诸河	7.97	10.0	0	7.89	7.2	0	5.67	7.8	0	2.2	4.4	0	—
	北四河平原	12.56	31.1	10	12.25	19.4	7.5	10.85	19.0	6	10.48	21.0	2.1	10.46
	大清河淀西平原	23.71	26.8	5	26.44	18.5	7.5	26.18	17.3	2.5	25.24	15.8	0	19.31
	大清河淀东平原	9.24	15.1	20	12.97	9.7	7.5	14.13	11.1	7.5	17.25	8.7	7.5	18.93
	子牙河平原	27.27	33.7	10	33.34	25.5	5	35.27	26.3	5	38.38	22.6	5	37.68
	漳卫河平原	14.1	16.9	15	15.92	12.1	0	13.06	13.9	0	8.81	14.7	0	4.00
	黑龙港及运东平原	11.11	26.1	20	17.13	23.4	7.5	22.85	17.8	7.5	31.17	15.6	7.5	44.31
	徒骇马颊河	5.4	33.9	6.3	5.01	22.8	6.3	5.13	17.4	6.3	6.23	17.3	6.3	6.24
	合计	—	193.5	—	—	138.7	—	—	130.6	—	—	120.1	—	—

表 6-17　海河平原区水资源三级区规划水平年地下水调控结果（1980~2005 年系列）

方案	水资源分区	现状埋深/m	第一阶段（2010~2015年）			第二阶段（2016~2020年）			第三阶段（2021~2030年）			第四阶段（2031~2050年）		
			开采量/亿m³	缺水率/%	阶段末埋深/m	开采量/亿m³	缺水率/%	阶段末埋深/m	开采量/亿m³	缺水率/%	阶段末埋深/m	开采量/亿m³	缺水率/%	阶段末埋深/m
F21	滦河平原及冀东沿海诸河	7.97	11.3	0	9.82	12.0	0	10.93	11.6	0	10.92	9.4	0	3.3
	北四河平原	12.56	33.2	10	13.51	27.2	7.5	15.01	27.4	7.5	20.37	22.1	7.5	24.92
	大清河淀西平原	23.71	23.1	10	25.16	18.7	7.5	27	18.7	7.5	32.87	17.3	7.5	41.1
	大清河淀东平原	9.24	15.4	10	13.28	10.0	7.5	15.14	10.3	7.5	19.21	7.6	7.5	22.36
	子牙河平原	27.27	29.8	10	31.88	23.3	7.5	34.48	25.1	7.5	41.35	22.0	7.5	50.18
	漳卫河平原	14.1	16.0	15	15.15	11.4	0	11.8	13.1	0	6.72	14.6	0	4
	黑龙港及运东平原	11.11	22.1	10	15.36	19.8	7.5	19.99	16.0	7.5	27.58	8.3	7.5	30.73
	徒骇马颊河	5.4	27.1	4.2	3.03	23.5	4.2	2.74	20.4	4.2	3.68	19.3	4.2	3.69
	合计	—	178.1	—	—	145.7	—	—	142.6	—	—	120.6	—	—
F31	滦河平原及冀东沿海诸河	7.97	11.3	0	9.6	10.5	0	9.71	10.5	0	8.82	9.9	0	4.66
	北四河平原	12.56	33.2	10	13.67	26.0	7.5	14.63	25.9	7.5	18.88	22.9	7.5	24.49
	大清河淀西平原	23.71	23.1	10	24.96	16.6	5	25.54	16.2	5	28.89	17.1	5	37.07
	大清河淀东平原	9.24	15.4	10	13.2	8.8	7.5	14.52	8.9	7.5	17.6	8.3	7.5	22.27
	子牙河平原	27.27	29.8	10	31.52	18.6	7.5	31.98	19.8	7.5	34.62	22.7	7.5	44.07
	漳卫河平原	14.1	16.0	15	15.1	11.0	0	11.31	12.6	0	5.2	15.7	0	4.00
	黑龙港及运东平原	11.11	22.1	10	15.22	17.5	7.5	18.99	13.3	7.5	25.25	13.6	7.5	37.76
	徒骇马颊河	5.4	26.1	5.7	2.75	22.4	5.7	2.17	19.2	5.7	2.55	19.9	5.7	2.56
	合计	—	177.1	—	—	131.3	—	—	126.3	—	—	130.2	—	—

第一阶段（2010~2015年）：在无南水北调工程供水的条件下，海河平原区水资源严重短缺，地下水水位持续大幅度下降，生态环境继续恶化。

第二阶段（2016~2020年）：随着南水北调中线一期、东线一期和二期工程的通水，区域对地下水资源的需求量有所减小，在一定程度上缓解了本区的水资源供需矛盾，但为了满足区域经济社会发展用水需求，仍需超采地下水，地下水埋深继续加大，但下降幅度较第一阶段有明显减小。

第三阶段（2021~2030年）：随着东线二期工程的实施，河北和天津的外调水量增加，进一步缓解了当地的缺水程度，在保障受水区生产生活用水的基础上，可适当减少地下水开采量，地下水埋深继续加大，但下降幅度小于第二阶段。

第四阶段（2031~2050年）：中线二期和东线三期工程通水后南水北调水量较第三阶段增加约35.2亿 m^3，地下水开采量将大幅度减小，使浅层地下水位基本维持稳定或小幅度的下降。

6.4 供水格局变化后地下水开采调控模式

6.4.1 调控原则

南水北调工程实施后，在满足海河流域经济社会发展用水需求的前提下：空间上，依据受水区8个水资源三级区的水文地质条件、地下水埋深、水资源条件、经济发展状况等方面的异同进行区域划分；时间上，结合受水区规划水平年国民经济和社会发展目标，南水北调中、东线通水时间差异，制定出4个不同的调控阶段，通过调控方案评价优选，提出分地区、多阶段、双指标（开采量和地下水位）控制的、科学的地下水调控模式。

6.4.2 分区调控模式

根据上节地下水开采调控评价优选结果（表6-16和表6-17），综合考虑区域缺水率和地下水埋深，提出海河平原区8个水资源三级区地下水调控3类模式。

第一类为可修复区域。南水北调一期工程通水后，区域各阶段缺水率控制在5%以内，地下水水位将继续下降，于2030年地下水水位开始明显回升，地下水生态将得到一定程度的修复。

第二类为可基本达到采补平衡区域。南水北调一期工程通水后，区域各阶段缺水率控制为5%~7.5%，地下水水位将继续下降，但下降速度低于无南水北调工程下的状况，在2030年可基本实现地下水采补平衡，地下水水位趋于稳定，可有效地控制地下水位持续下降。

第三类为无法达到采补平衡、地下水水位继续下降区域。南水北调一期工程通水后，区域各阶段缺水率控制为 7.5% 左右，地下水水位继续下降，到 2030 年仍无法达到采补平衡，但下降速度低于无南水北调工程条件下状况，仅能在一定程度上减缓地下水生态环境恶化的速率。

6.4.3 分阶段调控模式

地下水的生态修复依赖于水资源的需求状况和供给程度。随着经济社会的发展、人口的增加，海河平原区工农业和城乡居民生活用水的需求量呈上升的趋势。在需大于供条件下，若完全满足国民经济发展用水的需求，则地下水生态系统将进一步恶化。因此，本次研究综合权衡经济社会发展和地下水水位生态修复两个方面，将区域缺水率控制在 5%~7.5%，以总体上达到既能在一定程度上保障经济社会发展用水需求，又可逐步改善地下水生态环境，以实现综合效益的最大化。

通过分析 5 套方案的地下水开采调控评价优选结果，提出海河平原区 8 个水资源三级区分阶段调控模式，见表 6-18~表 6-22。

表 6-18 方案 F1 地下水调控模式

类型	三级区	水平年年份	外调水量 /亿 m³	再生水量 /亿 m³	开采量 /亿 m³	缺水率 /%	期末埋深 /m
第一类	滦河平原及冀东沿海诸河	2010	0	0.06	15.34	—	7.97
		2011~2015	0	0.06	8.83	5	7.15
		2016~2020	0	0.04	7.78	5	6.08
		2021~2030	0	0.03	8.04	2.5	4.58
		2031~2050	0	0.08	10.43	1	4.14
	漳卫河平原	2010	4.48	0.20	19.43	—	14.1
		2011~2015	4.48	0.29	18.43	10	17.91
		2016~2020	10.57	1.35	15.78	5	18.8
		2021~2030	10.57	1.35	17.18	5	20.69
		2031~2050	12.7	1.85	16.49	5	14.85
	黑龙港及运东平原	2010	2.57	0	24.04	—	11.11
		2011~2015	2.57	0	26.1	20	16.62
		2016~2020	11.63	0.82	18.79	5	19.69
		2021~2030	16.64	1.28	11.99	5	21.33
		2031~2050	26.94	1.24	5.46	5	15.14

续表

类型	三级区	水平年年份	外调水量/亿 m³	再生水量/亿 m³	开采量/亿 m³	缺水率/%	期末埋深/m
第二类	北四河平原	2010	0	7.6	31.21	—	12.56
		2011~2015	0	3.6	31.08	10	12.65
		2016~2020	11.63	7.47	21.46	5	13.24
		2021~2030	13.36	8.56	19.44	5	16.29
		2031~2050	20.88	8.27	18.53	4.8	16.3
	子牙河平原	2010	0.19	0.8	37.10	—	27.27
		2011~2015	0.19	0.88	33.72	10	33.56
		2016~2020	11.66	1.54	22.94	5	36.77
		2021~2030	11.66	1.54	22.7	5	43.23
		2031~2050	16.11	1.3	17.8	5	42.96
	徒骇马颊河	2010	36.0	0.5	22.35	—	5.4
		2011~2015	36.01	0.56	32.7	7.7	4.95
		2016~2020	41.8	2.63	28.28	7.7	6.47
		2021~2030	46.15	2.9	25.74	7.7	10.76
		2031~2050	49.68	3.53	23.34	7.7	10.76
第三类	大清河淀西平原	2010	0	0	29.41	—	23.71
		2011~2015	0	0	24.75	10	25.91
		2016~2020	6.26	0.98	15.99	7.5	27.83
		2021~2030	6.26	0.98	14.86	7.5	33.74
		2031~2050	7.65	1.38	14.21	7.5	38.22
	大清河淀东平原	2010	0	0.1	13.11	—	9.24
		2011~2015	0	0.13	15.08	20	13.12
		2016~2020	11.37	4.01	10.49	7.5	15.07
		2021~2030	12.23	4.31	11.88	7.5	20.11
		2031~2050	14.90	3.57	10.45	7.5	27.33

表 6-19 方案 F2 地下水调控模式

类型	三级区	水平年年份	外调水量/亿 m³	再生水量/亿 m³	开采量/亿 m³	缺水率/%	期末埋深/m
第一类	滦河平原及冀东沿海诸河	2010	0	0.06	15.34	—	7.97
		2011~2015	0	0.06	9.97	0	8.07
		2016~2020	0	2.56	7.61	0	6.13
		2021~2030	0	4.12	5.25	0	4.1
		2031~2050	0	4.68	4.31	0	4.1

续表

类型	三级区	水平年年份	外调水量 /亿 m³	再生水量 /亿 m³	开采量 /亿 m³	缺水率 /%	期末埋深 /m
第一类	漳卫河平原	2010	4.5	0.2	19.43	—	14.1
		2011~2015	4.48	0.19	16.9	15	15.89
		2016~2020	15.50	1.24	12.31	0	12.99
		2021~2030	15.50	1.24	14.18	0	9.32
		2031~2050	21.36	1.76	11	0	4
	大清河淀西平原	2010	0	0	29.41	—	23.71
		2011~2015	0	0	26.8	5	26.35
		2016~2020	6.02	2.92	17.46	5	25.78
		2021~2030	6.02	2.92	17.22	2.5	25.37
		2031~2050	8.14	4.03	15.13	0	21.1
第二类	北四河平原	2010	0	3.6	31.21	—	12.56
		2011~2015	0	3.6	31.08	10	12.33
		2016~2020	12.32	8.97	20.04	5	11.24
		2021~2030	14.05	10.23	17.99	5	10.7
		2031~2050	20.25	11.47	19.74	1.1	10.71
	子牙河平原	2010	0.2	0.8	37.10	—	27.27
		2011~2015	0.19	0.78	33.72	10	33.4
		2016~2020	12.73	2.64	26.28	5	35.71
		2021~2030	12.73	2.64	27.17	5	39.82
		2031~2050	16.71	5.17	20.18	5	38.81
	黑龙港及运东平原	2010	2.6	0	24.04	—	11.11
		2011~2015	2.57	0	26.10	20	17.12
		2016~2020	10.2	1.1	23.48	7.5	22.82
		2021~2030	15.21	1.65	17.81	7.5	30.63
		2031~2050	25.81	1.87	7.14	7.5	30.76
	徒骇马颊河	2010	36.0	0.5	22.35	—	5.4
		2011~2015	36.01	0.46	34.84	5.2	5.32
		2016~2020	41.99	2.38	23.48	5.2	5.69
		2021~2030	46.34	2.63	17.91	5.2	7.35
		2031~2050	49.73	3.54	14.79	5.2	7.35
第三类	大清河淀东平原	2010	0	0.1	13.11	—	9.24
		2011~2015	0	0.13	15.08	20	12.9
		2016~2020	10.69	4.90	9.09	7.5	13.7
		2021~2030	11.55	5.29	9.91	7.5	15.87
		2031~2050	14.55	6.68	8.57	7.5	18.74

表 6-20　方案 F3 地下水调控模式

类型	三级区	水平年年份	外调水量/亿 m³	再生水量/亿 m³	开采量/亿 m³	缺水率/%	期末埋深/m
第一类	滦河平原及冀东沿海诸河	2010	0	0.1	15.34	—	7.97
		2011~2015	0	0.06	9.97	0	7.89
		2016~2020	0	4.36	7.19	0	5.67
		2021~2030	0	3.89	7.84	0	2.2
		2031~2050	0	3.76	4.43	0	4.1
	漳卫河平原	2010	4.5	0.2	19.43	—	14.1
		2011~2015	4.48	0.19	16.9	15	15.92
		2016~2020	15.28	1.59	12.08	0	13.06
		2021~2030	15.28	1.59	13.88	0	8.81
		2031~2050	17.33	1.89	14.72	0	4
	大清河淀西平原	2010	0	0	13.11	—	23.71
		2011~2015	0	0	26.80	5	26.44
		2016~2020	6.08	2.91	18.52	2.5	26.18
		2021~2030	6.08	2.91	17.32	2.5	25.24
		2031~2050	7.32	2.78	15.77	0	19.31
第二类	北四河平原	2010	0	3.6	31.21	—	12.56
		2011~2015	0	3.6	31.08	10	12.25
		2016~2020	12.44	9.04	19.4	7.5	10.85
		2021~2030	14.17	10.3	18.97	6	10.48
		2031~2050	17.2	10.37	21.04	2.1	10.46
	子牙河平原	2010	0.2	0.8	37.10	—	27.27
		2011~2015	0.19	0.78	33.72	10	33.34
		2016~2020	12.52	2.97	25.54	5	35.27
		2021~2030	12.52	2.97	26.31	5	38.38
		2031~2050	15.19	2.85	22.57	5	37.68
	徒骇马颊河	2010	36.0	0.5	22.35	—	5.4
		2011~2015	36.01	0.46	33.87	6.3	5.01
		2016~2020	42.2	2.62	22.84	6.3	5.13
		2021~2030	46.55	2.89	17.44	6.3	6.23
		2031~2050	46.46	3.1	17.28	6.3	6.24

续表

类型	三级区	水平年年份	外调水量/亿 m³	再生水量/亿 m³	开采量/亿 m³	缺水率/%	期末埋深/m
第三类	大清河淀东平原	2010	0	0.1	29.41	—	23.71
		2011~2015	0	0.13	15.08	20	12.97
		2016~2020	10.84	5	9.69	7.5	14.13
		2021~2030	11.7	5.39	11.05	7.5	17.25
		2031~2050	12.86	5.69	8.74	7.5	18.93
	黑龙港及运东平原	2010	2.6	0	24.04	—	11.11
		2011~2015	2.57	0	26.1	20	17.13
		2016~2020	10.18	1.06	23.43	7.5	22.85
		2021~2030	15.19	1.58	17.79	7.5	31.17
		2031~2050	16.44	1.55	15.58	7.5	44.31

表 6-21　方案 F21 地下水调控模式

类型	三级区	水平年年份	外调水量/亿 m³	再生水量/亿 m³	开采量/亿 m³	缺水率/%	期末埋深/m
第一类	滦河平原及冀东沿海诸河	2010	0	0	15.34	—	7.97
		2011~2015	0	0	11.33	0	9.82
		2016~2020	0	0.06	11.96	0	10.93
		2021~2030	0	0.13	11.59	0	10.92
		2031~2050	0	0.49	9.38	0	4.1
	漳卫河平原	2010	4.8	0.1	19.43	—	14.1
		2011~2015	4.82	0.07	16.03	15	15.15
		2016~2020	15.54	0.03	11.43	0	11.8
		2021~2030	15.54	0.03	13.08	0	6.72
		2031~2050	18.52	0.14	14.63	0	4
	徒骇马颊河	2010	35.8	0.4	22.35	—	5.4
		2011~2015	35.78	0.36	27.12	4.2	3.03
		2016~2020	42.71	0.07	23.51	4.2	2.74
		2021~2030	47.11	0.08	20.43	4.2	3.68
		2031~2050	50.00	0.40	19.26	4.2	3.69
第二类	北四河平原	2010	0	1.1	31.21	—	12.56
		2011~2015	0	1.07	33.23	10	13.51
		2016~2020	13.28	0.34	27.15	7.5	15.01
		2021~2030	13.91	0.36	27.4	7.5	20.37
		2031~2050	19.18	1.49	22.05	7.5	24.92

续表

类型	三级区	水平年年份	外调水量/亿m³	再生水量/亿m³	开采量/亿m³	缺水率/%	期末埋深/m
第二类	大清河淀东平原	2010	0	0.1	22.35	—	23.71
		2011~2015	0	0.05	15.44	10	13.28
		2016~2020	11.39	0.14	9.99	7.5	15.14
		2021~2030	13.356	0.16	10.3	7.5	19.21
		2031~2050	18.32	0.68	7.62	7.5	22.36
第三类	子牙河平原	2010	0.2	0.2	13.11	—	9.24
		2011~2015	0.23	0.21	29.76	10	31.88
		2016~2020	13.51	0.03	23.26	7.5	34.48
		2021~2030	13.51	0.03	25.11	7.5	41.35
		2031~2050	17.06	0.12	22.01	7.5	50.18
	大清河淀西平原	2010	0	0	29.41	—	23.71
		2011~2015	0	0	23.06	10	25.16
		2016~2020	6.55	0.09	18.68	7.5	27
		2021~2030	6.55	0.09	18.65	7.5	32.87
		2031~2050	8.94	0.36	17.28	7.5	41.1
	黑龙港及运东平原	2010	4.8	0	24.04	—	11.11
		2011~2015	4.77	0	22.13	10	15.36
		2016~2020	10.63	0.03	19.76	7.5	19.99
		2021~2030	15.64	0.04	16.04	7.5	27.58
		2031~2050	24.38	0.15	8.32	7.5	30.73

表 6-22 方案 F31 地下水调控模式

类型	三级区	水平年年份	外调水量/亿m³	再生水量/亿m³	开采量/亿m³	缺水率/%	期末埋深/m
第一类	滦河平原及冀东沿海诸河	2010	0	0	15.34	—	7.97
		2011~2015	0	0	11.33	0	9.6
		2016~2020	0	0.05	10.53	0	9.71
		2021~2030	0	0.09	10.47	0	8.82
		2031~2050	0	0.46	9.91	0	4.66
	漳卫河平原	2010	4.8	0.1	19.43	—	14.1
		2011~2015	4.82	0.07	16.03	15	15.1
		2016~2020	15.75	0.05	10.99	0	11.31
		2021~2030	15.75	0.05	12.58	0	5.2
		2031~2050	16.7	0.28	15.74	0	4

续表

类型	三级区	水平年年份	外调水量/亿 m³	再生水量/亿 m³	开采量/亿 m³	缺水率/%	期末埋深/m
第一类	徒骇马颊河	2010	35.8	0.4	22.35	—	5.4
		2011~2015	35.78	0.36	26.07	5.7	2.75
		2016~2020	42.51	0.09	22.36	5.7	2.17
		2021~2030	46.91	0.1	19.18	5.7	2.55
		2031~2050	47.44	0.48	19.91	5.7	2.56
第二类	北四河平原	2010	0	1.1	31.21	—	12.56
		2011~2015	0	1.07	33.23	10	13.67
		2016~2020	13.2	0.3	25.96	7.5	14.63
		2021~2030	13.83	0.31	25.91	7.5	18.88
		2031~2050	16.07	1.32	22.94	7.5	24.49
	大清河淀西平原	2010	0	0	22.35	—	23.71
		2011~2015	0	0	23.06	10	24.96
		2016~2020	6.96	0.07	16.56	5	25.54
		2021~2030	6.96	0.07	16.19	5	28.89
		2031~2050	7.8	0.36	17.13	5	37.07
	大清河淀东平原	2010	0	0.1	13.11	—	9.24
		2011~2015	0	0.05	15.44	10	13.2
		2016~2020	11.43	0.11	8.81	7.5	14.52
		2021~2030	13.4	0.13	8.91	7.5	17.6
		2031~2050	14.31	0.56	8.29	7.5	22.27
第三类	子牙河平原	2010	0.2	0.2	29.41	—	23.71
		2011~2015	0.23	0.21	29.76	10	31.52
		2016~2020	13.01	0.02	18.64	7.5	31.98
		2021~2030	13.01	0.02	19.8	7.5	34.62
		2031~2050	14.77	0.11	22.68	5	44.07
	黑龙港及运东平原	2010	4.8	0	24.04	—	11.11
		2011~2015	4.77	0	22.13	10	15.22
		2016~2020	10.86	0.02	17.46	7.5	18.99
		2021~2030	15.87	0.03	13.28	7.5	25.25
		2031~2050	16.69	0.15	13.58	7.5	37.76

以方案 F1 为例,分阶段地下水调控模式(表 6-18)如下。

1)第一类可修复区域:包括滦河平原及冀东沿海诸河、漳卫河平原、黑龙港及运东平原。各阶段缺水率控制在 5% 以内,南水北调一期工程通水后,地下水水位继续下降,于 2030 年开始有明显回升,地下水位得到了一定程度的修复。

滦河平原及冀东沿海诸河。地下水开采量由 2010 年的 15.34 亿 m³ 减少到 2015 年 8.83 亿 m³ 和 2030 年的 8.04 亿 m³,地下水水位自 2011 年开始上升,年均上升速率为 0.02~0.21m/a,2030 年末地下水位埋深约 4.58m,2050 年末将回升到目标埋深 4.14m。

漳卫河平原。地下水开采量由 2010 年的 19.43 亿 m^3 减少到 2030 年的 17.18 亿 m^3，2030 年地下水开采量小于可利用量，此后地下水水位以年均速率 0.3m/a 逐步上升，到 2050 年末地下水埋深恢复到 14.85m。

黑龙港及运东平原。地下水开采量由 2010 年的 24.04 亿 m^3 减少到 2030 年的 11.99 亿 m^3，地下水位年均下降速率由 1.2m/a 减小到 0.2~0.7m/a；2030 年以后，地下水水位将以年均 0.3m/a 速率逐步上升，到 2050 年末地下水埋深恢复到 15.14m。

2) 第二类可基本达到采补平衡区域：包括北四河平原、子牙河平原、徒骇马颊河。各阶段缺水率控制为 5%~7.7%，地下水水位继续下降，但下降速度低于无南水北调工程状况，至 2030 年地下水达到采补平衡，有效控制区域地下水位不再下降。

北四河平原。地下水开采量由 2010 年的 31.21 亿 m^3 减少到 2030 年的 19.44 亿 m^3，地下水埋深缓慢增大至 2030 年，年均下降速率由 0.3m/a 减小到 0.1m/a，2030 年达到采补平衡，地下水水位埋深 16.29m，区域地下水位不再下降。

子牙河平原。地下水开采量由 2010 年的 37.10 亿 m^3 减少到 2030 年的 22.70 亿 m^3，地下水水位缓慢下降至 2030 年，年均下降速率由 1.5m/a 减小到 0.6m/a，2030 年达到采补平衡，地下水水位埋深 43.23m，区域地下水位不再下降。

徒骇马颊河。现状鲁北引黄水量 36.01 亿 m^3，规划水平年引江水量不大。地下水开采量由 2010 年的 22.35 亿 m^3 增加到 2030 年的 25.74 亿 m^3，地下水埋深缓慢增大至 2030 年，达到采补平衡，地下水位埋深 10.76m，地下水位不再下降。

3) 第三类无法达到采补平衡、地下水位继续下降区域：大清河淀东平原、大清河淀西平原。各阶段缺水率控制在 7.5% 左右，地下水位继续下降，2030 年仍无法达到采补平衡，但下降速度低于无南水北调工程状况，可在一定程度上减缓地下水生态环境的恶化速率。

大清河淀西平原。地下水开采量由 2010 年的 29.41 亿 m^3 减少到 2030 年的 14.86 亿 m^3，地下水位年均下降速率由 0.5m/a 减小到 0.2~0.3m/a，2030 年仍无法达到采补平衡，地下水埋深约 33.74m，到 2050 年下降至 38.22m。若要在 2030 年达到采补基本平衡，区域缺水率需控制在 12.68% 以上。

大清河淀东平原。地下水开采量为 2010 年 13.11 亿 m^3、2015 年 15.08 亿 m^3、2030 年 11.88 亿 m^3，地下水位年均下降速率由 0.9m/a 减小到 0.3~0.5m/a，2030 年仍无法达到采补平衡，地下水埋深约 20.11m，2050 年下降至 27.33m。若要在 2030 年达到采补基本平衡，区域缺水率至少需控制在 14.5% 以上。

5 套方案地下水调控效果归纳在表 6-23 和表 6-24，表中可见：

在 1956~2000 年系列降水条件下，除大清河淀东平原、黑龙港及运东平原等外，大部分三级区在 2030 年均可实现地下水采补平衡，地下水位不再下降，而滦河平原及冀东沿海诸河、漳卫河平原地下水位逐步回升。

在 1980~2005 年系列降水条件下，仅滦河平原及冀东沿海诸河、漳卫河平原和徒骇马颊河可实现采补平衡，其他三级区若要达到采补平衡，缺水率均在 10% 以上。

表 6-23　海河平原区水资源三级区地下水调控效果（1956~2000 年系列）

三级区	2010年埋深/m	理想生态水位/m	方案 F1 第一类（缺水率<5%）采补平衡实现年份	方案 F1 第一类 2030年埋深/m	方案 F1 第二类（5%<缺水率<7.5%）采补平衡实现年份	方案 F1 第二类 2030年埋深/m	方案 F1 第三类（缺水率 7.5%左右）采补平衡实现年份	方案 F1 第三类 2030年埋深/m	方案 F2 第一类（缺水率<5%）采补平衡实现年份	方案 F2 第一类 2030年埋深/m	方案 F2 第二类（5%<缺水率<7.5%）采补平衡实现年份	方案 F2 第二类 2030年埋深/m	方案 F2 第三类（缺水率 7.5%左右）采补平衡实现年份	方案 F2 第三类 2030年埋深/m	方案 F3 第一类（缺水率<5%）采补平衡实现年份	方案 F3 第一类 2030年埋深/m	方案 F3 第二类（5%<缺水率<7.5%）采补平衡实现年份	方案 F3 第二类 2030年埋深/m	方案 F3 第三类（缺水率 7.5%左右）采补平衡实现年份	方案 F3 第三类 2030年埋深/m
滦河平原及冀东沿海诸河	7.97	4.1	2010	4.58	—	—	—	—	2015	4.1	—	—	—	—	2015	2.20	—	—	—	—
北四河平原	12.56	4.8	—	—	2030	16.30	—	—	—	—	2030	10.70	—	—	—	—	2030	10.48	—	—
大清河淀西平原	23.71	4.6	—	—	—	—	无	33.74	2015	25.37	—	—	—	—	2015	25.24	—	—	—	—
大清河淀东平原	9.24	4.6	—	—	—	—	无	20.11	—	—	—	—	无	15.87	—	—	—	—	无	17.25
子牙河平原	27.27	5.1	—	—	2030	43.23	—	—	2015	9.32	2030	39.82	—	—	2015	8.81	2030	38.38	—	—
漳卫河平原	14.1	4	2030	20.69	—	—	—	—	—	—	2030	30.63	—	—	—	—	—	—	—	—
黑龙港及运东平原	11.11	4.4	2030	21.33	—	—	—	—	—	—	2030	7.35	—	—	—	—	—	—	无	37.17
徒骇马颊河	5.4	4.2	—	—	2030	10.76	—	—	—	—	—	—	—	—	2030	6.23	—	—	—	—

第6章 | 供水格局变化后的地下水开采调控模式研究

表 6-24 海河平原区水资源三级区地下水调控效果（1980～2005 年系列）

三级区	2010年埋深/m	理想生态水位/m	方案 P21 第一类（缺水率<5%）采补平衡实现年份	方案 P21 第一类 2030年埋深/m	方案 P21 第二类 2030年埋深*/m	方案 P21 第二类 若2030年平衡时缺水率**/%	方案 P21 第三类 2030年埋深***/m	方案 P21 第三类 若2030年平衡时缺水率**/%	方案 P31 第一类（缺水率<5%）采补平衡实现年份	方案 P31 第一类 2030年埋深/m	方案 P31 第二类 2030年埋深*/m	方案 P31 第二类 若2030年平衡时缺水率**/%	方案 P31 第三类 2030年埋深***/m	方案 P31 第三类 若2030年平衡时缺水率**/%
滦河平原及冀东沿海诸河	7.97	4.1	2020	10.92	—	—	—	—	2020	8.82	—	—	—	—
北四河平原	12.56	4.8	—	—	20.37	11.7～18	—	—	—	—	18.88	12～16	—	—
大清河淀西平原	23.71	4.6	—	—	—	—	32.87	16.77	—	—	28.89	15	—	—
大清河淀东平原	9.24	4.6	2015	6.72	19.21	11.4	—	—	—	—	17.60	13～15	—	—
子牙河平原	27.27	5.1	—	—	—	—	41.35	16.24	—	—	—	—	34.62	14.84
漳卫河平原	14.1	4	—	—	—	—	—	—	2015	5.20	—	—	—	—
黑龙港及运东平原	11.11	4.4	—	—	—	—	27.58	11.73	—	—	—	—	25.25	25.17
徒骇马颊河	5.4	4.2	2015	3.68	—	—	—	—	2015	2.55	—	—	—	—

* 目标为 5%<缺水率<7.5%，此条件下 2030 年的埋深。

** 目标为 2030 年达到采补平衡，此条件下需达到的缺水率。

*** 目标为缺水率为 7.5% 左右，此条件下 2030 年的埋深。此时未平衡，水位仍将下降。

6.5 南水北调工程达效后地下水调控模拟修复效果

6.5.1 1956~2000 年系列

南水北调东、中线工程达效后,在长系列水文条件下,海河平原区 8 个水资源三级区规划水平年地下水埋深调控效果如图6-6~图6-8所示,图中配置结果是指满足规划水平年

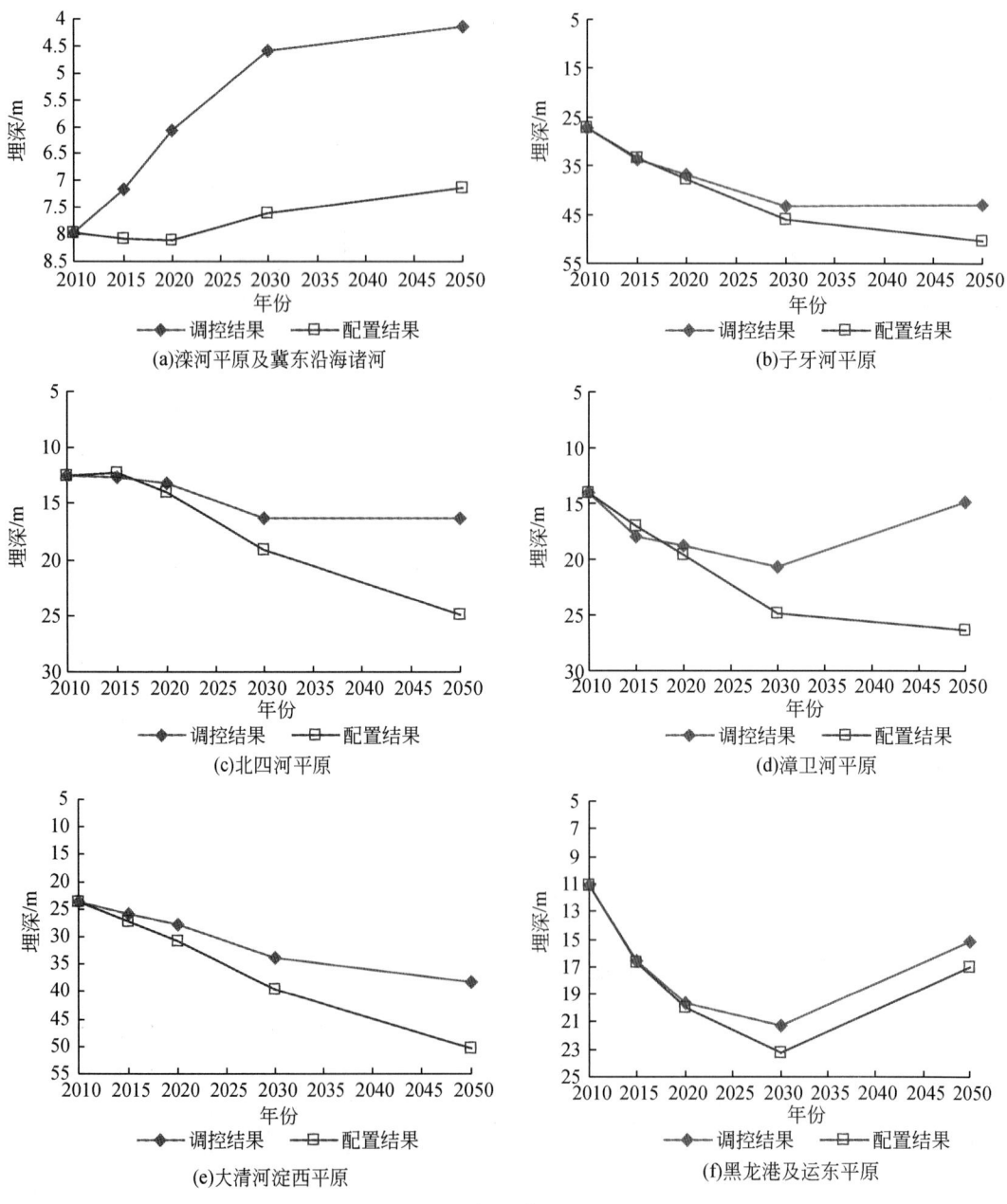

(a)滦河平原及冀东沿海诸河
(b)子牙河平原
(c)北四河平原
(d)漳卫河平原
(e)大清河淀西平原
(f)黑龙港及运东平原

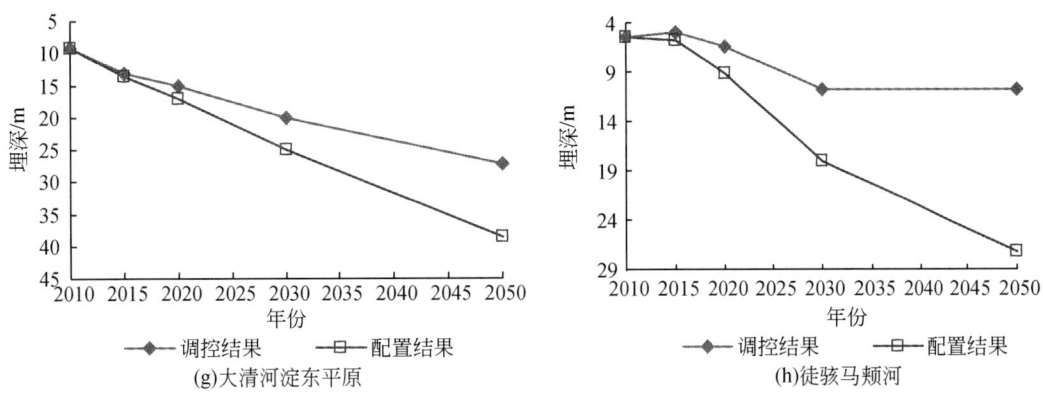

图 6-6 方案 F1 地下水埋深调控效果

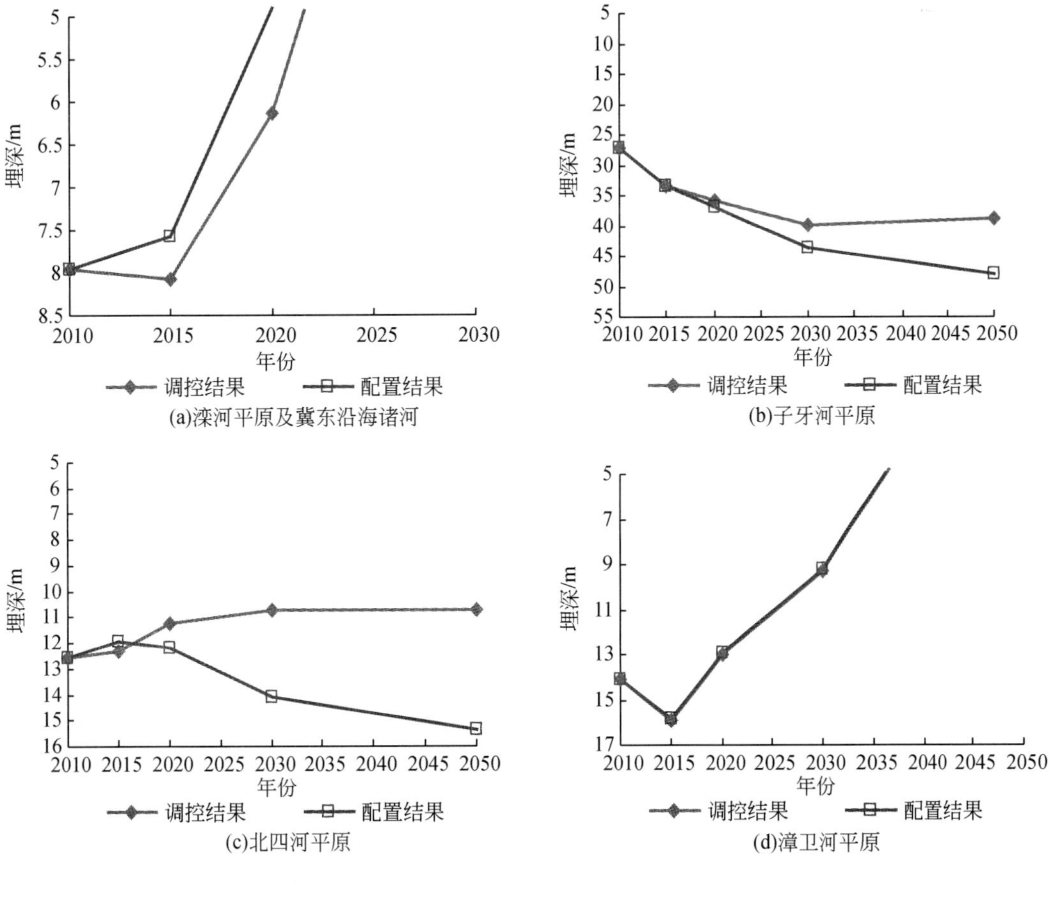

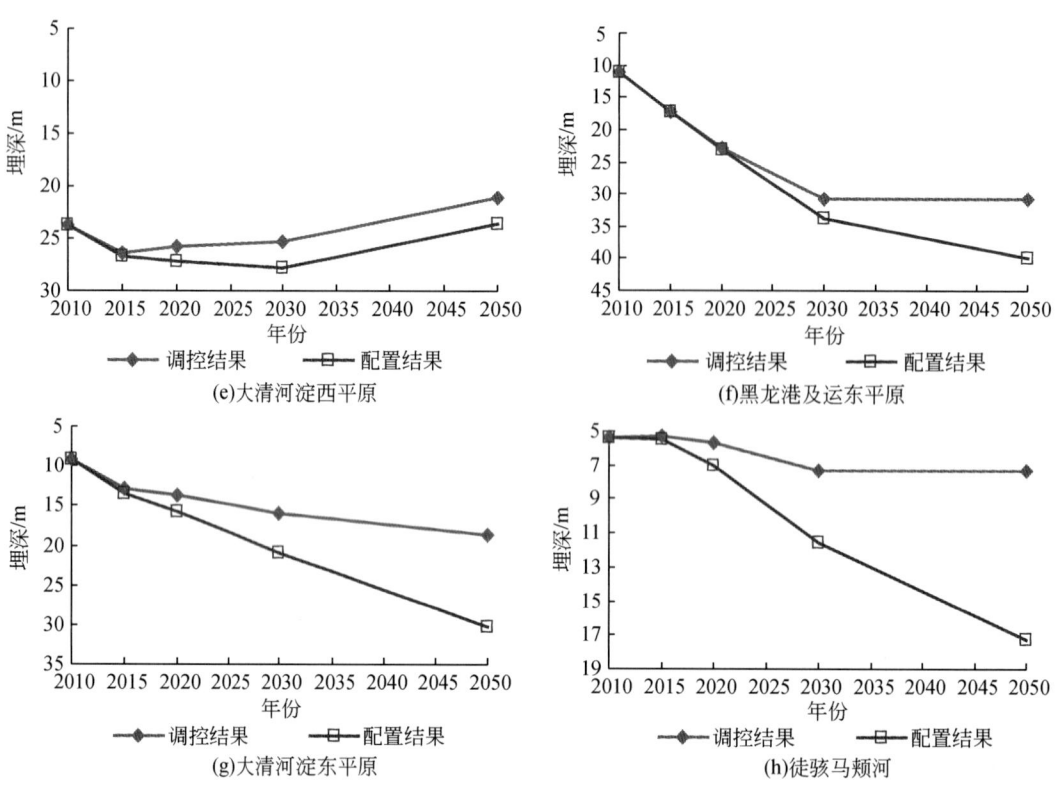

图 6-7 方案 F2 地下水埋深调控效果

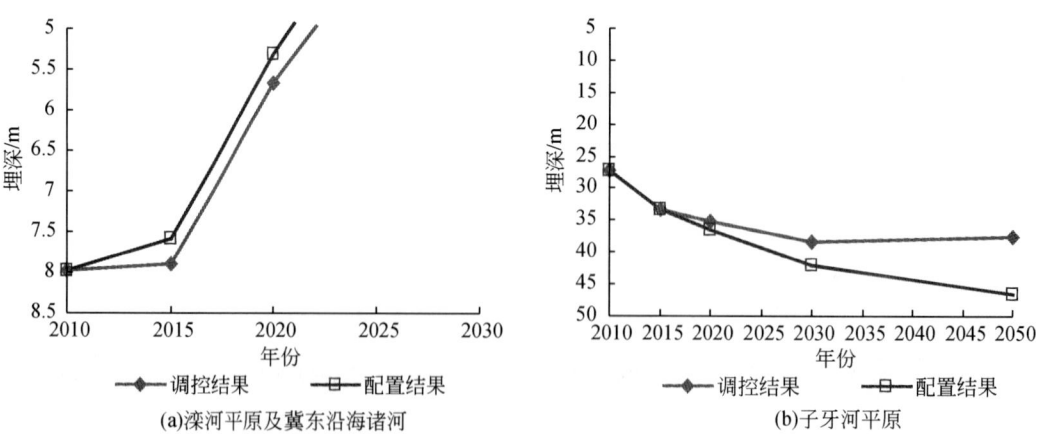

第6章 | 供水格局变化后的地下水开采调控模式研究

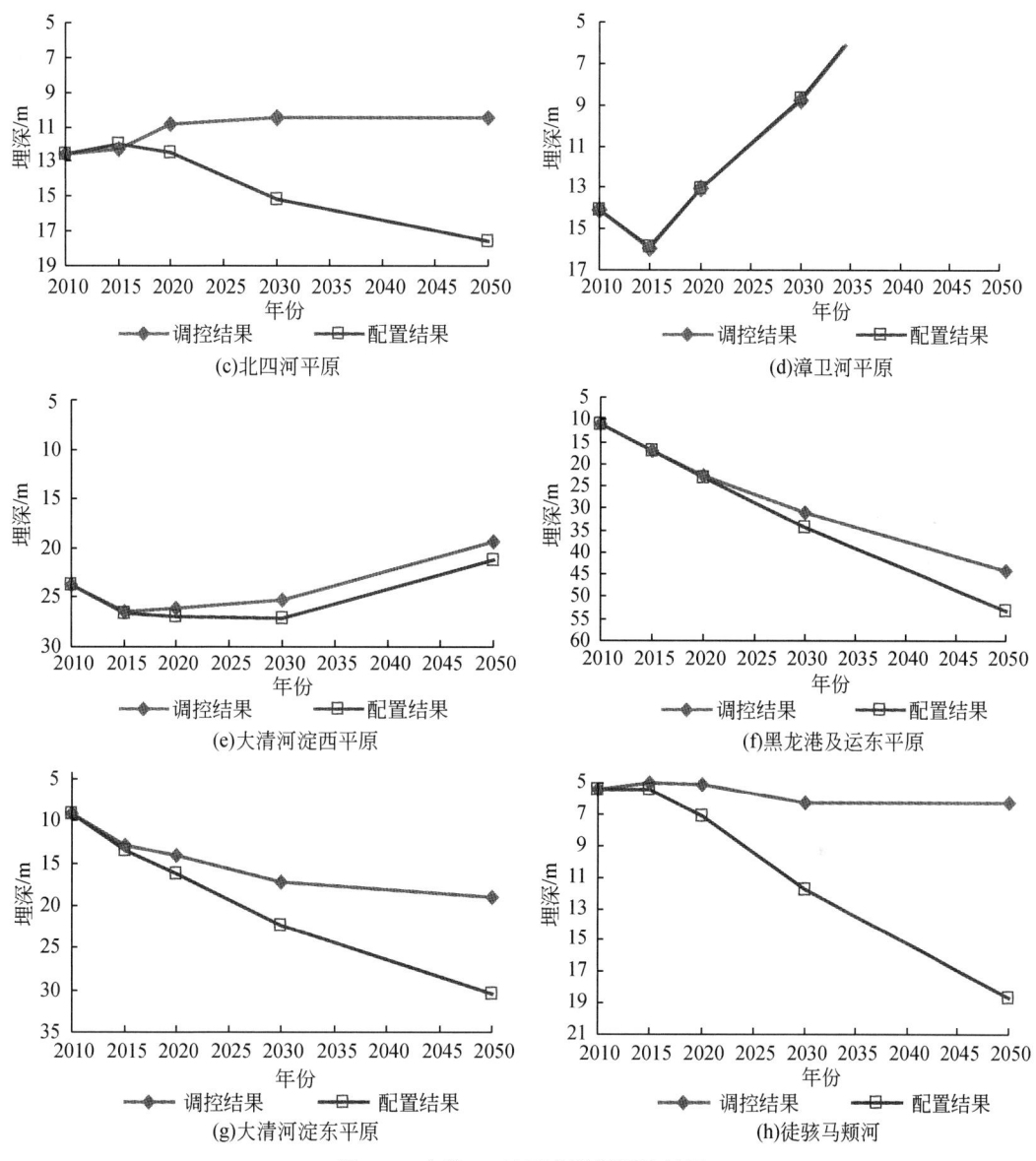

图 6-8　方案 F3 地下水埋深调控效果

需水要求的地下水位变化结果，调控结果是指兼顾经济发展用水需求和地下水修复的地下水位变化结果。总体上看调控结果优于配置结果。

从地下水埋深变化趋势看，至 2030 年前，除滦河平原及冀东沿海诸河外，其他三级区地下水位将继续下降，2030 年后漳卫河平原的地下水位将逐步回升，北四河平原、子牙河平原和徒骇马颊河的地下水位将趋于稳定，而大清河淀东平原的地下水位仍将继续下降，大清河淀西平原和黑龙港及运东平原的地下水位变化不确定。从地下水埋深状况看，到 2030 年地下水平均埋深最大的三级区是子牙河平原，埋深约 40m，此后将趋于稳定；第二为黑龙港及运东平原，地下水埋深约 30m，若采用水资源配置方案 F1 或 F2，2030 年后有望回升，其他方案将继续下降；第三是大清河淀西平原，2030年地下水埋深在25~34m，若采用水资源配置方案F2或F3，2030年后将缓慢回升；第四是大清河淀东平原，2030年地下水埋深在15~20m，此后将继续下降。

未来40年海河平原区各水资源三级区地下水埋深预测值及为实现埋深预测值所需国民经济需水缺水率见表6-25。

6.5.2 1980~2005年系列

南水北调东、中线工程达效后，在短系列水文条件下，除滦河平原及冀东沿海诸河、漳卫河平原、徒骇马颊河外，其他三级区地下水位将持续下降，调控方案的下降速率略低于配置方案（图6-9，图6-10）。鉴于在方案设置时，国民经济需水量目标短系列方案小于长系列方案约20亿~40亿 m^3，因而，在短系列枯水条件下，按照规划的国民经济需水量，即使南水北调工程完全达效也很难扭转海河平原区地下水生态环境恶化的趋势。

以上地下水埋深预测结果基于目前资料条件和数据精度，今后随着资料信息量的扩大和数据精度的提高，预测值的精确度将不断提高。

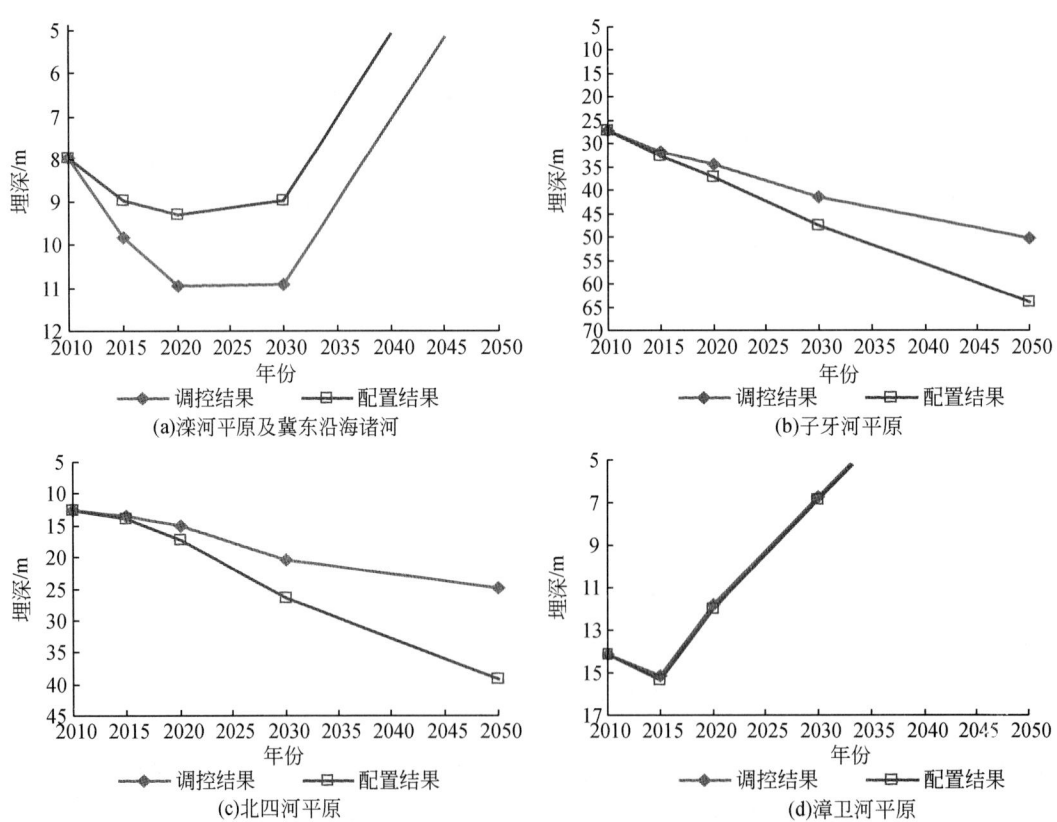

第 6 章 | 供水格局变化后的地下水开采调控模式研究

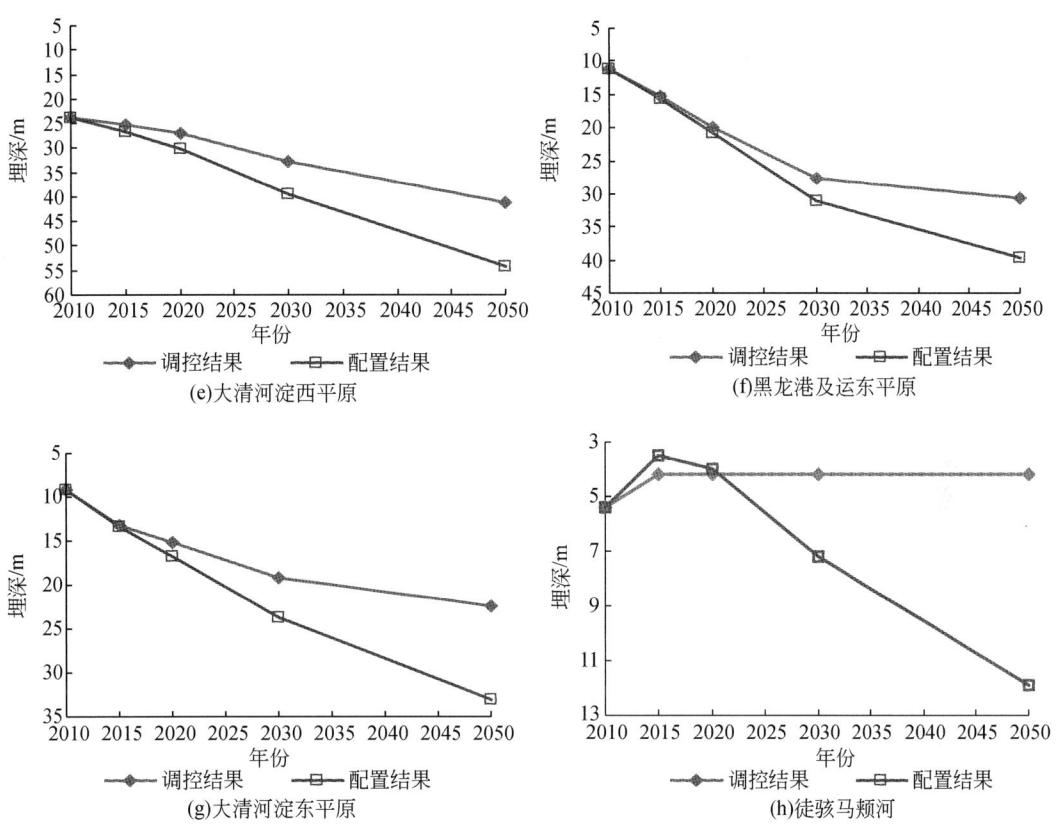

图 6-9 方案 F21 地下水埋深调控效果

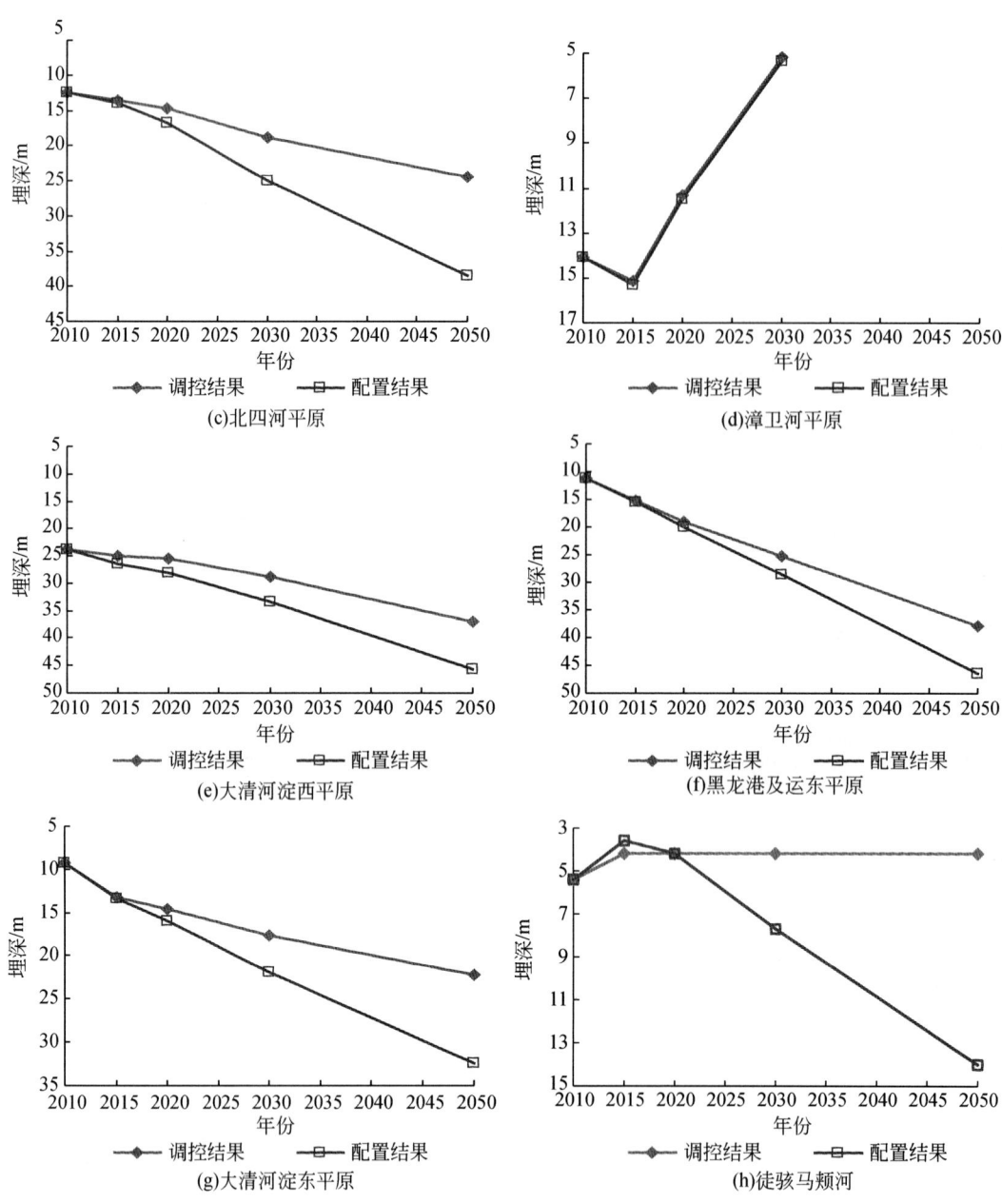

图 6-10 方案 F31 地下水埋深调控效果

第6章 | 供水格局变化后的地下水开采调控模式研究

表 6-25 海河平原区水资源三级区 5 套方案地下水调控效果

水资源三级区	水平年年份	1956~2000 年系列 方案 F1 调控结果 缺水率/%	1956~2000 年系列 方案 F1 调控结果 埋深/m	1956~2000 年系列 方案 F1 配置结果 缺水率/%	1956~2000 年系列 方案 F1 配置结果 埋深/m	方案 F2 调控结果 缺水率/%	方案 F2 调控结果 埋深/m	方案 F2 配置结果 缺水率/%	方案 F2 配置结果 埋深/m	方案 F3 调控结果 缺水率/%	方案 F3 调控结果 埋深/m	方案 F3 配置结果 缺水率/%	方案 F3 配置结果 埋深/m	1980~2005 年系列 方案 F21 调控结果 缺水率/%	方案 F21 调控结果 埋深/m	方案 F21 配置结果 缺水率/%	方案 F21 配置结果 埋深/m	方案 F31 调控结果 缺水率/%	方案 F31 调控结果 埋深/m	方案 F31 配置结果 缺水率/%	方案 F31 配置结果 埋深/m
滦河平原及冀东沿海诸河	2015	5	7.2	1.59	8.1	0	8.1	1.59	7.6	0	7.9	1.6	7.6	0	9.8	3.9	9.0	0	9.6	3.9	8.9
	2020	5	6.1	0.0	8.1	0	6.1	3.12	4.9	0	5.7	0.0	5.3	0	10.9	3.8	9.3	0	9.7	0.6	8.9
	2030	2.5	4.6	0.4	7.6	0	4.1	0.69	4.1	0	4.1	0.6	4.1	0	10.9	0.6	9.0	0	8.8	0.7	7.7
	2050	1	4.1	1.0	7.1	0	4.1	0.12	4.1	10	4.1	0.1	4.1	10	4.1	0.1	4.1	0	4.7	0.7	4.1
北四河平原	2015	10	12.7	13.4	12.3	10	12.3	13.45	11.9	10	12.3	13.4	12.0	10	13.5	10.2	13.9	10	13.7	10.2	14.0
	2020	5	13.2	0.2	14.1	5	11.2	0.00	12.2	7.5	10.9	0.0	12.5	7.5	15.0	0.0	17.3	7.5	14.6	0.0	16.8
	2030	5	16.3	1.5	19.2	5	10.7	0.17	14.1	6	10.5	0.2	15.2	7.5	20.4	0.2	26.6	7.5	18.9	0.2	24.9
	2050	4.76	16.3	0.0	24.8	1.11	10.7	0.0	15.4	2.1	10.5	0.1	17.5	7.5	24.9	0.0	39.2	7.5	24.5	0.2	38.5
大清河淀西平原	2015	10	25.9	4.2	27.3	10	12.3	4.2	26.7	5	26.4	4.2	26.7	10	25.2	1.7	26.8	10	25.0	1.7	26.4
	2020	7.5	27.8	0.0	30.8	5	11.2	0.0	27.2	2.5	26.2	0.0	27.0	7.5	27.0	0.0	30.2	5	25.5	0.0	28.0
	2030	7.5	33.7	0.7	39.6	5	10.7	0.1	27.9	2.5	25.2	0.1	27.1	7.5	32.9	0.1	39.3	5	28.9	0.1	33.3
	2050	7.5	38.2	0.3	50.3	1.11	10.7	0.0	23.6	0	19.3	0.0	21.2	7.5	41.1	0.0	54.2	5	37.1	0.1	45.7
大清河淀东平原	2015	20	13.1	18.3	13.7	20	12.9	18.3	13.4	20	13.0	18.3	13.5	10	13.3	10.9	13.4	10	13.3	10.9	12.8
	2020	7.5	15.1	0.0	17.2	7.5	13.7	0.0	15.7	7.5	14.1	0.0	16.2	7.5	15.1	0.0	16.7	7.5	16.0	0.0	15.4
	2030	7.5	20.1	1.8	25.0	7.5	15.9	0.3	21.0	7.5	17.3	0.2	22.4	7.5	19.2	0.2	23.7	7.5	21.9	0.2	21.3
	2050	7.5	27.3	1.2	38.5	7.5	18.7	0.0	30.3	7.5	18.9	0.0	30.4	7.5	22.4	0.0	33.1	7.5	32.5	0.2	32.5

| 185 |

续表

水资源三级区	水平年年份	1956~2000 年系列 方案 F1 调控结果 缺水率/%	方案 F1 调控结果 埋深/m	方案 F1 配置结果 缺水率/%	方案 F1 配置结果 埋深/m	方案 F2 调控结果 缺水率/%	方案 F2 调控结果 埋深/m	方案 F2 配置结果 缺水率/%	方案 F2 配置结果 埋深/m	方案 F3 调控结果 缺水率/%	方案 F3 调控结果 埋深/m	方案 F3 配置结果 缺水率/%	方案 F3 配置结果 埋深/m	1980~2005 年系列 方案 F21 调控结果 缺水率/%	方案 F21 调控结果 埋深/m	方案 F21 配置结果 缺水率/%	方案 F21 配置结果 埋深/m	方案 F31 调控结果 缺水率/%	方案 F31 调控结果 埋深/m	方案 F31 配置结果 缺水率/%	方案 F31 配置结果 埋深/m
子牙河平原	2015	10	33.6	11.9	33.4	10	33.4	11.9	33.3	10	33.3	11.9	33.2	10	31.9	7.7	32.6	10	31.5	7.7	32.2
子牙河平原	2020	5	36.8	0.0	37.8	5	35.7	0.0	36.9	5	35.3	0.0	36.5	7.5	34.5	0.0	37.0	7.5	32.0	0.0	34.3
子牙河平原	2030	5	43.2	0.9	46.2	5	39.8	0.4	43.6	5	38.4	0.4	42.1	7.5	41.4	0.3	47.6	7.5	34.6	0.3	39.9
子牙河平原	2050	5	43.0	0.3	50.4	5	38.8	0.0	47.9	5	37.7	0.0	46.6	7.5	50.2	0.0	64.0	5	44.1	0.3	53.9
漳卫河平原	2015	10	17.9	15.2	17.0	15	15.9	15.2	15.9	15	15.9	15.2	15.3	15	15.4	14.2	15.3	15	15.1	14.2	15.3
漳卫河平原	2020	5	18.8	0.0	19.5	0	13.0	0.0	12.9	0	13.1	0.0	13.0	0	11.8	0.0	12.0	0	11.3	0.0	11.5
漳卫河平原	2030	5	20.7	5.2	24.9	0	9.3	0.1	9.2	0	8.8	0.0	8.7	0	6.7	0.1	6.9	0	5.2	0.1	5.3
漳卫河平原	2050	5	14.9	0.0	26.4	0	4.6	0.0	4.6	0	4.6	0.0	4.6	0	4.6	0.0	4.6	0	4.6	0.1	4.6
黑龙港及运东平原	2015	20	16.6	19.2	16.7	20	17.1	19.2	17.2	20	17.1	19.2	17.2	10	15.4	8.1	15.7	10	15.2	8.1	15.6
黑龙港及运东平原	2020	5	19.7	5.2	20.0	7.5	22.8	8.4	22.9	7.5	22.9	8.4	23.1	7.5	20.0	6.0	20.8	7.5	19.0	4.5	20.0
黑龙港及运东平原	2030	5	21.3	0.0	23.2	7.5	30.6	0.3	33.8	7.5	31.2	0.3	34.4	7.5	27.6	0.2	31.0	7.5	25.3	0.2	28.7
黑龙港及运东平原	2050	0	15.1	0.0	17.0	7.5	30.8	0.0	40.0	7.5	44.3	0.0	53.4	7.5	30.7	0.0	39.7	7.5	37.8	0.0	46.5
徒骇马颊河	2015	7.7	5.0	5.6	5.8	5.18	5.3	5.6	5.5	6.32	5.0	5.6	5.5	4.2	4.2	2.4	3.5	5.66	4.2	2.4	3.6
徒骇马颊河	2020	7.7	6.5	9.1	9.1	5.18	5.7	1.1	7.0	6.32	5.1	1.1	7.1	4.2	4.2	1.6	4.0	5.66	4.2	1.6	4.2
徒骇马颊河	2030	7.7	10.8	2.0	18.0	5.18	7.4	0.0	11.5	6.32	6.2	0.0	11.7	4.2	4.2	0.0	7.2	5.66	4.2	0.0	7.7
徒骇马颊河	2050	7.7	10.8	0.2	27.2	5.18	7.4	0.0	17.3	6.32	6.2	0.0	18.7	4.2	4.2	0.0	11.9	5.66	4.2	0.0	14.0

6.6 小　　结

以相对缺水率平方和最小、分区地下水修复年限最小化为目标，研究建立海河平原区地下水利用多目标优化模型；针对求解复杂水资源大系统优化与控制中计算、搜索时间过长、易于早熟收敛等问题，采用基于协同进化思想的多目标粒子群优化算法，以水资源三级区为基本单元，分析南水北调东、中线工程完全、80%和50%达效3种情景，2015年、2020年、2030年和2050年4个水平年，5套长、短系列方案的调控方案集（非劣解集），以阶段末浅层地下水埋深、缺水率、地下水修复年限为指标，构建调控方案评价指标体系；采用投影寻踪、蛙跳算法优化选取调控结果，提出了海河平原区水资源三级区地下水调控3类模式。

第一类为可修复区域。南水北调东中线工程通水后，各阶段缺水率控制在5%以内，地下水水位下降至2030年后开始回升，地下水生态将得到修复。在1956~2000年水文系列下，可修复区域包括滦河平原及冀东沿海诸河、漳卫河平原、黑龙港及运东平原；在1980~2005年水文系列下，可修复区域包括滦河平原及冀东沿海诸河、漳卫河平原、徒骇马颊河。

第二类为可基本达到采补平衡区域。南水北调东中线工程通水后，各阶段缺水率控制在5%~7.5%，地下水水位下降至2030年后将趋于稳定，可基本实现采补平衡。在1956~2000年水文系列下，可基本达到采补平衡区域包括北四河平原、子牙河平原、徒骇马颊河；在1980~2005年水文系列下，可基本达到采补平衡区域不存在。

第三类为无法达到采补平衡、地下水水位继续下降区域。南水北调东中线工程通水后，各阶段缺水率控制在7.5%左右，地下水水位继续下降，到2030年仍无法达到采补平衡，但下降速度小于无南水北调工程条件下状况，可在一定程度上减缓地下水生态环境恶化的速率。在1956~2000年水文系列下，继续下降区域包括大清河淀东平原、大清河淀西平原；在1980~2005年水文系列下，继续下降区域包括北四河平原、子牙河平原、大清河淀东平原、大清河淀西平原、黑龙港及运东平原。

南水北调东、中线工程达效后，2030年前除滦河平原及冀东沿海诸河外，其他三级区地下水位将继续下降。2030年后，在长系列水文条件下，漳卫河平原的地下水位将逐步回升，北四河平原、子牙河平原和徒骇马颊河的地下水位将趋于稳定，而大清河淀东平原的地下水位仍将继续下降，大清河淀西平原和黑龙港及运东平原的地下水位变化不确定。到2030年，地下水平均埋深较大的三级区依次是子牙河平原、黑龙港及运东平原、大清河淀西平原、大清河淀东平原，埋深依次约40m、30m、25~30m和15~20m。在短系列枯水条件下，按照规划的国民经济需水量，即使南水北调工程完全达效也很难扭转海河平原区地下水生态环境恶化的趋势。

第 7 章 变化环境下地下水适应性管理战略

随着南水北调东中线工程通水并逐步达效，海河平原区的供水格局将发生变化，外调水量将成为平原区未来城市水资源配置的主要水源之一，区域地下水开采量将相应减少，有利于地下水位回升。

7.1 依法管理和保护战略

南水北调工程实施后，海河流域供水格局将发生显著改变，但实现地下水压采的目标、修复地下水系统将是一项极其复杂和艰巨的工作。地下水系统的适应性管理需要结合地下水功能保护的目标和水资源条件的新变化，及时跟进相关的管理措施，尤其是法制建设，否则，将出现外调水增加和地下水持续超采并存的局面，地下水系统未按照预定目标进行响应。

7.1.1 颁布《南水北调供用水管理条例》

南水北调是跨流域、跨省市的大型水资源配置工程，需要统筹协调各相关方面的利益关系，特别是需要统筹考虑调入水与当地水的统一使用，统筹生产、生活与生态用水。为加强南水北调供用水管理，合理配置水资源，充分发挥工程供水效益，提高水资源利用效率，促进海河流域经济社会可持续发展和改善生态环境，应尽快制订《南水北调供用水管理条例》，并颁布实施。建议条例中明确在地下水超采区要优先使用南水北调来水、当地地表水及其他水源，禁止或限制地下水开采，逐步实现地下水的采补平衡。

7.1.2 出台《海河流域地下水管理办法》

配合地下水资源管理条例，制订《海河流域地下水管理办法》，落实地下水总量控制制度。对于严重超采区、集中供水管网覆盖区、地质灾害易发区和重要生态保护区等区域，提出控制地下水开采的基本原则和要求，划定限采和禁采区，明确限采和禁采的对象和要求，结合替代水源工程建设等，明确控制地下水开采的控制指标和开采计量监控方法，促进海河流域地下水超采治理。

7.1.3 出台《南水北调受水区地下水压采管理办法》

为实现南水北调工程建成后管理的法制化，加强南水北调供用水管理，合理配置水资源，充分发挥工程供水效益，有效治理地下水超采，促进相关区域的经济社会可持续发展和改善生态环境，应尽快制定出台《南水北调受水区地下水压采管理办法》。管理办法要明确受水区各级地方人民政府在地下水压采工作中的责任主体地位，并对禁（限）采区划分、管理政策、压采实施方案、年度开采计划、压采目标及绩效考核、监测评估制度、奖惩办法等作出明确的规定，经国务院批准后执行。各省（直辖市）结合各自的实际情况，出台落实受水区地下水压采管理办法的具体实施细则。

7.2 最严格的地下水管理和保护战略

7.2.1 严格实行地下水开采总量控制

地下水开发利用总量控制指标是指某个规划水平年（2015年或2020年等），在综合考虑地下水资源可开采量及经济社会现实需求的基础上，结合水资源综合配置方案，规划确定的多年平均降水条件下年均总开采量。

由于总量控制指标不仅考虑自然因素，也兼顾经济社会的合理需求，因此，可能存在总量控制指标超过红线的情况。这类地区也是地下水保护和管理的重点和热点地区，如海河平原。

具体年度的地下水开采指标是以总量控制指标为方向，考虑当年的地下水补给量、地表水水源条件、节水水平及潜力、水源替代工程及节水工程运行建设情况等，所确定的当年度的地下水开采量。

当年度的地下水开采指标由于受当年降水丰枯的影响，其值应该在地下水开发利用总量控制指标上下一定范围内浮动。

根据国务院关于实施最严格水资源管理的意见，要明确海河流域内省（自治区、直辖市）、地（市）、县（区、市）分级分区分期的地下水开采总量控制指标，逐步削减地下水超采量，实现采补平衡。有条件的地区，要进一步将开采指标分解落实到井。

严格地下水取水许可管理和建设项目水资源论证制度，对已经达到或超过地下水开采总量控制指标的地区，要暂停审批新增取用地下水项目；地下水严重超采区，要严格地下水取水许可证换发管理，有效期满后不再批准延续地下水取水许可证有效期，或根据地下水开采总量控制指标核减地下水许可开采量；对接近取水地下水开采总量控制指标的地区，要限制审批新增取用地下水量。地下水禁止开采区，严格禁止工业、农业和服务业新建、改建、扩建项目取用地下水，已建地下水取水工程应结合地表水等替代水源工程建设，按照总量控制要求，限期封填。限制开采区和有开采潜力区，新建、改建和扩建的建设项目要进行严格的水资源论证，禁止在限制开采区内兴建取用地下水的高耗水建设项目，避免在有开采潜力区出现新的超采区。限制开采区内的已建地下水取水工程应结合替代水源工程建设，依据压采目标限期逐步削减开采量。严格城镇公共供水管网覆盖范围内的地下水取水许可管理，逐步完成区内工矿企事业单位自备井的封填工作。

7.2.2 编制年度计划，落实地下水压采目标

为了贯彻《中华人民共和国水法》，落实《取水许可和水资源费征收管理条例》，统筹考虑用水情况，加强用水管理，将用水总量控制在用水计划之内，自 1993 年起我国对已建、新建、扩建工程都要求申请取水许可，只有获得取水许可申请证方可取水，并且各用水户要在年末编制下年度的用水计划。就目前我国各地方编制的年度用水计划来看，主要是针对非居民用水户的用水计划编制，城镇居民用水主要依据用水定额，无需编制年度用水计划。

城市中的各用水户，如厂矿企业、社会团体、科研院校等工业用水户必须编制年度用水计划。例如，厦门市于每年度 12 月对月用水量 600t 以上的用水单位核定下年度的用水计划指标，并按月进行考核。河南省焦作市在城市规划区内，凡使用公共供水月均用水量在 300t（含 300t）以上的用水单位和个人，以及特殊行业和自建供水设施的取水单位和个人（农业和家庭生活取水的除外），均纳入计划用水管理，申请年度用水计划指标。

目前，针对农业取水户的年度用水计划编制很少，基本没有看到相关介绍与要求。例如，厦门市、长沙市、焦作市、成都市双流县、淮安市金湖县等在其年度用水计划编制要求中，都明确了工业取水户必须编制年度用水计划，而对农业取水户则没有要求编制年度用水计划。这与农业取水分散、计量滞后、季节性开采、取水量不稳定等因素有关。

根据已有资料，目前年度用水计划编制主要是考虑以下因素：①年度的实际用水；②水平衡测试；③用水定额；④近 3 年的用水量。

其中，水量平衡测试是确定单位用户用水计划、评估用户节水潜力等节水工作的科学依据。例如，长沙市城市供水行政主管部门根据城市年度用水计划、用水定额和非居民用户如宾馆浴场等近 3 年平均用水量及发展需求等因素，在每年年底前核定各非居民用户的用水计划。《深圳市计划用水办法》第十五条中明确：单位用户年度计划用水总量根据水量平衡测试确定的合理用水水平系数、用水平均增长率以及最近 3 年年度实际用水总量的平均值确定。

关于年度计划用水总量的计算方法，也有一些相关介绍。如深圳市根据单位用户用水数据的长短，提出了单位用户年度计划用水总量的计算公式。

单位用户有 3 年以上用水数据的为

单位用户年度计划用水总量＝合理用水水平系数×（1+前 3 年用水平均增长率）×前 3 年实际用水总量的平均值 (7-1)

单位用户有 2 年以上用水数据的为

单位用户年度计划用水总量＝合理用水水平系数×（1+前 2 年用水平均增长率）×前 2 年实际用水总量的平均值 (7-2)

单位用户有 1 年以上用水数据的为

单位用户年度计划用水总量＝合理用水水平系数×前 1 年实际用水总量 (7-3)

首次申请用水计划核定或者实际用水不满一年的，其计划用水总量按照设计年用水总

量核定。新建、扩建、改建建设项目的首次用水计划在用水节水设施竣工验收合格后按设计用水量核定。

在各地的年度计划用水管理中都明确了节约用水与超计划用水的奖惩办法。一般地，对于节约用水户会奖励增加下年度的用水指标（总量）；对于超计划用水的惩罚将加价收费、或者消减下年度的用水指标。加价收费制度在上海、杭州、南京等地已经实施。

长沙市在《长沙市城市供水用水管理条例（修订案）》中规定，非居民用户应按照用水计划用水，超出核定的用水计划用水的，行政主管部门将下达书面通知，命其采取措施，降低用水量。而超出计划的用水量则实施加价收费。考虑到长沙的实际情况，现阶段只针对非居民用户征收超定额累进加价水费，居民用水尚不纳入这项节约用水强制措施的范围。

成都市双流县在《双流县非居民用户计划用水实施细则（草案）》中给出了与深圳市相类似的用水计划确定方法。2010年7月，《双流县非居民用户计划用水实施细则（草案）》已经制定完毕，对超用水计划指标的用水户，且不缴纳超计划加价水费的，最低将按年度计划用水总量的75%下达下一年度用水计划。据悉，这是成都市首个非居民用户计划用水实施办法。该草案制定了严格的奖励和处罚措施。节约用水计划指标的用水户，年节约用水指标大于10%的，按年度计划用水总量110%下达下一年度用水计划指标。凡水平衡测试合格的单位按年度计划用水总量的10%奖励计划用水指标。

根据《成都市节约用水管理条例》，非居民用户超计划用水的，其超用部分按如下规定加价收费：超计划用水10%（不含10%）以下的，超计划部分用水水费加价1倍；超计划用水10%~30%（不含30%）的，超计划部分用水水费加价2倍；超计划用水30%以上的，超计划部分用水水费加价3倍。

目前年度计划用水编制中主要存在以下几个方面的问题。

1）目前各地市（县）的年度用水计划主要是下达给城镇的工业（居民用水暂时没有实行用水计划），农业用水、生活用水计划是空白区。

2）年度计划用水量确定的技术方法较薄弱、考虑不全面。虽然在编制过程中也考虑了用水定额、近年的用水需求，但是对于来水条件与用水指标之间的关系考虑不够，缺少相关的预测方法，而农业用水户对来水条件的差异性是非常敏感的。

3）年度用水计划中对于地下水的保护重视不够。尚未以地下水总量控制指标为依据，统筹考虑各种水源，消减该地区地下水的开采，制订地下水超采区的地下水年度用水计划。

4）由于年度用水计划的对象局限性，目前很少制订全行政区尺度的年度用水计划。这也和我国各级政府年度用水指标没有制订和下达有直接关系。

未来落实总量控制目标，需要进一步完善目前的年度用水计划制度，在企业用水计划基础上，进行总用水的年度计划编制。在编制年度用水总量计划时，应考虑预测年度的地表水资源、地下水资源状况，以及其他水源的利用可能，如外调水源、中水回用、雨水利用、海咸水淡化等利用程度。因此，应考虑当年度水源工程、污水处理回用设施、集雨设施等工程的建设运行情况，因为这些工程能否建成并投入运用，直接影响年度的区域供水能力，也将影响年度计划开采量。

水文丰枯变化对水资源的影响较大，枯水年份区域总的水资源量减少，地表水可利用量减少。在这种波动情况下，地下水与地表水的功能是相互弥补的关系，丰水年份，尽可能多利用一些地表水资源，减少地下水开采，补给和涵养地下水；枯水年可以利用其动态储存水量，增加地下水开采，腾出含水层调蓄空间，满足经济社会发展需求。因此，需要根据研究区的实际水文地质条件，确定枯水年的最大可利用地下水量，该水量允许超过地下水可开采量，但是，其超过的水量（疏干部分含水层）应能在丰水年回补，这样才能实现地下水可持续利用。在确定丰枯变化对年度用水的影响时，应研究降水补给量与地下水开采量之间的响应关系，制订适应性的年度计划合理指标。

7.2.3 严格开采管理，实行源头控制

根据《地下水超采区评价导则》，按照海河水资源配置方案和南水北调配套工程实施情况，应尽快核定并公布海河流域地下水禁、限采范围。可直接利用南水北调工程供水且地下水严重超采的城市，必须划定禁采范围，逐步关停自备井，压缩公共供水的开采量。

地下水禁采、限采区划具体办法由省级政府制定并颁布实施，依法促进地下水压采工作。

紧抓开采源头，对开采井实行"四个一制度"，即"一证一牌一表一卡"。"一证"为开采井凿井许可证；"一牌"为开采井标示牌；"一表"为开采计量表（包括 IC 卡）；"一卡"为开采井的资料卡，注明开采井的有关数据及附件资料。

加强凿井和封填井管理。凿井要实行行政许可。严格控制水量、层位、资质、规范凿井管理，建立封填井的档案制度。对封存备用井，要加强日常维护，保证应急状态下能正常启用。

各省（自治区、直辖市）出台取水许可和水资源费征收管理条例实施细则。明确南水北调通水后，新取水许可证发放和原有取水许可证换发原则、办法，水资源费的征收标准等问题。对目前已发放的地下水取水许可证进行全面的复核和检查，对不符合要求的坚决吊销取水许可证，并责令其停止开采地下水。

7.2.4 实行基于地下水脆弱性的分区保护

地下水不同于地表水的主要特征之一是一旦污染或破坏便难以恢复，属于不可逆的生态环境问题。因此，地下水系统本身具有明显的脆弱性。在地下水水质保护中，应根据地下水脆弱性分区，实施分区保护战略，制定更严格的地下水保护办法。

7.2.4.1 地下水脆弱性概念发展过程

1968 年，法国学者 Margat 和 Albinet 首次提出了"地下水脆弱性"这一术语，认为地下水脆弱性是在自然条件下，污染源从地表渗透与扩散到地下水面的可能性。1987 年以前关于地下水脆弱性的概念大都是从含水层地质内部要素的角度来阐述的。

在 1987 年的"土壤与地下水脆弱性国际会议"上，来自各地的专家学者结合影响地

下水脆弱性的内外因素，对地下水脆弱性有了新的认识，不少学者在考虑内部因素的同时，同时考虑到了人类活动和污染源等外部因素对地下水脆弱性的影响。美国审计署于1991年应用"水文地质脆弱性"来表达含水层在自然条件下的易污染性，而用"总脆弱性"来表达含水层在人类活动影响下的易污染性。

1993年，地下水脆弱性概念取得了突出进展。美国国家委员会给予如下定义：地下水脆弱性是污染物到达最上层含水层之上某特定位置的倾向性与可能性。这也是目前被普遍接受的定义，在此基础上，这个委员会将地下水脆弱性分为两类：一类是本质脆弱性，即不考虑人类活动和污染源而只考虑水文地质内部因素的脆弱性；另一类是特殊脆弱性，即地下水对某一特定污染源或污染群体或人类活动的脆弱性。本质脆弱性是指在天然状态下含水层对污染所表现出的内部固有的敏感性，它不考虑污染源或污染物的性质和类型，是静态、不可变和人为不可控制的。特殊脆弱性是对特定的污染物或人类活动所表现的敏感性，它与污染源和人类活动有关，是动态、可变和人为控制的。也就是说，对于某一给定含水层，其本质脆弱性是恒定的，特殊脆弱性随污染源或污染物的不同而变化。

1994年，国际水文地质协会对地下水脆弱性的定义是：地下水脆弱性是地下水系统的固有属性，该属性依赖于地下水系统对人类或自然冲击的有效敏感性。

国内关于地下水脆弱性的研究开始于20世纪90年代中期，因而"地下水脆弱性"这一术语在国内出现较晚。目前，国内学者多是从水文地质本身内部要素的角度来研究地下水的脆弱性，因而多是研究地下水的本质脆弱性，至今尚没有明确的地下水脆弱性定义，定义多引用外文资料。在叫法上常以"地下水的易污染性"、"污染潜力"、"防污性能"等来代替"地下水脆弱性"这一术语。国土资源部在组织开展的地下水脆弱性评价中，基本沿用了国外防污性能的定义。

整体来说，地下水脆弱性评估是一个纷繁复杂的过程。既要考虑水文地质条件，也要考虑到人类活动及污染源等外部因素。虽然诸多专家致力于脆弱性研究，但目前依然没有一个确定统一的定义。在研究中，大多学者倾向于采用美国国家委员会所提出的定义。在评价过程中，也往往将脆弱性分为本质脆弱性和特殊脆弱性。随着研究的不断深入，关于地下水脆弱性的概念也将不断丰富、不断完善。

7.2.4.2 地下水脆弱性评价参数选取

地下水系统是一个精细复杂的整体，想要获得一个包含所有参数的模型是非常困难的。地下水的评定结果是一个相对的数据，它的可信度取决于数据的代表性、精确度以及数量。学者们对选取哪些参数也都提出了自己的看法：一是包气带的保护能力，二是饱水带的净化能力。再进一步，提出定义地下水脆弱性应着重考虑以下3个因素：含水层类型，含水层在水文地质循环中的位置，包气带性质。总的来说，1987年以前，学者们考虑地下水的评估大多是从水文地质因素出发的，1987年以后才逐渐加入了人类活动和污染源的外部因素。

与地下水脆弱性的概念相对应，地下水脆弱性的评价也分为本质脆弱性评价和特殊脆弱性评价。与本质脆弱性相对应的称之为自然因素，与特殊脆弱性相对应的称之为人为因素。自然因素指标主要包括地形、地貌、地质、水文地质条件以及与污染物运移有关的自然因子等；人为因素指标主要指可能引起地下水环境污染的各种行为因子。地下水脆弱性离不开水文地质内部因素，因而地下水本质脆弱性评价是地下水脆弱性评价的一项前提与基础性工作。但地下水系统是一个开放系统，地下水与人类活动等外部因素的关系愈来愈密切，且愈来愈复杂，但要建立一个包含所有因素的模型来评价地下水脆弱性是相当困难的。一方面是因为这些因素所包含的参数有的很难取得；另一方面是因为参数过多，它们之间的关系也错综复杂，存在着错综的协同或拮抗作用，所有这些往往会影响到模型的有效运行，得不出满意的结果，有时甚至会得出荒谬的结论。这就要求我们在进行脆弱性评价时要根据具体问题进行具体分析，抓住问题的主要矛盾，透过表面现象把握本质，找出影响地下水脆弱性的主要因素，尽量舍去次要因素。抓住了主要矛盾，也就抓住了解决问题的关键。

7.2.4.3　地下水脆弱性评价方法

国际上通用的方法包括 DRASTIC、GOD、AVI、SINTACS、NLFB、EPIK 以及由它们修改而成的多种方法。不同的方法具有不同的侧重，各具特色。有关研究曾在同一地区对 DRASTIC、SINTACS 和 NLFB、GOD 方法进行了对比，发现前两种方法计算出的结果为中、高度脆弱为主，而后两种方法为低、中度脆弱为主，表明后者趋向于减小脆弱性。发展中国家存在的问题有共性，如资金不足、经济要发展、开采量不可能严格限制、监督管理不善等。考虑到我国地域广大、条件复杂、类型多样、研究基础不同，拟使用两种或多种方法，以适用于不同的地区。

脆弱性给出地下水环境好坏的定量化解释，含水层污染脆弱性为地下水保护政策的制定提供了一个框架。脆弱性分区对地表土地利用和控制污染活动，具有很好的指导意义。通过对一个地区进行脆弱性评价，可以对地下水的开发、保护、规划和管理的优先顺序给出判据。

地下水是海河流域重要的供水水源，在很多地区甚至是唯一的生活用水水源。地下水的水质保护关系到流域城乡居民的身体健康，关系到百姓的切身利益。海河流域地下水保护形势十分紧迫。应该在地下水脆弱性评价及分区基础上，根据不同的水文地质条件，结合各种人类活动，选择适当的评价方法，区别不同地区的地下水脆弱程度，评价地下水潜在的易污染性，标示较为脆弱的地下水范围，编制地下水脆弱性分区图，规划地下水的功能区，警示人们在开采地下水时采取有效的防护措施，为各级管理部门提供理论基础，从而有效地保护地下水资源。

目前，我国已经开展了很多地下水脆弱性的研究工作，国际上的研究成果也很丰富，实践检验充分，可作为指导地下水管理和保护的技术依据，支撑我国地下水的保护和管理工作。

7.3　严格监控及公众参与战略

海河流域地下水处于不断变化的外部环境中，因此，有效保护地下水资源的关键是提高实时监控的水平和能力，包括对地下水水位动态的监测、地下水水质的监测、地下水开采井的计量、偷采行为的监督检举、排污行为的监督检查、监测网站建设与信息举报等。

7.3.1 完善地下水监测网络

应结合国家地下水监测工程建设，形成覆盖全受水区的地下水动态监测网络，形成国家网、省市网相结合的地下水动态信息收集系统，客观掌握地下水动态，支撑地下水压采管理工作。目前，海河流域地下水监测系统很不完善，难以满足变化环境下对地下水的有效监管，主要的问题如下。

7.3.1.1 监测井密度不足

按照地下水监测规范的要求，海河平原大部分地区是超采区，应加密监测井，每100平方公里应至少1眼井。目前的监测井数量远小于这个密度。

7.3.1.2 监测技术落后

大多数监测井仍采用传统的人工监测方式，用测绳、测尺、测钟等传统监测手段，条件较好的地区建设了部分自动监测站，自动测量仪器主要为浮子、压力式水位计。地下水监测的自动化程度不高。

7.3.1.3 监测数据分散

地下水监测目前大多集中在省、市管理，海河流域层面的监测井少，大多数井的监测数据分散在各省、市和相关部门中，基本没有数据共享和公共享用机制，造成地下水监测信息资源的巨大浪费。

7.3.1.4 监测项目不完整

地下水监测的项目中，以地下水水位为主，水质井相对较少，分层监测也较弱。地下水开采引发的地面沉降监测井也较少。

为了提高变化环境下地下水适应性管理能力，必须加强地下水的实时监测工作，这是海河流域地下水管理和保护的优先工作。重点是加强监测井建设，提高监测井密度，增加地下水自动监测井数，实行地下水监测数据的全部公开共享，实现水质、水量、水位、地面高程监测的同步。

7.3.2 完善计量体系

应对城市公共供水水源水井、企事业单位自备井全部安装IC卡流量计等合格的开采计量设施；在有条件的地区，对农业开采井逐步安装计量设施，实现地下水取水量的准确计量。对开采大户实行远程开采计量监控。

7.3.3　建立海河平原地下水管理信息系统

构建地下水动态及开采状况的远程监控系统，实现在线实时监测，及时掌握地下水开采状况，全面提升对海河平原地下水的监控能力、预报预警能力、决策支撑能力和信息服务能力。

7.3.4　严格地下水压采工作监督考核制度

各省（自治区、直辖市）应结合相关法规和政策，严格地下水开采的监督管理及考核。水利部应实行年度抽样考查和阶段全面考核制度，通过巡查、抽样调查、信访、考察、座谈等途径，加强对各省（自治区、直辖市）压采工作的督导。各省、市、县级行政区应对本辖区的主要用水户实施严格监管，提高地下水压采的行政管理效能。

应定期开展地下水压采评估及信息发布工作。对已关停的开采井进行定期检查，严肃查处擅自启用已关停的开采井行为，定期发布地下水压采工作简报，通报地下水压采工作进展情况，接受社会及公众监督。建立受水区地下水压采工作考核指标体系，将压采任务的完成情况纳入各级地方人民政府的考核指标。

7.3.5　强化地面监控，积极鼓励社会公众的参与

考虑到地下水的空间差异性及局地化特点，地下水的监测不能全部依靠地下水监测井。例如，利用地下水井进行排污、非法设立垃圾场和废物处置场等行为的影响往往集中在局部数平方公里的地段，区域性的地下水监测井难以监控到局部的污染行为。在这种情况下，严格进行地面的排污行为监控就是十分必要的。

地面监控的途径主要有如下几方面。

7.3.5.1　社会举报与现场调查

鼓励全社会参与到地下水污染监控工作中，通过群众举报，及时发现排污行为并现场调查取证，根据情况，制订处理方案。

7.3.5.2　水平衡测试

为防止企业偷排，应定期进行企业的用水平衡测试，对企业的取水、用水、耗水、排水进行平衡计算，分析识别可能的偷排问题。

7.3.5.3　全面排查、定点监测

应根据区域地下水保护的要求，对全区地面潜在污染源进行详细普查和调查，包括排污井、渗坑和渗沟、垃圾及废物处理场、输（储）油管（罐）及加油站、污水灌溉区、

污染的地表水沿岸等。在全面排查基础上，建设专门的定点监测井，定期监测具体污染源对地下水的影响。

应建立鼓励社会监督的激励机制，并对地下水污染的受害者进行法律援助和宣传培训等，提高居民依法保护自身合法权益的自觉性。

7.4 产业调整与耗水控制战略

海河流域地下水的首要问题是超采问题，其次是污染问题。地下水超采引发的地面沉降、海水入侵、资源枯竭等问题已经严重制约流域的健康发展，而地下水超采是全流域水资源短缺的外部表征，是水资源超载的重要表现。要压缩地下水超采量，必须总体上实现水资源的可持续利用，而实现水资源的可持续利用，必须减少水资源的河道外消耗，即实施耗水控制战略，从根本上减少水资源的消耗量，维持生态环境用水和地下水水位的合理水平。

7.4.1 ET 控制

根据世界银行海河 GEF (global environment fund) 项目的成果，蒸散发 (ET) 控制是解决海河流域水资源不可持续问题的重要和根本性途径。通过减少 ET 量，控制对水资源的过度消耗，保护和修复生态环境，维持一定的入海水量，保证渤海的海洋环境和生态系统。

确定海河流域不同单元的 ET 控制目标需要从两方面着手。首先是 ET 削减的可能性，即现状实际 ET 和目标 ET 之间的差距；其次是通过调整作物结构和工程及管理方面的节水措施减少 ET 的总量。ET 的大小也和跨区域的水资源调配以及地下水超采量有直接关系，因此，根据总体方案和配置格局，提出推荐的近期和中远期 ET 控制目标，如表 7-1 所示。

表 7-1 海河流域 ET 控制目标

分类	分项	单位	现状	近期	中远期
计算成果	综合 ET	mm	526.89	523.00	518.52
	总供水	亿 m^3	445.97	374.23	397.13
	工业生活供水	亿 m^3	118.17	146.49	176.53
	农业等供水	亿 m^3	327.79	227.74	220.60
	种植业产值	亿元	1385	1435	1549
	总耗水	亿 m^3	263.00	219.00	231.00
	工业生活耗水	亿 m^3	59.00	61.00	85.00
	农业等耗水	亿 m^3	204.00	158.00	146.00

续表

分类	分项	单位	现状	近期	中远期
水资源基础条件	降水	mm	498.32	498.32	498.32
	中线	亿 m³	0.00	0.00	58.70
	东线	亿 m³	0.00	3.65	14.20
	引黄	亿 m³	45.50	45.50	45.50
	超采	亿 m³	80.00	68.00	0.00
	侧渗	亿 m³	1.06	1.06	1.06
	入海	亿 m³	35.12	35.12	55.00
分类面积	总面积	万 km²	32.00	32.00	32.00
	耕地	万 km²	10.66	10.66	10.66
	灌溉耕地	万 km²	7.55	7.55	7.45
	居工地等	万 km²	8.73	8.73	8.73
	天然林草	万 km²	12.11	12.11	12.11
	水域	万 km²	0.50	0.52	0.52

在多年平均水平下，海河流域 35 个水资源三级区套省级行政区的 ET 分区控制目标如图 7-1 所示。

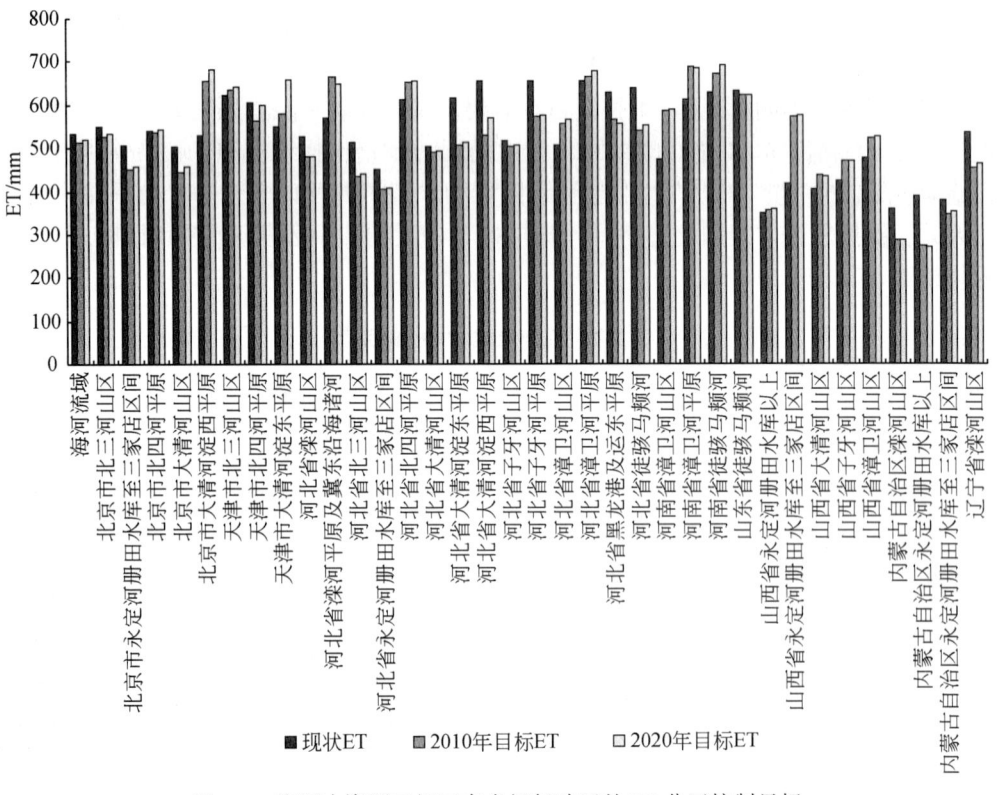

图 7-1 海河水资源三级区套省级行政区的 ET 分区控制目标

海河流域开展节水工作和 ET 控制是实现水资源可持续的根本措施。节水的关键是控制 ET。

1）海河流域的农业种植区主要分布在平原区和山间盆地，是用水大户，节水潜力最大，是节水的重点。对于可控土地利用产生的 ET，也就是灌溉农业和灌溉林业产生的 ET，可在不降低其产出的基础上，研究通过各种措施进行有效的调控，包括节水措施、调整种植结构等方式。对于雨养农业也可通过农业措施减少作物生长季节的蒸腾蒸发量。

2）城市 ET 主要为工业生产产品消耗、城市河湖绿地消耗、人体消耗和降雨直接产生的 ET 等。随着工业化水平的提高，工业产品的 ET 消耗量将会降低。随着城市化进程的加快和人民生活水平的提高，人体消耗的水量和城市河湖绿地消耗的水量势必比现在高。因此，降低城市 ET 的潜力主要在降低降雨直接产生的 ET，这需要和城市市政建设结合起来，将有些不透水地面改换成透水地面。譬如，在人行道上铺设透水方砖，以下回填砂石砾料布设渗沟、渗井等，增加入渗量，降低蒸发量。

总体上说，农村 ET 中的农业种植管理是 ET 总量控制的重点，从水资源数量的可持续性角度，今后的措施主要集中在农业节水方面。考虑到农业用水占海河总用水的 70%，农业节水成败决定了水资源可持续利用的前景。

7.4.2 调整经济布局，优化产业结构

减少耗水必须转变经济发展方式，严格控制高耗水项目建设，调整农业种植结构，鼓励发展旱作节水农业，减少高耗水作物种植比例，建设节水型社会。

小麦是海河平原的主要农作物，也是耗水较多的作物。小麦的播种、发芽和生长期与降水不同步，难以充分利用雨水，只能通过灌溉解决。因此，海河平原应逐步减少小麦的种植面积，提高夏玉米的播种面积，重视大棚作物生产，在减少水资源消耗的同时，提高农民收入。总之，要按照科学发展观的要求，切实把严格控制地下水开采作为转变经济发展方式的重要举措。

7.4.3 建立有利于节水的价格机制

1）根据《取水许可和水资源费征收管理条例》，扩大地下水水资源费征收范围，该缴费的都要交费；依法对超过农业生产用水限额部分的取水量开征水资源费，加大征收力度。

2）提高地下水水资源费征收标准。合理确定受水区内当地地表水、地下水、南水北调水等各种水源的比价关系，合理确定地下水水资源费征收标准，使城市公共供水管网覆盖范围内利用自备井取用地下水的费用高于利用城市管网供水的水价，供水企业取用地下水的费用高于取用地表水的供水水价，超采区的地下水水资源费高于未超采区。通过经济政策来引导用水户优先使用南水北调水、当地地表水、再生水等水源。

3）实施超计划超定额累进加价制度，通过价格杠杆，约束地下水超采行为。

7.4.4 建立财政激励和补偿机制

制定激励性政策，形成地下水压采和节水的良性机制，形成多节多补、先节先补、不节惩罚的制度。建议国家制定适当的财政补贴政策，安排一定的中央财政资金，用于受水区地下水压采和节水工程建设资金补助。在农村地区，建议国家实行"以奖代补"等激励性财政政策，对已完成节水计划的给予一定的奖励；加大已有涉农资金的投入力度，采取积极有效的补偿政策。要注意弥补因地下水压采和节水工作给农民带来的经济损失，如产业结构调整带来的经济损失应给予一定的补偿，减轻农民负担，支持农村地区的地下水压采和节水工作。

参 考 文 献

卞建民,杨建强.2000.水资源可持续利用评价的指标体系研究.水土保持通报,20(4):43-45.

邴建平.2007.基于多目标群决策的区域水资源配置方案评价研究.南京:河海大学硕士学位论文.

曹淑敏.2004.海河流域水资源开发利用现状及其对策.海河水利,(2):9-11.

曹阳,滕彦国,王金生,等.2011.泉州市地下水功能区划分.地球科学,(4):469-476.

曹寅白,甘泓,汪林,等.2012.海河流域水循环多维临界整体调控阈值与模式研究.北京:科学出版社.

长江水利委员会长江勘测规划设计研究院.2005.南水北调中线一期工程可行性研究总报告.武汉:长江水利委员会长江勘测规划设计研究院.

陈家琦,王浩.1996.水资源学概论.北京:中国水利水电出版社.

陈家琦,王浩,杨小柳.2002.水资源学.北京:科学出版社.

陈敏建,王浩,王芳.2004.内陆干旱区水分驱动的生态演变机理.生态学报,(10):2108-2114.

陈明昌,张强,杨晋玲,等.1994.降水、温度和日照时数的随机生成模型和验证.干旱地区农业研究,12(2):17-26.

陈南祥,李跃鹏,徐晨光.2006.基于多目标遗传算法的水资源优化配置.水利学报,37(3):308-313.

陈雨孙,孙宝祥,王宥智.1991.非稳定有限分析格式.工程勘察,(2):23-27.

陈志恺.2004.中国水利百科全书·水文与水资源分册.北京:水利水电出版社.

褚健婷.2009.海河流域统计降尺度方法的理论及应用研究.北京:中国科学院研究生院博士学位论文.

崔振才,田文苓.2003.区域水资源与社会经济协调发展评价指标体系研究.河北工程技术高等专科学校学报,(1):15-18.

代勇强.2011.混合蛙跳算法的改进与应用.兰州:甘肃农业大学.

戴树声,左东启,袁汝华,等.1996.水资源评价指标体系研究.水科学进展,7(4):367-373.

丁洪,蔡贵信.2001.华北平原几种主要类型土壤的硝化及反硝化活性.农业环境保护,20(6):390-393.

丁元芳,崔新颖,曹国忠.2009.松辽流域地下水功能区划分初探.东北水利水电,27(295):24-27.

董增川.1990.大规模多目标系统决策理论、方法及应用.南京:河海大学博士学位论文.

董增川.2008.水资源规划与管理.北京:中国水利水电出版社.

董增川,王聪聪,张晓烨.2012.南水北调一期通水后大清河淀西平原地下水修复研究.水电能源科学,30(11):29-30.

杜金龙,靳孟贵,罗育池,等.2007.浅层地下水功能评价指标体系——以河南省平原岗区为例.水资源保护,23(6):89-92.

杜思思,游进军,陆垂裕,等.2011.基于水资源配置情景的地下水演变模拟研究——以海河流域平原区为例.南水北调与水利科技,9(2):64-68.

范庆莲,刘翠珠,周东,等.2009.北京市地下水功能区划分探讨.北京水务,(1):18-23

方必和,程志宏,刘慧萍.2005.投影寻踪模型在国民经济综合评价中的应用.运筹与管理,14(5):85-88.

方红远,邓玉梅,董增川.2001.多目标水资源系统运行决策优化的遗传算法.水利学报,(9):22-27.

方生,陈秀玲.1990.关于海河平原土壤水盐动态调控指标的探讨.地下水,(1):44-49.

方之芳,朱克云,范广洲,等.2006.气候物理过程研究.北京:气象出版社.

费宇红,李惠娣,申建梅.2001.海河流域地下水资源演变现状与可持续利用前景.地球学报,22(4):

298-300.

冯尚友.1990.多目标决策理论方法与应用.武汉：华中理工大学出版社.

耿雷华,王建生.2004.浅谈水资源合理配置评价指标体系.水利规划与设计,（3）（增刊）：57-59.

郭建青,李彦,王宏飞.2007.粒子群优化算法在确定河流水质参数中的应用.水利水电科技进展,27（6）：1-5.

郭占荣,荆恩春,聂振龙,等.2001.不同潜水埋深条件下蒸发蒸腾试验研究.勘察科学技术,（5）：27-31.

韩瑞光.2004.加强海河流域地下水管理促进经济社会可持续发展.海河水利,（5）：13-15.

韩瑞光.2010.推进海河流域水资源需求管理的探讨.中国水利,（19）：29-30.

洪玉锡,李郑生.2008.郑州市地下水功能区划探索与管理.中国水利,（9）：29-30.

胡和平,田富强.2007.物理性流域水文模型研究新进展.水利学报,38（5）：511-517.

胡志荣,曹万金.1991.地下水资源管理模型研究现状与展望.地下水,（2）：67-70.

贾德序.1992.海河流域山区的地貌土壤和植被.海河水利,（4）：58-62.

贾金生,刘昌明.2002.华北平原地下水动态及其对不同开采量响应的计算——以河北省栾城县为例.地理学报,57（2）：201-209.

贾仰文,王浩,仇亚琴,等.2006.基于流域水循环模型的广义水资源评价Ⅰ：评价方法.水利学报,37（9）：1051-1055.

贾仰文,王浩,甘泓,等.2010.海河流域二元水循环模型开发及其应用Ⅱ：水资源管理战略研究应用.水科学进展,21（1）：9-15.

贾仰文,王浩,倪广恒,等.2005.分布式流域水文模型原理与实践.北京：中国水利水电出版社.

贾仰文,王浩,严登华.2006.黑河流域水循环系统的分布式模拟Ⅰ：模型开发与验证.水利学报,37（5）：534-542.

贾仰文,王浩,周祖昊,等.2010.海河流域二元水循环模型开发及其应用——Ⅰ.模型开发与验证.水科学进展,21（1）：1-8.

贾仰文,王浩.2006."黄河流域水资源演变规律与二元演化模型"研究成果简介.水利水电技术,37（2）：45-52.

贾兆红.2008.粒子群优化算法在柔性作业车间调度中的应用研究.合肥：中国科学技术大学博士学位论文.

金菊良,刘永芳,丁晶,等.2004.投影寻踪模型在水资源工程方案优选中的应用.系统工程理论方法应用,13（1）：81-84.

来海亮,汪党献,吴涤非.2006.水资源及其开发利用综合评价指标体系.水科学进展,17（1）：95-101.

李崇银.1995.气候动力学引论.北京：气象出版社.

李竞生,戴振学.1990.地下水多目标管理模型的研究.水文地质工程地质,99（2）：3-7.

李俊亭,王文科.1993.国内外关于地下水管理模型研究与应用.西安地质学院学报,（15）：6-9.

李丽娟,李海滨,王娟.2002.海河流域河道外生态需水研究.海河水利,（4）：9-11,16.

李玲.2010.北京平谷区地下水开采综合评价指标体系研究与应用.北京：中国地质大学硕士学位论文.

李平.2008.地下水管理模型中互馈关系协变理论和方法研究.长春：吉林大学硕士学位论文.

李涛涛.2010.滦河流域社会经济需水预测与水资源优化配置研究.南京：河海大学博士学位论文.

利广杰.2009.含有协变量的地下水管理模型研究.长春：吉林大学硕士学位论文.

廖要明,张强,陈德亮.2004.中国天气发生器的降水模拟.地理学报,59（5）：689-698.

林学钰，焦雨．1987．石家庄市地下水资源的科学管理．长春地质学院学报（水文地质专辑），（4）：478-480．

林学钰，廖资生．1995．地下水管理．北京：地质出版社．

林学钰，廖资生．2004．地下水资源的本质属性、功能及开展水文地质学研究的意义．天津大学学报（社会科学版），6（3）：193-195．

刘贯群，邱汉学，焦超颖．1994．白沙河地下水资源管理模型．青岛海洋大学学报，（S3）：101-106．

刘建，刘丹．2009．投影寻踪模型用于水质等级评价的研究．安徽农业科学，37（1）：261-265．

刘旺．1999．水资源可持续利用评价方法研究．四川师范大学学报（自然科学版），22（4）：453-456．

刘卫林．2008．水资源配置系统的计算智能方法及其应用研究．南京：河海大学博士学位论文．

卢路，于赢东，刘家宏，等．2011．海河流域的水文特性分析．海河水利，（6）：1-4．

卢文喜．1993．"准三维"渗流系统的模拟模型及目标规划管理模型．勘察科学技术，6：10-14．

卢文喜．1999．地下水系统的模拟预测和优化管理．北京：科学出版社．

陆垂裕．2006．宁夏平原区分布式水循环模型研究．北京：中国水利水电科学研究院博士学位论文．

陆桂华，吴志勇，雷Wen，等．2006．陆气耦合模型在实时暴雨洪水预报中的应用．水科学进展，17（6）：847-852．

吕红，杜占德，王健．2007．山东省地下水功能区划初探．水文，27（3）：75-77．

罗翔宇，贾仰文，王建华，等．2006．基于DEM与实测河网的流域编码方法．水科学进展，17（2）：259-264．

罗小勇，雷少平，王红鹰．2008．云南省地下水功能区划分的方法与实践．人民长江，39（23）：49-51．

罗育池，魏秀琴，杜金龙，等．2007．基于MapGIS的河南省浅层地下水功能评价与区划．中国农村水利水电，（9）：36-42．

马金玲．2008．改进粒子群优化算法的研究．成都：电子科技大学硕士学位论文．

马晓光．2003．植保有害生物风险分析关键技术研究．北京：中国农业大学博士学位论文．

聂振龙，张光辉，申建梅，等．2007．地下水功能评价可视化平台的开发及应用．地球学报，28（6）：579-584．

彭坤泉，张平．2007．投影寻踪模型在水环境质量评价中的应用．江苏环境科技，20（S1）：59-62．

朴世龙，方精云，郭庆华．2001．1982-1999年我国植被净第一性生产力及其时空变化．北京大学学报（自然科学版），37（4）：563-569．

乔光建．2009．地下水功能区划分研究．水文，29（4）：90-93．

权锦．2010．基于供需结构调整的流域水资源优化配置研究．南京：河海大学博士学位论文．

任宪韶，户作亮，曹寅白，等．2007．海河流域水资源评价．北京：中国水利水电出版社．

任宪韶，户作亮，曹寅白，等．2008．海河流域水利手册．北京：中国水利水电出版社．

邵景力，赵宗壮，崔亚莉，等．2009．华北平原地下水流模拟及地下水资源评价．资源科学，31（3）：361-367．

石秋池．2002．关于水功能区划．水资源保护，（3）：58-59．

束龙仓，杨建青，王爱平，等．2010．地下水动态预测方法及其应用．北京：中国水利水电出版社．

水利部．2005．中国水资源公报2005．北京：中国水利水电出版社．

水利部海河水利委员会．2001-2010．海河流域水资源公报．天津：水利部海河水利委员会．

水利部海河水利委员会．2005．海河流域水资源及其开发利用调查评价简要报告．天津：水利部海河水利委员会．

水利部海河水利委员会．2009．海河流域水资源综合规划．天津：水利部海河水利委员会．

宋晓华，杨尚东，刘达. 2011. 基于蛙跳算法的改进支持向量机预测方法及应用. 中南大学学报，42（9）：2737-2740.

宿青山，孙永堂，孙佩华. 1989. 含水系统的水位响应法在哈尔滨市地下水管理中的应用. 水文地质工程地质，(3)：1-9.

孙才志，林山杉. 2000. 地下水脆弱性概念的发展过程与评价现状及研究前景. 吉林地质，(1)：30-36.

汤成友，官学文，张世明. 2008. 现代中长期水文预报方法及其应用. 北京：中国水利水电出版社.

唐克旺，杜强. 2004. 地下水功能区划分浅谈. 水资源保护，(5)：16-19.

唐克旺，唐蕴，李原园，等. 2012. 地下水功能区划体系及其应用. 水利学报，(11)：1349-1356.

唐文元. 2007. 海河流域平原区浅层地下水数值模拟. 北京：中国地质大学硕士学位论文.

田富强，胡和平，雷志栋. 2008. 流域热力学系统水文模型：本构关系. 中国科学 E 辑（技术科学），38（5）：671-686.

童芳，董增川，邱德华. 2008. 区域水战略方案选优的动态组合评价模型研究. 灾害学，23（1）：18-22.

汪林，甘泓，赵世新，等. 2009. 南水北调东、中线一期工程对受水区生态环境影响分析. 南水北调与水利科技，7（6）：4-7.

王超，朱党生，程晓冰. 2002. 地表水功能区划分系统的研究. 河海大学学报（自然科学版），30（5）：7-11.

王浩，等. 2010. 变化环境下流域水资源评价方法. 北京：中国水利水电出版社.

王浩，秦大庸，陈晓军. 2004. 水资源评价准则及其计算口径. 水利水电技术，35（2）：1-4.

王浩，王建华，秦大庸，等. 2006. 基于二元水循环模式的水资源评价理论方法. 水利学报，37（12）：1496-1502.

王浩，王建华，秦大庸. 2004. 流域水资源合理配置的研究进展与发展方向. 水科学进展，15（1）：123-128.

王和平. 1991. 剩余降深法解线性非齐次系统响应矩阵. 水文地质工程地质，(1)：28-30.

王金哲，张光辉，申建梅，等. 2008. 地下水功能评价指标选取依据与原则的讨论. 水文地质工程地质，(2)：76-81.

王莲芬，许树柏. 1989. 层次分析法引论. 北京：中国人民大学出版社.

王明娜，向友珍. 2008. 我国灌区地下水调控研究现状及其发展态势. 地下水，30（4）：21-23.

王庆斋，刘晓伟，许珂艳. 2003. 黄河小花间暴雨洪水预报耦合技术研究. 人民黄河，(2)：17-19.

王志明. 2002. 海河流域水生态环境恢复目标和对策. 中国水利，(4)：12-13，71.

翁文斌，王忠静，赵建世. 2004. 现代水资源规划——理论、方法和技术. 北京：清华大学出版社.

吴金栋，王馥棠. 2000a. 利用随机天气模式及多种插值方法生成逐日气候变化情景的研究. 应用气象学报，11（2）：129-136

吴金栋，王馥棠. 2000b. 随机天气模型参数化方案的研究及其模拟能力评估. 气象学报，58（1）：49-59.

武斌，任海霞. 2007. 基于粒子群算法的水库优化调度模型. 东北水利水电，25（5）：43-45.

夏军，丰华丽，谈戈. 2003. 生态水文学——概念、框架与体系. 灌溉排水学报，22（1）：4-10.

辛欣. 2008. 吉林西部地下水的模拟预报及管理模型探讨. 长春：吉林大学硕士学位论文.

许广明，刘立军，费宇红，等. 2009. 华北平原地下水调蓄研究. 资源科学，31（3）：375-381.

薛丽娟，李巍，杨威，等. 2010. 开采条件下海河平原区浅层地下水数值模拟研究. 工程勘测，(3)：50-55.

薛禹群，谢春红. 2007. 地下水数值模拟. 北京：科学出版社.

闫成云，聂振龙，张光辉，等. 2007a. 疏勒河流域中下游盆地地下水功能评价. 水文地质工程地质，34

(3)：41-45.

闫成云，聂振龙，张光辉，等．2007b．疏勒河流域中下游盆地地下水功能区划．水文地质工程地质，34（4）：79-83.

杨大文，李翀，倪广恒，等．2004．分布式水文模型在黄河流域的应用．地理学报，59（1）：143-154.

杨道辉，马光文，刘起方，等．2006．基于粒子群优化算法的 BP 网络模型在径流预测中的应用．水力发电学报，25（2）：65-68.

杨维，李岐强．2004．微粒群优化算法综述．中国工程科学，6（5）：87-94.

杨悦所．1987．石家庄市地下水资源管理模型．长春地质学院学报，17（4）：419-430.

叶秉如．2001．水资源系统优化规划和调度．北京：中国水利水电出版社．

叶笃正，曾庆存，郭裕福．1991．当代气候研究．北京：气象出版社．

游进军，甘泓，王浩，等．2005．基于规则的水资源系统模拟．水利学报，36（9）：1043-1049.

詹道江，叶守泽．2000．工程水文学．北京：中国水利水电出版社．

张光辉，费宇红，刘克岩，等．2004．海河平原地下水演变与对策．北京：科学出版社．

张光辉，费宇红，刘克岩．2006．华北平原农田区地下水开采量对降水变化响应．水科学进展，17（1）：43-48.

张光辉，费宇红，杨丽芝，等．2006．地下水补给与开采量对降水变化响应特征：以京津以南河北平原为例．地球科学——中国地质大学学报，31（6）：879-884.

张光辉，申建梅，聂振龙，等．2006．区域地下水功能及可持续利用性评价理论与方法．水文地质工程地质，（4）：62-66.

张光辉，严明疆，杨丽芝，等．2008．地下水可持续性开采量与地下水功能评价的关系．地质通报，27（6）：875-881.

张光辉，杨丽芝，聂振龙，等．2009．华北平原地下水的功能特征与功能评价．资源科学，31（3）：268-374.

张平，赵敏，郑垂勇．2006．南水北调东线受水区水资源优化配置模型．资源科学，28（5）：88-94.

张人权．2003．地下水资源特性及其合理开发利用．水文地质工程地质，（6）：1-5.

张少华，马东亮，李燕，等．2001．南水北调东线工程一期工程可行性研究报告．蚌埠：中水淮河工程有限责任公司．

张文明，董增川，朱成涛，等．2008．基于粒子群算法的水文模型参数多目标优化研究．水利学报，39（5）：528-534.

张晓明，薛丽娟，张奇，等．2008．海河流域地下水开采初期数值模拟及水量平衡分析．干旱区资源与环境，22（9）：101-103.

张晓烨，董增川．2012．地下水模拟模型与优化模型耦合技术研究进展．南水北调与水利科技，10（2）：142-144.

张晓烨，董增川，王聪聪．2012．河北省南水北调受水区水资源优化配置研究．水电能源科学，30（9）：36-39.

赵其国，龚子同．1991．中国土壤资源．南京：南京大学出版社．

赵守法．2008．蛙跳算法的研究与应用．上海：华东师范大学硕士学位论文．

赵锁志，孔凡吉，王喜宽，等．2008．地下水临界深度的确定及其意义探讨以河套灌区为例．内蒙古农业大学学报，29（4）：164-167.

赵文智，王根绪．2002．生态水文学．北京：海洋出版社．

赵永平．2011-04-26．南水北调中线 2014 年有望通水．人民日报，第 9 版．

周丽，黄哲浩，杜惠萍. 2005. 多目标非线性水资源优化配置模型的混合遗传算法. 水电能源科学，23（5）：22-25.

周涛，杨朝翰，史福全. 2010. 南水北调东线通水后海河流域水资源配置分析. 海河水利，(3)：59-60.

周祖昊，贾仰文，王浩，等. 2006. 大尺度流域基于站点的降雨时空展布. 水文，26（1）：6-11.

周祖昊，王浩，贾仰文，等. 2005. 缺资料地区日降雨时间上向下尺度化方法探讨. 资源科学，27（1）：92-96.

周祖昊. 2005. 变化环境下黄河流域水资源演变规律研究. 北京：中国水利水电科学研究院博士后研究工作报告.

朱丹. 2010. 防洪工程环境影响后评价研究. 南京：河海大学硕士学位论文.

朱建军. 2005. 层次分析法的若干问题研究及应用. 沈阳：东北大学博士学位论文.

朱仲元，朝伦巴根，杜丹，等. 2004. 多目标遗传算法在确定串联水库系统优化运行策略中的应用. 灌溉排水学报，23（6）：71-74.

左其亭，窦明，吴泽宁. 2005. 水资源规划与管理. 北京：中国水利水电出版社.

Baird A J, Wilby R L. 2002. 生态水文学——陆生环境和水生环境植被与水分关系. 王根绪译. 北京：海洋出版社.

Chapin F S, Matson P A, Mooney H A. 2005. 陆地生态系统生态学原理. 李博译. 北京：高等教育出版社.

David R M. 2002. 水文学手册. 张建云，李纪生，等译. 北京：科学出版社.

McDonald M G, Harbaugh A W. 1999. MODFLOW：模块化三维有限差分地下水流动模型. 郭卫星，卢卫国译. 美国地质调查局水资源调查技术丛书之六. http://ishaae.iask.sina.com.cn/f/22350162.html ［2013-01-08］.

Abbott M B, Bathurst J C, Cunge J A, et al. 1986. An introduction to the European Hydrological System—Système Hydrologique Européen, "SHE" I：History and philosophy of a physically based distributed modeling system. Journal of Hydrology, 87：45-59.

Abbott M B. 1991. Hyroinformatics：Information Technology and the Aquatic Environment. Aldershot, UK：Avebury Technical.

Aguado E, Remson I. 1974. Groundwater hydraulics in aquifer management. Journal of the Hydraulics Division, ASCE, 100（1）：103-118.

Allan T. 1999. Productive efficiency and allocative efficiency：why better water management may not solve the problem. Agricultural Water Management, 40（3）：71-75.

Alley W, Aguado E, Remson I. 1976. Aquifer management under transient and steady-state conditions. Water Resources Bulletin, 12（5）：963-973.

Anderson M L, Chen Z Q, Kavvas M L, et al. 2002. Coupling HEC-HMS with atmospheric models for prediction of watershed runoff. ASCE Journal of Hydrologic Engineering, 7（4）：312-318.

Arnold J G, Williams J R, Srinivasan R, et al. 1995. SWAT—Soil and Water Assessment Tool：Draft Users Manual. Temple, TX：USDA-ARS.

Bailey N T J. 1964. The Elements of Stochastic Processes. New York：Wiley.

Bannayan M, Crout N M J. 1999. A stochastic modeling approach for real time forecasting of winter wheat field. Field Crops Research, 62（1）：85-95.

Barnett T P, Pierce D W, Schnur R. 2001. Detection of anthropogenic climate change in the world's oceans. Science, 292（5515）：270-274.

Bastiaanssen W G M, Menenti M. 1998. A remote sensing surface energy balance algorithm for land (SEBAL) I：

Formulation. Journal of Hydrology, 212-213: 198-212.

Benioff R, Guill S, Lee J. 1996. Vulnerability and Adaptation Assessments (Version 1.1, An International Handbook). Dordrecht, The Netherlands: Environmental Science and Technology Library, Kluwer Academic Publishers.

Bitrán R, Munoz J, Aguad P, et al. 2000. Equity in the financing of social security for health in Chile. Health Policy, 50 (3): 171-196.

Carlisle A, Dozier G. 2001. An off-the-shelf PSO. In: IEEE. Proceedings of the Particle Swarm Optimization Workshop. Indianapolis. USA. IEEE 1-6: Particle Swarm Optimization Workshop.

Chow V T, Maidment D R, Mays L W. 1988. Applied Hydrology. Singapore: McGraw-Hill Book Company.

Elango D, Thinakaran N, Panneerselvam P, et al. 1980. Thermophilic composting of municipal solid waste. Applied Energy, 86 (5): 663-668.

Eusuff M, Lansey K, Pasha F. 2006. Shuffled frog leaping algorithm: a memetic meta-heuristic for discrete optimization. Engineering Optimization, 38 (2): 129-154.

Falkenmark M, Lundquist J, Widstrand C. 1989. Macro-scale water scarcity requires micro-scale approaches: aspects of vulnerability in semi-arid development. Natural Resources Forum, 13 (4): 258-267.

Fang T, Zeng-chuan D. 2007. Genetic Algorithm Based Combinational Evaluation Model for Regional Water Security Evaluation: A Case Study. Proceedings of International Symposium on Flood Forecasting and Water Resources Assessment for IAHS-PUB. Beijing: International Symposium on Flood Forecasting and Water Resources Assessment for IAHS-PUB.

Gabriel R. 1962. A Markov chain model for daily rainfall occurrence at Tel Aviv Israel. Quarterly Journal of the Royal Meteorological Society, (88): 90-95.

Grayson L E, Calawson J G. 1996. Scenario Building. Charlottesville, VA: University of Virginia Darden School Foundation.

Hegerl G C, von Storch H, Haselmann K. 1996. Detecting greenhouse-gas-induced climate change with an optimal fingerprint method. Journal of Climate, (9): 2281-2306.

Jaroslav V, Ricardo H, Jan G, et al. 2005. Groundwater Resources Sustainability indicators. Proceedings of An international Symposium on Groundwater Sustainability. UNESCO IAHS Publication 302. Foz do Iguaçu, Brazil: International Symposium on Ground Water.

Jia Y W, Wang H, Zhou Z H, et al. 2006. Development of the WEP-L distributed hydrological model and dynamic assessment of water resources in the Yellow River Basin. Journal of Hydrology, 331: 606-629.

Kennedy J, Eberhart R C. 1995. Particle swarm optimization. In: IEEE. Proceedings of IEEE International Conference on Neutral Networks. Perth, Australia: IEEE International Conference on Neutral Networks.

Lin E D, Zhang H X, Wang J H, et al. 1997. Simulation of Effects of Global Climate Change on China's Agriculture. Beijing: China Agricultural Science and Technology Press.

Maddock T Ⅲ. 1972. Algebraic technological function from a simulation model. Water Resources Research, 8 (1): 129-134.

McCabe M F, Wood E F. 2006. Scale influences on the remote estimation of evapotranspiration using multiple satellite sensors. Remote Sensing of Environment, 105 (4): 271-285.

National Research Council (US). 1993. Ground water vulnerability assessment—predicting relative contamination potential under conditions of uncertainty//National Research Council. Committee on Techniques for Assessing Ground Water Vulnerability. Washington D. C.: National Research Council, National Academy Press.

Pauwels V R, Verhoest N E, Lannoy D, et al. 2007. Optimization of a coupled hydrology-crop growth model through the assimilation of observed soil moisture and leaf area index values using an ensemble Kalman filter. Water Resources Research, 43 (4): wo4421, 1-17.

Richardson C. 1981. Stochastic simulation of daily precipitation, temperature, and solar radiation. Water Resources Research, (17): 182-190.

Running S W, Hunt R E. 1993. Generalization of A Forest Ecosystem Process Model for Other Biomes, BIOME—BGC, and An Application for Global—Scale Models. San Diego: Academic Press.

Semenov M A, Porter J R. 1995. Climatic variability and the modeling of crop yields. A Cultural and Forest Meteorology, (73): 265-283.

Shi Y, Eberhart R C. 1998. A Modified Particle Swarm Optimizer. Anchorage, Alaska: IEEE World Congress on Computational Intelligence.

Su Z. 2002. The Surface Energy Balance System (SEBS) for estimation of turbulent heat fluxes. Hydrology and Earth System Sciences, 6 (1): 85-99.

Su Z, Yacob A. 2003. Assessing relative soil moisture with remote sensing data: theory, experimental validation, and application to drought monitoring over the North China Plain. Physics and Chemistry of the Earth, 28: 89-101.

Timmermans W J, van der Kwast J. 2005. Intercomparison of Energy Flux Models Using ASTER Imagery at the SPARC 2004 Site (Barrax, Spain). ESA proceedings WPP-250. Enschede: SPARC Final Workshop.

Tisdell J G. 2001. The environmental impact of water markets: an Australian case-study. Journal of Environmental Management, 62 (1): 113-120.

Vrba J, Hirata R, Girman J, et al. 2006. Groundwater resources sustainability indicators. In: Webb B W, Hirata R, Kruse E, et al. Sustainability of Groundwater Resources and Its Indicators. IAHS Publ, 302. Ontario: IAHS.

Vrba J, Zaporozec A. 1994. Guidebook on mapping groundwater vulnerability//Castany G, Groba E, Romijn E. International Contributions to Hydrogeology Founded. Hanover: Heise.

Wallis T W R, Grifiths J F. 1997. Simulated meteorological input for agricultural models. Agricultural and Forest Meteorology, 88 (1-4): 241-258.

Whipple W. 1998. Water Resources: A New Era for Coordination. Reston: ASCE Press.

Wilby R L, Hassan H, Hanaki K. 1998. Statistical downscaling of hydrometeorological variables using general circulation model output. Journal of Hydrology, (205): 1-19.

Wilby R L, Wigley T M L, Conway D, et al. 1998. Statistical downscaling of general circulation model output: a comparison of methods. Water Resources Research, 34 (11): 2995-3008.

WRIGHTAH. 1991. Genetic Algorithms for Real Parameter Optimization. Foundations of Genetic Algorithms. Rawlins GJE, EDSCA: Morgan Kaufmann.

Xiao Q, McPherson E G, Simpson J R, et al. 2007. Hydrologic processes at the urban residential scale. Hydrological Processes, 21 (16): 2174-2188.

Xu C Y. 1999. From GCMs to river flow: a review of downscaling methods and hydrologic modelling approaches. Progress in Physical Geography, 23 (2): 229-249.

Yang C S, Chuang L Y, Ke C H, et al. 2008. Acombination of shuffled frog-leaping algorithm and genetic algorithm for gene selection. Journal of Advanced Computational Intelligence and Intelligent Informatics, 12 (3): 218-226.

Yao Z S, Ding Y G. 1990. Climatological Statistics. Beijing: Meteorological Press.

You J J, Gan H, Wang L, et al. 2005. A Rules-driven Object-oriented Simulation Model for Water Resources System. Proc of XXXI IAHR Congress. Seoul, Korea: XXXI IAHR Congress.